高等学校信息技术
人才能力培养系列教材

"十三五"江苏省高等学校重点教材
（编号：2017-2-119）

微课版

嵌入式系统及应用

——从MCS51到STM32

顾亦然 张腾飞 倪晓军 冯晓虹 ◎主编

Principle and Application of Embedded System
— Based on MCS51 and STM32

人民邮电出版社

北　京

图书在版编目（CIP）数据

嵌入式系统及应用：从MCS51到STM32：微课版 /
顾亦然等主编. -- 北京：人民邮电出版社，2024.8
高等学校信息技术人才能力培养系列教材
ISBN 978-7-115-64121-2

Ⅰ．①嵌… Ⅱ．①顾… Ⅲ．①微型计算机－系统设计
－高等学校－教材 Ⅳ．①TP360.21

中国国家版本馆CIP数据核字(2024)第066837号

内 容 提 要

本书内容全面、重点突出、示例丰富，遵循从理论到实践的指导思想，在介绍基本原理的基础上，通过嵌入式系统开发实例帮助读者加深对知识的理解，提升实战能力。本书共分 4 篇：基础篇介绍嵌入式系统概述、嵌入式系统硬件设计基础；MCS51 技术篇介绍 MCS51 单片机基本结构、MCS51 单片机指令系统、MCS51 单片机功能模块、80C51 功能扩展；STM32 技术篇介绍基于 Cortex-M3 的 STM32 基本结构、Cortex-M3 指令系统与编程技术、STM32 的主要功能模块；实验篇介绍嵌入式系统实验项目。

本书可作为高等院校电子信息类、自动化类、计算机类、电气信息类等专业的教材，也可作为工程技术人员的参考用书。

◆ 主　编　顾亦然　张腾飞　倪晓军　冯晓虹

责任编辑　李 召

责任印制　陈 犇

◆ 人民邮电出版社出版发行　　北京市丰台区成寿寺路 11 号

邮编　100164　电子邮件　315@ptpress.com.cn

网址　https://www.ptpress.com.cn

三河市君旺印务有限公司印刷

◆ 开本：787×1092　1/16

印张：18.75　　　　　　　2024 年 8 月第 1 版

字数：518 千字　　　　　　2024 年 8 月河北第 1 次印刷

定价：69.80 元

读者服务热线：(010)81055256　印装质量热线：(010)81055316
反盗版热线：(010)81055315
广告经营许可证：京东市监广登字 20170147 号

前言

随着嵌入式技术的迅猛发展、嵌入式新产品的不断涌现以及嵌入式系统应用领域的不断拓宽，整个社会对嵌入式技术人才的需求日益增长。嵌入式技术是一项应用性很强的工程技术，这就意味着社会所需要的嵌入式工程技术人员不仅要有扎实的理论基础，更要有丰富的实践经验。如何让学生既能够扎实掌握嵌入式系统的理论知识，又能够从实践角度更好地掌握嵌入式系统开发技能和方法，是我们在规划、完善嵌入式系统教材时重点关注的问题。

本书以 MCS51 单片机和 STM32 微控制器为例，按照硬件结构原理、软件设计方法、系统开发示例这一主线组织内容。全书共 10 章，主要内容包括：嵌入式系统的基本概念、系统硬件组成及常用接口；MCS51 单片机的硬件结构、指令系统、各功能模块工作原理、系统扩展方法及实例；STM32 微控制器的基本结构、最小系统构成、编程技术、各功能模块工作原理；系统开发工具介绍及实验示例。通过对本书的学习，读者能够了解嵌入式系统的概况，掌握主流嵌入式处理器的软硬件知识，具备嵌入式系统开发的基本技能，提升综合工程开发能力。

本书注重嵌入式系统开发基础知识的阐述，着重介绍目前主流的嵌入式处理器、设计方法和开发工具，在内容安排上遵循知识间的递进关系。本书图文并茂，力求深入浅出、条理清晰、逻辑严密；注重理论与实践相结合，通过配套习题帮助读者巩固所学的嵌入式系统的基本知识，通过实验项目培养读者的实战能力。

本书由顾亦然编写第 1～2 章，冯晓虹编写第 3～5 章，张腾飞编写第 7～9 章，倪晓军编写第 6 章、第 10 章。本书的编写得到了诸多同仁的指导和帮助，在此表示感谢。

由于编者水平有限，书中难免存在不妥之处，恳切希望广大读者批评和指正。

编　者

2024 年 1 月

第 4 章

MCS51 单片机指令系统 49

第 5 章

MCS51 单片机功能模块 80

第 6 章

80C51 功能扩展 116

STM32 技术篇

第**7**章

基于 Cortex-M3 的 STM32 基本结构·······138

第**8**章

Cortex-M3 指令系统与编程技术·······160

基础篇

第1章
嵌入式系统概述

嵌入式系统（Embedded System）是当今最热门的概念之一，目前嵌入式技术和嵌入式产品已经渗透到工业控制、信息家电、仪器仪表以及人们日常生活的各个方面。本章将介绍嵌入式系统的基础知识，包括嵌入式系统的基本概念、应用领域。通过本章的学习，读者将初步建立起对嵌入式系统的整体认识，从而为嵌入式系统的深入学习和研究打下基础。

1.1　嵌入式系统的基本概念

近年来，随着计算机技术的迅速发展，计算机的应用情况发生了根本性的变化，例如，以应用为中心，计算机系统可以分为嵌入式计算机系统（简称嵌入式系统）和通用计算机系统。通用计算机系统具有计算机的标准形态，可以安装不同的应用软件，应用在社会的各个方面，其典型产品为 PC（Personal Computer，个人计算机）；而嵌入式系统则是以嵌入的形式隐藏在各种装置、产品和系统中，如电子阅读器、平板电脑和特斯拉汽车。可以说，正是"看不见"这一特性将嵌入式系统与通用计算机系统区分开来。

1.1.1　嵌入式系统的定义

虽然嵌入式系统在人们实际生活中的应用越来越广泛，但目前对于如何定义嵌入式系统仍然存在着许多争议，存在的定义多种多样，有的是从嵌入式系统的应用定义的，有的是从嵌入式系统的组成定义的，也有的是从其他方面定义的。比较常见的有以下几种定义。

1. 电气和电子工程师学会的定义

根据电气和电子工程师学会（Institute of Electrical and Electronics Engineers，IEEE）的定义，嵌入式系统是用于控制、监视或者辅助操作机器和设备的装置。该定义主要从应用的角度出发。

2. 中国计算机学会微机专业委员会的定义

在中国计算机学会微机专业委员会所给的定义中，嵌入式系统是以嵌入式应用为目的的计算机系统，可分为系统级、板级、片级。系统级嵌入式系统包括各种工控机、PC104 模块；板级嵌入式系统指各种带中央处理器（Central Processing Unit，CPU）的主板及原厂委托制造（Original Equipment Manufacturing，OEM）产品；片级嵌入式系统则是各种以单片机、嵌入式数字信号处理器、嵌入式微处理器为核心的产品。

3. 国内普遍认可的定义

我国国内普遍认同的定义是，嵌入式系统是以应用为中心、以计算机技术为基础，软硬件可裁减，适应应用系统对功能、可靠性、成本、体积、功耗的严格要求的专用计算机系统。

嵌入式系统的这个定义可从以下几个方面来理解。

（1）嵌入式系统是面向用户、面向产品、面向应用的，它与具体应用相结合才会具有生命力、具有优势，即嵌入式系统具有很强的专用性，必须结合实际系统需求进行合理的裁减和利用。

（2）嵌入式系统是将先进的计算机技术、半导体技术和电子技术与各个行业的具体应用相结合后的产物，这一点就决定了它必然是一个技术密集、资金密集、高度分散、不断创新的知识集成系统。所以想要进入嵌入式系统行业，必须有一个明确的定位。例如，Android作为一款面向智能手机的操作系统，因其强大的开放性和丰富的硬件支持而发展迅速，并逐渐拓展到平板电脑等其他领域，一跃成为全球顶尖的嵌入式操作系统；风河系统公司（Wind River System）的 VxWorks 以其良好的可靠性和卓越的实时性被广泛地应用在通信、军事、航空、航天等对实时性要求极高的高精尖技术领域，如卫星通信、军事演习、弹道制导、飞机导航等。

（3）嵌入式系统必须根据应用需求对软硬件进行裁减，以满足应用系统的功能、可靠性、成本、体积等要求。所以建立相对通用的软硬件基础设施，然后在其上开发出适应各种需要的系统，是一个比较好的模式。目前嵌入式系统的核心往往是一个只有几千字节到几万字节的微内核，需要根据实际需求对其进行功能扩展或者裁减，但是微内核的存在，使得这种调整能够非常顺利地进行。

一般而言，凡是带有处理器的专用软硬件系统都可以称为嵌入式系统。嵌入式系统融合了计算机软硬件技术、通信技术、半导体技术和微电子技术，采用"量体裁衣"的方式把所需的功能嵌入各种应用系统。嵌入式系统通常是更大系统中的一个完整的部分，更大系统称为"嵌入的系统"，"嵌入的系统"中可以共存多个嵌入式系统。嵌入式系统可以分成 4 个部分：处理器、存储器、输入输出（Input/Output，I/O）设备和软件。

1.1.2 嵌入式系统的特点

这些年来掀起嵌入式系统应用热潮的力量主要来自两个方面：一方面是芯片技术的发展使得单个芯片具有更强的处理能力，集成多种接口成为可能；另一方面是应用的需要，由于人们对产品可靠性、成本、更新换代要求的提高，嵌入式系统从纯硬件实现和使用通用计算机实现的应用中脱颖而出。从嵌入式系统的定义，可以看出嵌入式系统具有以下几个重要特点。

1. 小型化与有限资源

嵌入式系统是以嵌入的形式隐藏在各种装置、产品和系统中的，因此，嵌入式系统的空间和各种资源有限。例如，相对于通用操作系统，嵌入式操作系统的内核很小（VxWorks 内核最小为 8KB）；嵌入式处理器与通用计算机处理器的最大不同之处就是嵌入式处理器大多工作在为特定用户群设计的系统中，通常具有功耗低、体积小、集成度高等特点，能够把通用计算机处理器中许多由板卡实现的功能集成在芯片内部，从而有利于嵌入式系统趋于小型化，增强移动能力，与网络紧密耦合，同时有利于降低成本。因此，嵌入式系统的软硬件都必须高效率地设计，量体裁衣、去除冗余，力争在同样面积的硅片上实现更高的性能，以满足嵌入式系统产品对体积和功能的要求。

2. 与应用密切相关

嵌入式系统通常是面向特定应用的，仅包含一些必需的功能，这点与通用计算机系统有很大区别。通用计算机安装不同的软件即可构成不同的系统；而嵌入式系统功能非常明确。一个嵌入式系统的资源，无论是软硬件还是整体系统的体积和功耗等，都应该是高度精简和严格控制的。另外，嵌入式系统是面向用户和面向应用的，它只有与具体应用相结合才会具有生命力，升级换代也与具体产品同步进行。嵌入式系统通常具有专用的功能算法，因此，开发人员必须结合实际系统需求对原始嵌入式系统进行合理的裁减。

3. 系统软硬件协同设计

嵌入式系统的专用性决定了它的设计目标是单一的,硬件与软件之间的依赖性强,因而一般硬件和软件要进行协同设计。在通用计算机系统中,操作系统等系统软件与应用软件之间界限分明,应用软件是独立设计、独立运行的。但是,在嵌入式系统中,操作系统与应用软件是一体化的,也就是说应用软件与操作系统是为特定的应用而设计开发的,嵌入式系统的配置不同,其操作系统和应用软件也需要同时裁减,并且两者是作为一个整体编译、链接后下载到目标机中运行的(有些嵌入式操作系统支持在开发调试过程中动态链接应用程序)。

4. 需要交叉开发环境和调试工具

由于受嵌入式系统本身资源开销的限制,通常情况下,嵌入式系统本身不具备自举开发能力,设计完成后,用户通常也不能对其中的程序功能进行修改。因此,嵌入式系统的软件开发须采用交叉开发环境和相应的调试工具。

交叉开发环境由宿主机(Host)和目标机(Target)组成。宿主机是用于开发嵌入式系统的计算机,一般为 PC(或者工作站),具备丰富的软硬件资源,为嵌入式软件的开发提供全过程支持;目标机即所开发的嵌入式系统,是嵌入式软件的运行环境,其硬件和软件是为特定应用定制的。宿主机为开发平台,目标机为执行机,宿主机可以是与目标机相同或不相同的机型。

宿主机与目标机之间在物理连接的基础上建立起逻辑连接。在开发过程中,目标机需接收和执行宿主机发出的各种命令(如设置断点、读内存、写内存等),并将结果返回宿主机,以配合宿主机各方面的工作。

1.1.3 嵌入式系统的组成

一个嵌入式系统装置一般由嵌入式系统和执行装置组成,如图 1-1 所示。

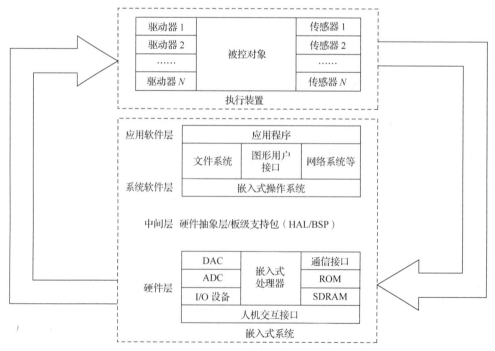

图1-1 嵌入式系统装置

嵌入式系统是整个嵌入式系统装置的核心,由硬件层、中间层、系统软件层和应用软件层组成。驱动器属于执行装置，它可以接收嵌入式系统发出的控制命令，执行所规定的操作或任务。执行装置可以很简单，如手机上的一个微型电动机，当手机处于震动接收状态时打开；也可以很复杂，如索尼智能机器狗集成了多个微型电动机，从而可以执行各种复杂的动作。传感器则可以感受各种状态信息，如温度、压力等。

1. 嵌入式系统的硬件层

硬件层包含嵌入式处理器、存储器、通信接口、I/O 设备、ADC（Analog-to-Digital Converter，模数转换器）、DAC（Digital-to-Analog Converter，数模转换器）等。存储器包括 SDRAM（Synchronous Dynamic Random Access Memory，同步动态随机存取存储器）、ROM（Read-Only Memory，只读存储器）、Flash 等。通信接口包括 USB 接口等。硬件层通常是一个以嵌入式处理器为中心的，包含电源电路、时钟电路和存储器电路的电路模块，操作系统和应用程序都固化在模块的 ROM 中，如图 1-2 所示。

从图 1-2 可以看出，嵌入式系统硬件体系的核心部分是嵌入式处理器（Embedded Processor），电源电路、时钟电路是嵌入式系统硬件的基础。嵌入式处理器、时钟电路和电源电路三位一体，可以构成一个最简单的嵌入式系统，这 3 个部分是构成嵌入式系统必不可少的。而数据存储器（RAM）和程序存储器（ROM）是嵌入式系统进行智能控制和实现具体测量、控制、监测的重要组成部分。键盘和 LCD 触摸屏等是嵌入式系统的人机交互接口。数据采集通道和执行控制通道是嵌入式系统进行测量和控制的主要途径。通信接口（可以是并行或串行的，可以是有线或无线的）是嵌入式系统与外界进行数据交流及联系的信息通道。其他组成部分可以根据具体的应用需求灵活地选择。

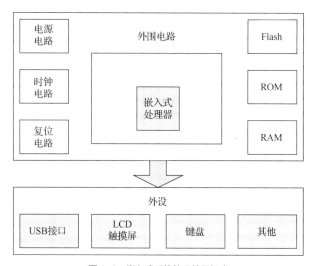

图 1-2 嵌入式系统的硬件层组成

如果把嵌入式系统比作人类，那么，嵌入式处理器好比人类的大脑，电源电路好比人类生存必不可少的水、空气、食物，时钟电路好比源源不断供应给养、促进新陈代谢的人类心脏，数据存储器和程序存储器好比人类的大脑皮层，数据采集通道好比人类的感觉器官，执行控制通道好比人类的四肢，显示设备好比人类的表情，通信接口好比人类的语言中枢。可见，嵌入式系统的硬件层"麻雀虽小，五脏俱全"。

2. 嵌入式系统的中间层

硬件层与系统软件层之间为中间层，也称为硬件抽象层（Hardware Abstraction Layer，HAL）或板级支持包（Board Support Package，BSP），它将上层系统软件与底层硬件分隔开来，使系统的底层驱动程序与硬件无关，软件开发人员无须关心硬件的具体情况，根据中间层提供的接口即可进行开发。该层一般包含相关底层硬件的初始化、数据的输入输出操作和硬件设备的配置功能。

中间层具有以下两个特点。

① 硬件相关性：嵌入式系统的硬件环境具有应用相关性，而作为上层软件与硬件平台之间的接口，中间层需要为操作系统提供操作和控制具体硬件的方法。

② 操作系统相关性：不同的操作系统具有各自的软件层次结构，因此，不同的操作系统具有特定的硬件接口形式。

实际上，中间层是一个介于操作系统和底层硬件之间的软件层，包括了系统中大部分与硬件联系紧密的软件模块。

设计一个完整的中间层需要完成两个部分的工作：嵌入式系统的初始化和设计与硬件相关的驱动程序。

（1）嵌入式系统的初始化

嵌入式系统的初始化过程可以分为 3 个主要环节，按照自底向上、从硬件到软件的次序依次为片级初始化、板级初始化和系统级初始化。

片级初始化：嵌入式处理器的初始化，包括设置嵌入式处理器的核心寄存器和控制寄存器、嵌入式处理器核心工作模式和嵌入式处理器的局部总线模式等。片级初始化把嵌入式处理器从上电时的默认状态逐步设置成系统所要求的工作状态。这是一个纯硬件的初始化过程。

板级初始化：嵌入式处理器以外的其他硬件的初始化；设置某些软件的数据结构和参数，为随后的系统级初始化和应用程序的运行建立硬件和软件环境。这是一个同时包含软硬件两个部分的初始化过程。

系统级初始化：以软件初始化为主，主要进行操作系统的初始化。中间层将对嵌入式处理器的控制权转交给嵌入式操作系统，由嵌入式操作系统完成余下的初始化操作，包含加载和初始化与硬件无关的驱动程序，建立系统内存区，加载并初始化其他系统软件模块，如网络系统、文件系统等。最后，嵌入式操作系统创建应用程序环境，并将控制权交给应用程序的入口。

（2）设计与硬件相关的驱动程序

中间层的另一个主要功能是设计与硬件相关的驱动程序。与硬件相关的驱动程序的初始化通常是一个从高到低的过程。尽管中间层包含与硬件相关的驱动程序，但是这些驱动程序通常不直接由中间层使用，而是在系统级初始化过程中由中间层将它们与操作系统中通用的设备驱动程序关联起来，并使它们在随后的应用中由通用的设备驱动程序调用，以实现对硬件的操作。设计与硬件相关的驱动程序是中间层设计与开发中一个非常关键的环节。

3. 嵌入式系统的系统软件层

系统软件层由嵌入式操作系统（Embedded Operation System，EOS）、文件系统、图形用户界面（Graphic User Interface，GUI）、网络系统及通用组件模块等组成。EOS 是嵌入式应用软件的基础和开发平台。

（1）嵌入式操作系统

嵌入式操作系统是一种用途广泛的系统软件，过去它主要应用于工业控制和国防领域。嵌入式操作系统负责嵌入式系统的全部软硬件资源的分配、任务调度及控制、并发活动的协调。它必须体现其所在系统的特征，能够通过装卸某些模块来实现系统所要求的功能。目前，一些应用比较成功的嵌入式操作系统已经推出。随着 Internet（互联网）技术的发展、信息家电的普及应用，以及嵌入式操作系统的微型化和专业化，嵌入式操作系统正在从单一的弱功能向高专业化的强功能方向发展。嵌入式操作系统在系统实时性、高效性、硬件的相关依赖性、软件固化以及应用的专用性等方面具有较为突出的优势。

嵌入式操作系统是相对于通用操作系统而言的，它除了具有通用操作系统的基本功能，如任务调度、同步机制、中断处理、文件处理等，还有以下特点。

- 可裁减：支持开放和可伸缩的体系结构。
- 强实时性：嵌入式操作系统的实时性一般较强，可用于各种设备控制。
- 可操作性：操作方便、简单且提供友好的图形用户界面，易学易用。
- 强大的网络功能：支持 TCP/IP（Transmission Control Protocol/Internet Protocol，传输控制协议/互联网协议）及其他协议，以及统一的 MAC（Medium Access Control，介质访问控制）访问层接口，为各种移动设备预留接口。
- 强稳定性，弱交互性：嵌入式系统一旦开始运行就不需要用户过多的干预，这就要求负责系统管理的嵌入式操作系统具有较强的稳定性；嵌入式操作系统的用户接口一般不提供操作命令，它通过系统调用命令向用户程序提供服务。
- 固化代码：在嵌入式系统中，嵌入式操作系统和应用软件被固化在 ROM 中。
- 良好的移植性：嵌入式操作系统能更好地适应各种硬件。

（2）文件系统

操作系统中负责管理和存储文件信息的软件机构称为文件管理系统，简称文件系统。文件系统由 3 个部分组成：与文件管理有关的软件、被管理的文件以及实施文件管理所需的数据结构。从系统角度来看，文件系统是对存储器空间进行组织和分配，负责文件的存储并对存入的文件进行保护和检索的系统。具体地说，文件系统负责为用户建立文件，存入、读出、修改、转存文件，当用户不再使用时撤销文件等。

通用操作系统的文件系统通常具有以下功能。

- 提供用户对文件进行操作的命令。
- 提供用户共享文件的机制。
- 管理文件的存储介质。
- 提供文件的存取控制机制，保障文件及文件系统的安全性。
- 提供文件及文件系统的备份和恢复功能。
- 提供对文件的加密和解密功能。

嵌入式操作系统的文件系统则比较简单，主要提供文件存储、检索和更新等功能，一般不提供保护和加密等安全机制。它以系统调用命令方式提供文件的各种操作功能，主要有以下几个。

- 设置、修改对文件和目录的存取权限。
- 建立、修改和删除目录等。
- 创建、打开、读写、关闭和撤销文件等。

此外，嵌入式操作系统的文件系统还具有以下特点。

- 支持多种文件类型：嵌入式操作系统的文件系统通常支持几种标准的文件类型，如EXT2FS、FAT32、JFFS2、YAFFS 等。
- 实时性：除支持标准的文件系统外，为提高实时性，有些嵌入式系统还支持自定义的实时文件系统。这些文件系统一般采用连续的方式存储文件。
- 可裁减、可配置：嵌入式系统可根据要求选择所需的文件系统、存储介质，配置可同时打开的最大文件数等。
- 支持多种存储设备：嵌入式系统的外部存储器形式多样，嵌入式操作系统的文件系统需方便挂接不同存储设备的驱动程序、具有灵活的设备管理能力。同时，根据不同外部存储器的特点，嵌入式操作系统的文件系统还需要顾及其性能、寿命等因素，发挥不同外部存储器的优势，提高存储设备的可靠性和使用寿命。

（3）图形用户界面

图形用户界面是指显示图形的计算机用户操作界面。图形用户界面的广泛应用是计算机发展的重大成就之一，它极大地方便了非专业用户，从此用户不再需要死记硬背大量的命令，可通过窗口、菜单、按键等方式来方便地进行操作。与早期计算机使用的命令行界面相比，图形用户界面对于用户来说在操作上更易于接受。

嵌入式图形用户界面是嵌入式操作系统的一个重要组成部分。随着嵌入式系统硬件设备性能的提高和价格的不断降低，以及嵌入式系统应用范围的不断扩大，嵌入式图形用户界面的重要性越来越突出。以前平板电脑等手持设备受硬件条件限制，用户界面都非常简单，很难实现PC上华丽、美观的图形用户界面。但随着面向嵌入式系统的图形用户界面程序不断开发，如将现代窗口和图形技术引入嵌入式设备的 MiniGUI，支持多种平台、拥有多种精美界面的 Qt 等，人们已经能够在手持设备上体验越来越美观的图形用户界面。

嵌入式图形用户界面有以下几个方面的基本设计要求：轻型、占用资源少、高性能、高可靠性、便于移植、可配置等。嵌入式图形用户界面一般采用以下几种方法实现。

- 针对特定的图形设备输出接口，自行开发相关的功能函数。
- 购买针对特定嵌入式系统的图形用户界面中间软件包。
- 采用源码开放的嵌入式图形用户界面。
- 使用独立软件开发商提供的嵌入式图形用户界面产品。

4．嵌入式系统的应用软件层

应用软件层由基于实时系统开发的应用程序组成，用来实现对被控对象的控制功能。应用软件是在嵌入式操作系统支持下通过调用应用程序接口（Application Programming Interface，API）函数，结合实际应用编制的用户软件，如智能家居、线上支付等软件。

1.1.4 嵌入式系统的分类

根据不同的分类标准，嵌入式系统有不同的分类方法。

根据嵌入式系统的复杂程度，嵌入式系统可以分为单处理器系统和多处理器系统。单处理器系统也称为单核系统，常见于一些小型设备（如温度传感器、烟雾和气体探测器及断路器）。这类设备是供应商根据设备的特定用途来设计的。当某些工作用单核系统难以完成时，就需要使用多处理器/多核系统来处理。例如，智能手机采用"ARM（Advanced RISC Machine，高级精简指令集机器）+DSP（Digital Signal Processor，数字信号处理器）"两核结构（ARM 作为主处理器，而 DSP 用于处理实时图像和语音的压缩/解压缩等大运算量的工作）实现多任务的并行执行。

按嵌入式系统是否具有实时性分类，嵌入式系统可以分为嵌入式实时系统和嵌入式非实时系统。嵌入式实时系统是能够对外部事件在限定的时间内做出及时响应的嵌入式系统，这类系统在嵌入式系统中占有很大比例，过程控制、数据采集、通信等领域的大部分嵌入式系统均属于嵌入式实时系统。以工厂中工人使用的大型材料切割机为例，安全起见，机器的刀具周围安装了光传感器，以便检测工人手上所戴的具有特殊颜色的手套，当系统觉察到工人的手有危险时，必须立即让刀具停止运转，没有时间等待 CPU 置换文件或撤销任务。这类系统具有严格的时间要求，超出时限会导致灾难性的后果。而嵌入式非实时系统可以容忍一定的延迟，其功能正确性仅仅依赖计算处理的逻辑结果，与结果产生的时间无关，这类系统主要应用于科学计算和一般对实时性要求不高的场合，如掌上电脑、电子词典等。

从嵌入式系统的软件结构来看，嵌入式系统可以分为单线程系统和事件驱动系统。单线程系统包括循环轮询系统和有限状态机系统两种类型。这类系统常见于小型的嵌入式应用，其程序简单且易于理解，但系统的确定性不能保证。在循环轮询系统中，程序依次检查系统的每一个输入条件，一旦条件成立就进行相应的处理。有限状态机系统的行为表现为有限个状态，在不同的输入作用下，系统将从一个状态迁徙到另一个状态。事件驱动系统是能直接响应外部事件的系统，包括前后台（中断驱动）系统、多任务系统等。在前后台（中断驱动）系统中，后台是一个循环轮询系统，一直处于运行状态，通常又称主程序；前台是由一些中断处理程序组成的。这种系统的一个极端情况是后台只有一个简单的循环，不做任何事情，所有其他工作由中断处理程序完成，微波炉、玩具等就采用了这种软件结构。多任务系统是由多个任务、多个中断处理过程和嵌入式操作系统组成的有机整体。根据多任务的调度方式，多任务系统可进一步划分为抢占多任务系统和分时多任务系统：前者任务间的调度采用优先权抢占方式，如VxWorks、Windows Embedded Compact；后者采用时间片轮转方式，如uCLinux。

1.2 嵌入式系统的应用领域

经过几十年的发展，嵌入式系统已经在很大程度上改变了人们的生活、工作和娱乐方式，而且这种改变还在加速。嵌入式系统在应用数量上远远超过了通用计算机系统，通常，一台通用计算机系统的外部设备（简称外设）就包含了5～10个嵌入式处理器，键盘、鼠标、硬盘、显示卡、网卡、声卡、打印机、扫描仪等均是由嵌入式处理器控制的。嵌入式系统在很多领域得到了广泛的应用并逐步改变着这些领域，包括工业自动化、国防、运输和航天领域。嵌入式系统的典型应用举例如下。

- 消费产品（Consumer Product）：从随身携带的智能手机、数码相机、掌上电脑到家庭中的洗衣机、空调、电冰箱，再到日常出行，人们总是在自觉或不自觉地接触嵌入式系统。
- 工业控制（Industrial Control）：在工业控制领域，嵌入式系统扮演着重要角色，它通过传感器从外部接收有关过程的信息，对这些信息进行加工处理，然后对执行机构发出控制指令。分布式嵌入式系统在汽车电子控制系统中应用广泛，通常情况下，车身包含由CAN（Controller Area Network，控制器局域网络）总线连接的几十个嵌入式控制模块，如ECM（Engine Control Module，发动机控制模块）、ABS（Anti-lock Braking System，防抱死制动系统）、SAS（Safety Alarm System，安全预警系统）等。
- 通信（Telecommunication）设备：在通信领域，嵌入式系统得到了广泛的应用，如程控交换机、路由器、桥接器、集线器、调制解调器（Modem）、远程访问服务等。
- 智能仪器（Intelligent Instrument）：在智能仪器领域，嵌入式系统也有不俗的表现，如数字示波器、医疗仪器等。
- 机器人（Robot）：在机器人领域，嵌入式系统发挥着重要作用，如足球机器人、演奏机器人等智能玩具，Atlas机器人及"机遇"号火星探测车（见图1-3）等。

图1-3 Atlas机器人及"机遇"号火星探测车

- 计算机外设（Computer Peripheral）：在计算机外设方面，嵌入式系统也有一定的贡献，如打印机、显示器、磁盘驱动器等。

可以看出，嵌入式系统和嵌入式技术已无处不在。

习题与思考

1. 什么是嵌入式系统？如何理解嵌入式系统的定义？
2. 简述嵌入式系统的特点。
3. 嵌入式系统的硬件由哪些基本部分组成？各部分的功能如何？
4. 嵌入式软件体系包含哪几层？简述各层的功能。

第 2 章
嵌入式系统硬件设计基础

本章主要介绍嵌入式系统的硬件组成，具体内容包括嵌入式最小系统的概念及构成、嵌入式处理器的基本特征及分类、典型的嵌入式处理器、嵌入式处理器的选型、嵌入式系统的存储系统及嵌入式系统的常用外设接口等。通过本章的学习，读者可以了解嵌入式系统的硬件开发平台及组成结构，为嵌入式系统的设计与开发奠定基础。

2.1 嵌入式最小系统

嵌入式处理器（常被简称为芯片）是不能独立工作的，必须给它供电、加上时钟信号、提供复位信号，如果嵌入式处理器没有内部程序存储器，则还要加上存储器系统，这样嵌入式处理器才可能工作。提供嵌入式处理器运行所必需的条件的电路与嵌入式处理器共同构成了嵌入式最小系统。

随着嵌入式技术的迅速发展，嵌入式系统的功能越来越强大，应用接口更加丰富，根据实际应用的需要设计特定的嵌入式最小系统和应用系统是嵌入式系统设计的关键。由于嵌入式系统体系结构类似且具有通用的外围电路，同时嵌入式处理器内核的最小系统设计原则及方法基本相同，因此对嵌入式最小系统的研究在整个系统的开发、设计中具有至关重要的意义。

嵌入式最小系统的硬件部分包括嵌入式系统外部连接和嵌入式处理器的内部实现。在外部连接中，电源电路、时钟电路、存储系统、调试接口和复位电路一般是一个嵌入式系统所必需的，它们与嵌入式微处理器和接口电路一起构成了嵌入式最小系统，如图 2-1 所示。

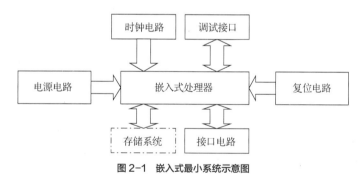

图 2-1 嵌入式最小系统示意图

嵌入式最小系统各部分的功能如下。

1. 电源电路

交流电源经变压器变压、稳压后，以某一固定的直流电压值（3V、5V 等）给嵌入式系统统一供电，在嵌入式系统的电路板上进行变压、稳压后，根据各部分的不同需要供给不同的电压。一般情况下嵌入式处理器内核与外围电路所使用的电压不一定相同，且整个嵌入式系统其他部分的电压也不尽相同。

2．时钟电路

时钟电路可分为片外时钟和片内时钟两个部分。片外时钟是供给嵌入式处理器的时钟电路，嵌入式处理器一般采用外接晶体振荡器（简称晶振）的方式引入时钟源，有两个或多个引脚用于外接晶振，而且一般在需要晶振和嵌入式处理器之间加上相应的电容和电阻，起到滤波和稳定作用。片内时钟是嵌入式处理器上的时钟电路，将晶振引入的时钟经过处理后供给嵌入式处理器内核和其他片上扩展控制器。不同嵌入式处理器的时钟电路也不尽相同。

3．调试接口

调试接口就是从嵌入式处理器引出的 JTAG（Joint Test Action Group，联合测试工作组）接口，通过 JTAG 接口可以实现对程序代码的下载和调试。

4．复位电路

复位电路实现对系统的复位功能。实际的嵌入式系统一般以按键的方式输入相应的信号实现对嵌入式处理器的复位。例如，在 RESET 引脚输入连续的几个复位脉冲，使芯片复位从而重新启动，该操作很像通过计算机的 RESET 按钮重启计算机系统。不同嵌入式处理器需要的复位脉冲的个数和复位时间不同。

5．存储系统

嵌入式系统的存储系统是由 RAM 和 ROM 组成的，是整个嵌入式系统中很重要的部分。嵌入式系统的存储器可分为片内存储器和片外存储器。一般片内存储器较小，而片外存储器可以根据嵌入式处理器和实际嵌入式系统设计的需要扩展。如果嵌入式系统运行程序所占用的存储空间相对较小，且嵌入式处理器内部有相应的 RAM 或 ROM 能够满足使用的要求，则可不外扩存储系统，而直接使用嵌入式处理器内部存储器，但一般这样做不利于以后的扩展。

6．接口电路

根据开发的嵌入式系统的不同，接口电路可能是一种，也可能是多种。构成嵌入式系统时，在嵌入式处理器上已有外围接口控制器的情况下，相应的接口电路主要提供物理连接，如 USB 接口、Ethernet 接口等，并根据需要实现电平信号的转换。如果嵌入式处理器上没有外围接口控制器，则相应接口电路的构成较为复杂，需要增加接口控制器，如 USB 接口的 USBN9603/9604、Ethernet 接口的 CS8900A 等。此外还要考虑的一个问题是如何同其他嵌入式处理器通信，是通过输入输出接口还是通过嵌入式处理器上的其他接口控制器。

2.2　嵌入式处理器的基本特征及分类

2.2.1　嵌入式处理器的基本特征

从硬件方面来讲，嵌入式系统的核心部件是各种类型的面向用户、面向产品、面向应用的嵌入式处理器，它们是控制、辅助系统运行的基础硬件单元，其功耗、体积、成本、可靠性、处理速度、处理能力、电磁兼容性等均受应用需求的制约。不同的嵌入式处理器面向不同的用户，这些用户可能是一般用户、行业用户或单一用户。目前，嵌入式处理器的寻址空间一般为 64KB～256MB，处理速度为 0.1MIPS～2000MIPS（Million Instructions Per Second，百万条指令每秒），常用封装为 8 引脚～144 引脚。

相对于通用处理器，各类嵌入式处理器一般具备以下 5 个特点。

- 体积小、集成度高、价格较低。这一特点与嵌入式系统的空间约束和低成本需求相适应。

- 可扩展的处理器结构。可扩展的处理器结构让开发人员能够迅速地开发出适合各种应用的高性能的嵌入式系统。

- 对实时多任务有很强的支持能力。嵌入式处理器能完成多任务且具有较短的中断响应时间，从而使内部的代码和实时内核的执行时间减少到最低限度。

- 具有强大的存储区保持功能。嵌入式系统的软件结构已模块化，为避免软件模块出错后相互交叉影响，嵌入式处理器需要有强大的存储区保持功能，同时这一设计也有利于软件诊断。

- 功耗低。便携式无线及移动计算和通信设备中靠电池供电的嵌入式系统要求嵌入式处理器的功耗只有毫瓦级，甚至微瓦级。

嵌入式应用需求的广泛性及大部分应用功能单一、性质确定的特点，决定了嵌入式处理器实现高性能的途径与通用处理器有所不同。目前大多数嵌入式处理器是针对专门的应用领域进行设计的，以满足其高性能、低成本和低功耗的要求。例如，视频游戏控制需要很高的图像处理能力；平板电脑、掌上电脑、笔记本电脑和网络计算机需要具备虚存管理功能和标准的外围设备；手机和个人移动通信设备需要在具有高性能和数字信号处理能力的同时具有超低功耗；调制解调器、传真机和打印机需要低成本的处理器；机顶盒和数字多功能光盘（Digital Versatile Disc，DVD）需要高度的集成性；数码相机需要既要有通用性又有图像处理能力。

2.2.2 嵌入式处理器的分类

据不完全统计，目前全世界嵌入式处理器的品种数量已超过 1000 种，流行的体系结构达 30 多种，其中，MCS51 体系所占比例超过 50%。生产 MCS51 单片机的半导体制造商有 20 多家，共 350 多种衍生产品，仅飞利浦（Philips）公司就有近 100 种。现在几乎每个半导体制造商都生产嵌入式处理器，越来越多的公司有自己的嵌入式处理器设计部门。

总体而言，嵌入式处理器可以分成 4 大类型，即嵌入式微处理器（Embedded Microprocessor Unit，EMPU）、嵌入式微控制器（Embedded Microcontroller Unit，EMCU）、嵌入式 DSP（Embedded Digital Signal Processor，EDSP）、嵌入式片上系统（Embedded System On Chip，ESOC），如图 2-2 所示。

1. 嵌入式微处理器

嵌入式微处理器由通用计算机中的 CPU 演变而来。与通用计算机 CPU 不同的是，嵌入式微处理器被装配在专门设计的电路板上，只保留与嵌入式应用紧密相关的功能硬件，去除冗余部分，这样就能以最低的功耗和资源满足嵌入式应用的特殊要求。此外，为了满足嵌入

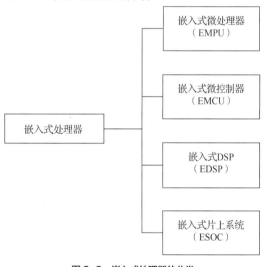

图 2-2 嵌入式处理器的分类

式应用的特殊要求，相对于通用计算机中的 CPU，嵌入式微处理器在工作温度、抗电磁干扰、可靠性等方面都做了增强。

嵌入式微处理器目前主要有 x86、Am186/88、386EX、SC-400、PowerPC、68000、MIPS、StrongARM 系列。近年来嵌入式微处理器的主要发展方向是小体积、高性能、低功耗。其专业分工也越来越明显，出现了专业的知识产权核（Intellectual Property Core，IP 核）供应商，如 ARM、MIPS 等；他们提供优质、高性能的嵌入式微处理器内核，供各个半导体制造商生产面向各个应用领域的芯片。

2．嵌入式微控制器

嵌入式微控制器又称为单片机，顾名思义，就是将整个计算机系统集成到一块芯片中。具体而言，单片机一般以某种微处理器内核为核心，内部集成 ROM、EPROM、Flash、RAM、总线、总线逻辑、定时器/计数器、看门狗、I/O 接口、串行通信接口、脉宽调制输出、ADC、DAC 等各种必要的功能和外设。

由于单片机外设资源比较丰富，适合用于控制任务，因此称为微控制器。与嵌入式微处理器相比，嵌入式微控制器的最大优点就是其单片化的特点。该特点极大减小了体积，降低了功耗和成本，提高了可靠性，因而嵌入式微控制器成为目前嵌入式系统工业的主流设备，占据了嵌入式系统大约 70%的市场份额。

嵌入式微控制器目前品种和数量较多，有代表性的通用系列包括 MCS51、MCS251、MCS96/196/296、P51XA、C166/167、68K，以及 MCU 8XC930/931、C540、C541 等。另外，还有许多半通用系列，如 USB 接口、I2C 接口、CAN Bus 接口、LCD 驱动等专用 EMCU 和兼容系列。特别值得注意的是，近年来提供 x86 微处理器的著名厂商 AMD 公司将 Am186CC/CW 等嵌入式微处理器称为 Microcontroller，摩托罗拉（Motorola）公司把以 PowerPC 为基础的 PPC505 和 PPC555 亦列入单片机行列，德州仪器公司也将其 TMS320C2xxx 系列 DSP 作为 MCU 进行推广。

3．嵌入式 DSP

嵌入式 DSP 是专门用于信号处理的处理器，对系统结构和指令进行了特殊设计，系统结构上采用哈佛结构（Harvard Structure）和专用的硬件乘法器，指令为快速 DSP 指令（属 RISC），使其适合对处理器运算速度要求较高的应用领域。其典型应用如数字信号处理领域和数字滤波、快速傅里叶变换、频谱分析等方面；嵌入式 DSP 也常常应用于多媒体信号处理方面，如移动电话、语音识别及 MPEG-1、MPEG-2、MPEG-4 等多媒体播放系统等。推动嵌入式 DSP 发展的另一个因素是嵌入式系统的智能化，如各种带有智能逻辑的消费类产品、生物特征识别终端、带有加密解密算法的键盘、虚拟现实显示设备等，相关算法一般运算量较大，特别是向量运算较多、指针线性寻址等较多，而这些正是 DSP 的长处。

嵌入式 DSP 有两个发展流派：一个是 DSP 经过单片化、适当改造、增加片上外设而制成嵌入式 DSP，德州仪器公司的 TMS320 属于这类，TMS320 系列处理器包括用于控制的 C2000 系列、用于移动通信的 C5000 系列，以及性能更高的 C6000 系列；另一个是在通用单片机或片上系统（System on Chip，SoC）中增加 DSP 协处理器。

4．嵌入式片上系统

随着电子数据交换（Electronic Data Interchange，EDI）的推广和超大规模集成电路设计的普及化，以及半导体工艺的迅速发展，在硅片上实现更为复杂系统的时代已经来临。包含一个或多个处理器、存储器、模拟电路模块、数/模混合信号模块以及片上可编程逻辑，这种系统就是 SoC。各种通用处理器内核（包括 IP 核）作为 SoC 设计公司的标准库，与其他嵌入式系统外设一样，成为超大规模集成电路设计中一种标准器件，用标准的 VHDL 等语言描述。用户只需定义出其整个应用系统，仿真通过后就可以将设计图交给半导体工厂制作样品。这样除个别无法集成的器件以外，整个嵌入式系统大部分均可集成到一块芯片中，应用系统电路板将变得很简洁，对减小体积、通过改变内部工作电压而降低功耗、避免外部电路板在信号传递时产生系统噪声而提高可靠性都非常有利。

嵌入式片上系统可以分为通用和专用两类。通用 SoC 包括西门子（Siemens）公司的 TriCore、Motorola 公司的 M-Core、某些 ARM 系列器件、埃施朗（Echelon）和 Motorola 公司联合研制的 Neuron 芯片等。专用 SoC 一般专门用于某个或某类系统，不为用户所知，一个有代表性的产品是 Philips 公司的 Smart XA，它将 Smart XA 单片机内核和支持超过 2048 位复杂 RSA 算法的 CCU 单元制作在一块硅片上，形成一个可加载 Java 或 C 语言的专用 SoC，具有极高的安全性。

2.3 典型的嵌入式处理器

鉴于嵌入式系统广阔的发展前景，很多半导体制造商都在大规模生产嵌入式处理器，从最初的 4 位处理器到目前仍在大规模应用的 8 位单片机，再到广受青睐的 32 位、64 位嵌入式 CPU，应有尽有。并且公司自主设计处理器也已成为嵌入式领域的一大趋势，从单片机、嵌入式 DSP 到 FPGA，各式各样的品种，速度越来越快，性能越来越强，价格也越来越低。

2.3.1 单片机

单片机，全称为单片微型计算机（Single-Chip Microcomputer），又称嵌入式微控制器，是把 CPU、存储器、定时器/计数器、I/O 接口等都集成在一块芯片上的微型计算机。与应用在个人计算机中的通用处理器相比，它不用外接硬件，能够节约成本。其最大优点是体积小，可放在仪表内部。但是单片机存储量小，I/O 接口简单，功能有限。由于其发展非常迅速，超出了旧的单片机的定义，因此在很多应用场合被称为定义范围更广的嵌入式微控制器。

单片机根据发展情况大致可以分为通用型、总线型以及控制型。单片机被认为是具有处理器、存储器和外设的独立系统，常常作为嵌入式系统广泛地用于自动控制的产品和设备中，如汽车发动机控制系统、医疗设备、遥控器、办公设备、家用电器、电动工具等。

单片机有以下特点。

- 主流单片机包括 CPU、4KB 容量的 RAM、128KB 容量的 ROM、两个 16 位定时器/计数器、4 个 8 位并行通信接口、全双工串行通信接口、ADC、DAC、SPI、I2C、ISP、IAP。
- 系统结构简单，使用方便，能够实现模块化。
- 可靠性高，可无故障工作 $10^6 \sim 10^7$h。
- 处理功能强，速度快。
- 低电压，低功耗，便于生产便携式产品。
- 控制功能强。
- 环境适应能力强。

2.3.2 ARM

ARM 是一个精简指令集计算机（Reduced Instruction Set Computer，RISC）处理器架构，广泛地使用在嵌入式系统设计中。它最初是由英国 ARM 公司设计、开发的。ARM 公司专门从事基于 RISC 技术的芯片设计、开发，作为知识产权核供应商，其本身不直接从事芯片生产，靠转让设计许可由合作公司生产各具特色的芯片。世界各大半导体制造商从 ARM 公司购买其设计的 ARM 处理器内核，根据各自不同的应用领域，加入适当的外围电路，从而形成自己的 ARM 处理器，再进入市场。目前，全世界有几十家大的半导体制造商使用 ARM 公司的授权，既使得 ARM 技术可获得更多的第三方工具和制造、软件方面的支持，又使得整个系统成本更低，产品更容易进入市场被消费者所接受，更具有竞争力。

目前，采用 ARM 技术知识产权核的处理器（即通常所说的 ARM 处理器）已遍及工业控制、消费类电子产品、通信系统、网络系统和无线系统等各类产品市场。基于 ARM 技术的处理器已经占据了 32 位 RISC 处理器 75%以上的市场份额。

ARM 处理器有以下几个特点。

- 体积小、低功耗、低成本、高性能。
- 支持 Thumb（16 位）/ARM（32 位）双指令集，能很好地兼容 8 位/16 位器件。
- 大量使用寄存器，让指令执行速度更快。
- 大多数数据操作都在寄存器中完成。
- 寻址方式灵活、简单，执行效率高。
- 指令长度固定。
- 支持多种操作系统，如 Windows Embedded Compact、Linux、VxWorks、Android 等。

2.3.3　MIPS

无互锁流水级微处理器（Microprocessor without Interlocked Piped Stages，MIPS）是一种 RISC 处理器，已成为一种处理器内核标准，是由 MIPS 公司开发的。MIPS 的机制是尽量利用软件方法来避免流水线中的数据相关问题，最早是在 20 世纪 80 年代初期由斯坦福大学的亨尼西（Hennessy）教授领导的研究小组提出的。

MIPS 采用模块化架构，最多支持 4 个协处理器（CP0/CP1/CP2/CP3）。MIPS 包括 MIPS I、MIPS II、MIPS III、MIPS IV 和 MIPS V，以及 MIPS32/64 的 5 个版本。

MISP 的应用领域很广。MIPS 在高端市场有 64 位的 MIPS 64 20Kc 系列，在低端市场有 SmartMIPS。一些机顶盒、Cisco 路由器、激光打印机、SGI 超级计算机等都基于 MISP。

MIPS 公司 32 位的嵌入式处理器 MIPS32TM 的特性如下。
- 与 MIPS I TM 和 MIPS II TM 指令体系完全兼容。
- 增强的状态传送及数据预取指令。
- 标准的 DSP 操作。
- 优先的 Cache Load/Control（缓存加载/控制）操作。
- 向上与 MIPS64TM 体系兼容。
- 稳定的 3 个操作数的 Load/Store RISC 指令体系。
- 32 个 32 位的通用寄存器。
- 两个乘 / 除寄存器（HI 和 LO）。
- 可选的浮点数支持、可选的存储器管理单元、可选的 Cache。

2.3.4　PowerPC

PowerPC 是由 IBM、Motorola 和苹果公司联合开发的高性能 32 位和 64 位 RISC 处理器系列，商标权同时属于 IBM 和 Motorola 公司，并成为他们的主导产品。目前，IBM 公司主要的 PowerPC 产品有 PowerPC 400、PowerPC 700 和 PowerPC 900 系列。Motorola 公司的 PowerQUICC 系列从 PowerQUICC I 发展到 PowerQUICC II、PowerQUICC III、PowerQUICC II pro，以及 QUICC Engine。尽管产品不一样，但它们都采用 PowerPC 的内核，且这些产品大都用在嵌入式系统中。PowerPC 的特点是可伸缩性好，方便、灵活。

PowerPC 处理器品种很多，既有通用处理器，又有嵌入式微控制器和内核，且应用范围非常广泛，已渗透到从高端的工作站、服务器到桌面计算机系统，从消费类电子产品到大型通信设备的各个方面。

IBM 公司开发的 PowerPC 405GP 是一个集成 10Mbit/s 以太网控制器和 100Mbit/s 以太网控制器、串行和并行通信接口、内存控制器及其他外设的高性能嵌入式处理器。它的特点如下。
- PowerPC 405GP 是一个专门应用于网络设备的高性能嵌入式处理器，包括有线通信、数据存储及其他计算机设备。
- PowerPC 405GP 提高了 PowerPC 处理器家族的可伸缩性。

- PowerPC 405GP 应用软件源代码兼容所有其他的 PowerPC 处理器。
- PowerPC 405GP 利用外频最高可达 133MHz 的 64 位 CoreConnect 总线结构，高性能、响应时间短。
- PowerPC 405GP 提供了具有创新意义的 CodePack 代码压缩，极大地改进了指令代码密度，降低了系统整体成本。
- PowerPC 405GP 的逻辑上层结构为要求低功耗的嵌入式处理器提供了理想的解决方案，其可重复使用的核心、灵活的高性能总线结构、可定制 SoC 设计等特性，极大地缩短了产品从设计到上市的时间。

2.3.5 ColdFire

ColdFire 是飞思卡尔（Freescale）公司（原 Motorola 公司半导体产品部，现已被 NXP 公司收购）在 M68K 基础上开发的芯片。

ColdFire 系列芯片不仅具有片内 Cache、MAC 及 SDRAM 控制器等微处理器的特征，同时还具有各种片内接口模块，如 GPIO、QSPI、UART、快速以太网控制器及 USB，这是微控制器的特征。因此，ColdFire 系列芯片不但具有微处理器的高速性，还具有微控制器的使用方便等特征。ColdFire 系列芯片既支持 BDM 调试，也支持 JTAG 调试。到目前为止，ColdFire 系列芯片已有近 50 种，适用于不同场合。

ColdFire 单片机发展到今天，内部构架已经有 ColdFireV1～ColdFireV5 这 5 个版本，并出现了 ColdFire+系列。从 ColdFireV2 的简单处理器到 ColdFireV3 的流水线结构，再到 ColdFireV4 的有限超标量处理器，ColdFireV5 则是完全的超标量处理器。ColdFire+系列采用 90nm 薄膜存储器（Thin Film Storage，TFS）闪存技术以及 FlexMemory 技术，是集成程度高、经济、高效和小封装的 32 位嵌入式微控制器。

以 ColdFire+ Jx 系列为例，它的特点如下。
- 拥有创新的 FlexMemory 技术、可配置的 EEPROM。
- 拥有 10 个灵活的超低功率模式。
- 16 位 ADC 和 12 位 DAC 提供了灵活、强大的混合信号能力。
- 密码加速单元和随机数字生成器实现安全的通信。
- 集成的电容式触摸感应和显示支持。
- 集成式 USB 2.0 全速设备、主机、OTG 控制器，支持 USB 连接和电池充电。
- 串行音频接口提供与解码器和集成电路内置音频总线（Inter-IC Sound，I2S）设备的直接交互。
- 封装尺寸仅为 5mm×5mm，适用于空间有限的应用场合。

2.4 嵌入式处理器的选型

嵌入式系统的硬件开发平台的选择主要是指嵌入式处理器的选择。一个系统中使用什么样的嵌入式处理器内核主要取决于应用的领域、用户需求、成本限制、开发的难易程度等因素。本节首先介绍嵌入式处理器的技术指标，然后介绍选择嵌入式处理器的总原则和具体方法。

2.4.1 嵌入式处理器的技术指标

1. 功能

嵌入式处理器的功能主要取决于处理器所集成的存储器数量和外设接口的种类。集成的外设越多，功能越强大，设计硬件系统时需要扩展的器件就越少。所以选择嵌入式处理器时应尽量选择集成所需外设多的处理器，并综合考虑成本因素。

2. 字长

字长是指参与运算的基本数位，它决定了寄存器、运算器和数据总线的位数，因而直接影响硬件的复杂程度。处理器的字长越长，包含的信息量越大，能表示的数值有效数位就越多，计算精度也越高。通常处理器可以有 1 位、4 位、8 位、16 位、32 位、64 位等不同的字长。对于字长短的处理器，为提高其计算精度，我们可以设计采用多字长的数据结构进行计算，即变字长计算。当然，这样计算时间就要延长，多字长数据要经过多次传送和计算。处理器字长还与指令长度有关，字长长的处理器可以有长的指令格式和较强的指令系统功能。

3. 处理速度

处理器执行不同的操作所需要的时间是不同的，因而业界对处理速度有不同的表示方法，如早期以每秒执行多少条简单的加法指令来表示，目前普遍以单位时间内指令的平均执行条数来表示，通过各种指令的使用频度和执行时间来计算。其计算公式为

$$t_g = \sum_{i=1}^{n} p_i t_i$$

式中，n 为处理器指令类型数；p_i 为第 i 类指令在程序中使用的频度；t_i 为第 i 类指令的执行时间；t_g 为指令的平均执行时间，取其倒数即得到该处理器的处理速度指标，其单位为百万条指令每秒（MIPS）。

此外，还可以用以下多种指标来表示处理器的处理速度。

（1）MFLOPS：百万次浮点操作每秒（Million Floating-point Operations Per Second，MFLOPS），这个指标用于进行科学计算的处理器。例如，一般工程工作站的处理速度大于 2MFLOPS。

（2）主频：主频又称时钟频率，时钟频率的倒数为时钟周期，它是 CPU 完成基本操作的最短时间，因此主频在一定程度上反映了处理器的处理速度。例如，龙芯 3A 的主频为 900MHz～1GHz，ARM A9 的主频为 1.2GHz～1.5GHz。

（3）CPI：平均指令周期数（Cycles Per Instruction，CPI）即执行一条指令所需要的时钟周期数。当前，在设计 RISC 芯片时，应尽量减小 CPI 来提高处理器的处理速度。

需要指出的是，并非主频越高的处理器的处理速度越快，有的处理器处理速度可达到 1MIPS/MHz（处理器运行在 1MHz 的频率下时每秒可执行 1 百万条指令），甚至更高，这样的处理器通常采用流水线技术；有的处理器处理速度只能达到 0.11MIPS/MHz，这样的处理器通常比较简单。

4. 工作温度

从工作温度方面考虑，嵌入式处理器通常分为民用、工业用、军用、航天用等几个级别。一般民用的温度范围是 0℃～70℃，工业用的温度范围是-40℃～85℃，军用的温度范围是-55℃～125℃，航天用的温度范围更宽。选择嵌入式处理器时需要根据产品的应用场景选择相应的芯片。

5. 功耗

嵌入式处理器通常有几个功耗指标，如工作功耗、待机功耗等。许多嵌入式处理器还给出功耗与工作频率之间的关系，表示为 mW/Hz 或 W/Hz。在其他条件相同的情况下，嵌入式处理器的功耗与工作频率之间的关系近似一条理想的直线。有些嵌入式处理器还给出电源电压与功耗之间的关系，便于设计工程师选择。

6. 寻址能力

嵌入式处理器的寻址能力取决于地址线的数量，处理器的处理能力与地址线的数量又有一定的关系；处理能力强的处理器，其地址线的数量多；处理能力弱的处理器，其地址线的数量少。8 位处理器的寻址能力通常是 64KB，16 位处理器如 MSP430 的寻址能力为 1MB，32 位处理器的寻址能力通常是 4GB。

7. 平均故障间隔时间

平均故障间隔时间（Mean Time Between Failures，MTBF）是指在相当长的时间内，机器工作时间除以工作期间的故障次数所得的时间。它是一个统计值，用来表示嵌入式系统的可靠性等。MTBF 值越大，表示可靠性越高。

8. 性能价格比

性能价格比是一种用来衡量处理器产品的综合性指标。这里所讲的性能主要是指处理器的处理速度、主存储器的容量和存取周期、I/O 设备配置情况、计算机的可靠性等；价格则指计算机系统的售价。性能价格比要用专门的公式计算。计算机的性能价格比的值越高，该计算机越受欢迎。

9. 工艺

工艺指半导体和设计工艺两个方面。目前大多数嵌入式处理器采用金属氧化物半导体（Metal-Oxide-Semiconductor，MOS）和静态设计。静态设计是指嵌入式处理器的电路组成没有动态电路，因此它的主频可以低至 0（直流），高至最高工作频率，工作在直流时只消耗微小的电流。这样设计者就可以根据功耗的要求选择嵌入式处理器的工作频率。

10. 电磁兼容性指标

实际上，通常所说的电磁兼容性指标是指系统级的电磁兼容性指标，取决于器件的选择、电路的设计、工艺、设备的外壳等。虽然如此，嵌入式处理器本身也具有电磁兼容性。嵌入式处理器本身的电磁兼容性主要由半导体制造商的工艺水平决定。如今，嵌入式处理器的设计和制造通常是由不同的公司合作完成的，设计公司只完成设计工作，半导体制造商完成流片和封装、测试工作。

对于嵌入式处理器的性能不能只强调某一方面的技术指标，要看整个处理器的综合性能，包括硬件、软件配置情况，如指令系统的功能、外设装置情况、操作系统的功能、程序设计语言，以及其他支撑软件和必要的应用软件等。

2.4.2　嵌入式处理器的选型原则

设计者一般根据所需的功能、处理速度和存储器寻址能力来选择嵌入式处理器。

（1）如果应用只承担少量的处理工作和少数的 I/O 功能，此时可以使用 8 位的微控制器，如数码手表、空调、电冰箱、录像机等都使用微控制器，因为微控制器附带了片上存储器和串行口，硬件成本是最低的。例如，数码手表可以使用一个带有片上 ROM 的 8 位微控制器来实现，输入设备可以是一系列按钮，而输出设备是 LCD 屏。

（2）如果计算和通信需要采用嵌入式操作系统，就应该使用一个 16 位或 32 位的处理器。像电信交换机、路由器和协议转换器这样的设备就是使用这类处理器来实现的，大多数过程控制系统也可归入这一类。

（3）如果应用涉及信号处理和数学计算，如音频编码、视频信号处理或图像处理，就需要选择一个 DSP。计算密集的系统，如需要进行视频编码或图像分析的系统，可能需要一个浮点

DSP。音频编码、调制解调等应用，则可以使用定点 DSP。

（4）如果应用在很大程度上是面向图像的，并且要求快速响应，则可能需要使用一个 64 位处理器，如那些用在台式计算机上的处理器（64 位处理器广泛应用于图形加速器和视频游戏播放器）。工业计算机和用在工业自动化中的单片机也使用 64 位处理器。

在每一类型（8 位微控制器、16 位/32 位/64 位微处理器以及 DSP）中，都有很多厂商可供选择，包括 ADM 公司、Analog Devices（亚德诺）公司、Atmel（爱特梅尔）公司、ARM 公司、Hitachi（日立）公司、Alcatel-Lucent（阿尔卡特朗讯）公司、Motorola 公司、National Semiconductor（美国国家半导体）公司、NEC 公司、Siemens 公司和 Texas Instruments（德州仪器）公司。要在这些厂商中选择，需要考虑的不仅仅是价格和性能（因为它们大部分都差不多），还包括客户支持、培训、设计支持和开发工具的成本等。

一旦确定了嵌入式处理器，就需要确定外设，包括静态 RAM、EPROM、闪存、串行口和并行口、网络接口、可编程定时器/计数器、状态 LED 指示和应用的专门硬件电路。

嵌入式系统中的存储器既可以是内部存储器，又可以是外部存储器。内部存储器与外部存储器在同一块芯片上。对于包含微控制器和 DSP 的小型应用，这些存储器就足够了；其他应用就需要使用外部存储器。如果存储器在设备内部，就会减少程序的调用时间，而且访问数据和指令会非常快。外部存储器若作为一个单独的芯片位于处理器的外面，会增加程序的调用时间，从而降低执行速度。

在这个阶段准确地计算出对存储器的需求是非常困难的。通常要先在主机系统上开发嵌入式软件，然后根据应用和操作系统所占的内存，计算出需要的存储器。

完成了硬件设计，就可以使用处理器的汇编语言编写硬件初始化代码，这些代码是用来测试存储器芯片和外设的。

下面列出了选择嵌入式处理器应遵循的原则。

（1）够用原则：嵌入式处理器很少升级，因此设计嵌入式系统时，为嵌入式处理器的处理能力留出很大的余量是很不经济的，通常给出较小余量即可。

（2）成本原则：选择嵌入式处理器所考虑的成本不仅仅包括处理器本身的成本，还包括组成电路的成本、印制电路板的成本，设计成本敏感性高的产品时更是如此。例如，设计一个基于以太网的嵌入式系统产品可以选择集成了以太网接口的嵌入式处理器，也可以选择没有以太网接口的嵌入式处理器，外接以太网控制器。进行成本比较时，前者的成本包括嵌入式处理器的成本，后者的成本包括嵌入式处理器、以太网接口、增加的电路板的成本。

嵌入式处理器参数选择的步骤通常比较复杂，首先要确定设计者对处理器的需求，然后设计一个表格，填写完表格后，需要对表格中的各项参数进行评估，进而做出选择。表格中应列出满足条件的各种处理器的参数，通常包括以下项目。

- 处理器的架构类型，如 RISC、CISC、DSP 等。
- 处理速度。
- 寻址能力。
- 总线宽度。
- 片上集成的存储器情况。
- 片上集成的 I/O 接口的种类和数量。这一项通常内容很多，特别是 32 位的嵌入式处理器，集成了大量的外设接口。另外，需列出外设接口的参数。
- 工作温度。
- 封装形式。
- 对操作系统、开发工具的支持等。
- 调试接口。

- 行业用途。
- 功耗。
- 电源管理功能。
- 价格，通常是给出批量的价格，因为知道单片或样片的价格没有多大的意义。
- 行业的使用情况，这一点很重要。调研某个行业通常使用的嵌入式处理器类型后，应尽可能选择该行业中有成功使用案例的嵌入式处理器，这样一方面有了成功的案例可供参考，另一方面技术支持可能较好。

现在的嵌入式处理器非常多，每一种嵌入式处理器的用户手册少的有几百页，多的达上千页。设计者在选择嵌入式处理器时，不可能也没必要详细阅读所有的用户手册。比较正规的嵌入式处理器的用户手册通常在开头部分有处理器的主要特性介绍，大约有几页，建议先阅读这几页，了解其中的主要特性参数，然后根据需要确定后续应当详细阅读的部分。

在此需要注意的是，选择嵌入式处理器是一件细致的工作。如果选择的嵌入式处理器最终被证明不理想，则会造成巨大的损失。当然，嵌入式处理器的选择没有唯一的答案，设计者需要综合考虑，选择适合产品要求的和自己熟悉的嵌入式处理器。

2.5 嵌入式系统的存储系统

2.5.1 存储系统的层次结构

计算机系统的存储器分为 6 个层次，如图 2-3 所示，位于整个层次结构顶部的 S0 层为 CPU 内部寄存器，S1 层为芯片内的高速缓存，即内存的高速缓存（Cache），S2 层为芯片外的高速缓存，一般称为内存（SRAM、DRAM、DDRAM），S3 层为主存储器（Flash、PROM、EPROM、EEPROM），S4 层为外部存储器（磁盘、光盘、CF 卡、SD 卡），S5 层为远程二级存储（分布式文件系统、Web 服务器）。

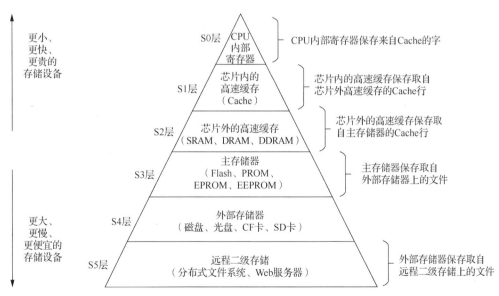

图 2-3　存储系统层次结构

在这种存储系统层次结构中，上一层存储器作为下一层存储器的高速缓存。CPU 内部寄存器就是 Cache 的高速缓存，保存来自 Cache 的字；Cache 又是内存的高速缓存，从内存中提取数据送给 CPU 进行处理，并将 CPU 的处理结果返回内存；内存又是主存储器的高速缓存，它将经常用到的数据从 Flash 等主存储器中提取出来，放到内存中，从而提高 CPU 的运行效率。嵌入式系统的主存储器容量是有限的，这时就需要用磁盘、光盘或 CF 卡、SD 卡等外部存储器来保存大信息量的数据。在某些带有分布式文件系统的嵌入式网络系统中，外部存储器就作为其他系统中被存储数据的高速缓存。

在主存储器和 CPU 之间采用芯片内高速缓存的好处就是极大地提高了存储系统的性能，避免直接向内存读取和存储数据，减少了内存平均访问时间，提升了处理数据的速度。许多嵌入式处理器体系结构都把 Cache 作为其定义的一部分。Cache 分为统一 Cache 和独立 Cache，区别就在于存储系统中指令的预取和数据的读写是否使用同一个 Cache。如果使用同一个 Cache 则称为统一 Cache；如果指令预取和数据读写分别使用不同的 Cache，各自独立，则称系统使用独立 Cache，前者称为指令 Cache，后者称为数据 Cache。

2.5.2 存储管理单元

存储管理单元（Memory Manage Unit，MMU）是一种具有存储器功能的计算机硬件单元，能在 CPU 中执行虚拟地址到物理地址的转换，将地址从虚拟存储空间映射到物理存储空间，这个转换过程一般称为内存映射。MMU 主要完成以下工作。

（1）虚拟存储空间到物理存储空间的映射。MMU 采用页式虚拟存储管理，将虚拟地址空间（处理器使用的地址范围）分页，每个页的大小通常为几千字节或更大。地址的低位（页面内的偏移量）保持不变，高位是虚拟页码。MMU 把物理内存的地址空间也分成同样大小的页，以实现从虚拟地址到物理地址的转换。物理页码与页面偏移量组合可以提供完整的物理地址。

（2）存储器访问权限的控制。

（3）设置虚拟存储空间的缓冲特性。

大多数 MMU 使用称为"页表"的内存表项，每页包含一个页表条目（Page Table Entry，PTE），以将虚拟页码映射为主存储器中的物理页码。页表的每一行对应虚拟存储空间的一个页，该行包含了该虚拟内存页对应的物理内存页的地址、该页的访问权限和该页的缓冲特性等。从虚拟地址到物理地址的变换过程就是查询页表的过程。例如，ARM 嵌入式系统使用系统控制协处理器 CP15 的寄存器 C2 来保存页表的基地址。

基于局部性原理，程序在对页表访问时只局限于少数几个单元，因此增加了一个高速缓存部件来存放当前访问需要的地址变换条目，称为地址转换后备缓冲器（Translation Look aside Buffer，TLB）。CPU 访问内存时，先在 TLB 中查找地址变换条目，如果该条目不存在，再从内存中的页表查询，并将查询结果更新进 TLB，避免了映射虚拟地址时对主存储器的重复访问。

ARM 处理器请求存储访问时，首先在 TLB 中查找虚拟地址。TLB 根据访问类型的不同分为指令 TLB 和数据 TLB。如果系统中数据 TLB 和指令 TLB 是分开的，则 ARM 处理器在取指令时从指令 TLB 中查找相应的虚拟地址，在对内存访问时从数据 TLB 中查找相应的虚拟地址。

嵌入式系统中虚拟存储空间到物理存储空间的映射以内存块为单位来进行，即虚拟存储空间中连续的存储空间与物理内存中的同样大小的连续存储空间是一一对应的。而页表和 TLB 中的每一个地址变换条目实际上就记录了虚拟存储空间与物理存储空间各自内存块基地址的对应关系。根据内存块大小，地址变换可以有多种。

嵌入式系统支持的内存块大小有以下几种：段（Section）是大小为 1MB 的内存块；大页（Large Pages）是大小为 64KB 的内存块；小页（Small Pages）是大小为 4KB 的内存块；极小页（Tiny Pages）是大小为 1KB 的内存块。极小页只能以 1KB 为单位，不能再细分，而大页和小页有些情况下可以进一步划分，大页可以分成大小为 16KB 的子页，小页可以分成大小为 1KB 的子页。

MMU 中一些段、大页或者小页的集合被称作域。每个域的访问控制特性都是由芯片内部寄存器中的相应控制位来控制的。例如，在 ARM 嵌入式系统中，每个域的访问控制特性都是由 CP15 中寄存器 C3 的两个控制位来控制的。

MMU 中的快速上下文切换（Fast Context Switch Extension，FCSE）技术通过修改系统中不同进程的虚拟地址，避免在进行进程间切换时虚拟地址到物理地址产生重映射，从而提高系统的性能。

在嵌入式系统中，输入输出（I/O）操作通常被映射成存储器操作，即通过存储器映射的可寻址外围寄存器和中断输入的方式来实现。输出操作可通过存储器写入操作实现；输入操作可通过存储器读取操作实现。存储器映射 I/O 空间不满足 Cache 所要求的特性，因此不能使用 Cache 技术。部分嵌入式系统使用直接存储器访问（Direct Memory Access，DMA）来实现快速存储。

2.5.3 常见的嵌入式系统存储设备

1. RAM

无论数据在内存中的物理位置如何，RAM 都能在几乎相同的时间内读取或写入数据。相比之下，其他直接访问数据存储介质，如硬盘、CD-RW、DVD-RW 和较旧的磁带等，读取或写入数据所需的时间会根据它们在介质上的物理位置而显著变化。

两种广泛使用的现代 RAM 形式是静态随机存取存储器（Static Random Access Memory，SRAM）和动态随机存取存储器（Dynamic Random Access Memory，DRAM）。SRAM 是静态的，不需要刷新。SRAM 的存取时间比 DRAM 要短得多，因为 SRAM 在数据访问之间不需要暂停。SRAM 使用 6 个晶体管结构，生产成本较高，因此常用于要求速度快、容量小的情况，通常作为 CPU 的高速缓存。DRAM 使用晶体管和电容器构成单元来存储数据，比 SARM 便宜，是最为常用的 RAM。与其他类型的 RAM 相比，DRAM 每兆字节（MB）的价格最低。DRAM 需要定时地（毫秒级）刷新存储单元，因此在使用 DRAM 前，先要设置好 DRAM 控制器。

同步动态随机存取存储器（SDRAM）是众多 DRAM 中的一种，它能够工作在比普通存储器更高的时钟频率下。因为 SDRAM 使用时钟，所以它与处理器总线是同步的。数据从存储元（Memory Cell）被流水化地取出，最后突发式（Burst）地输出到总线。

2. ROM

ROM 是一种非易失性存储器，即断电后数据不会丢失，但是存储数据的速度较慢，因此它主要用来存储无须经常更新的固件。

常见的 ROM 有掩模 ROM（Mask ROM）、可编程 ROM（Programmable ROM，PROM）、可擦可编程 ROM（Erasable Programmable ROM，EPROM）、电擦除可编程 ROM（Electrically Erasable Programmable ROM，EEPROM）、闪存 ROM（Flash ROM，Flash ROM）。

掩模 ROM 是对要存储的数据进行物理编码的集成电路，因此在制造之后不可能改变它们的内容。其他类型的 ROM 允许一定程度的修改：PROM 可以经由特殊装置写入数据，但只能写入一次；EPROM 可以暴露在强紫外线下来擦除原有程序，然后通过施加高电压进行重写，可反复擦除和编程；EEPROM 中的数据允许在不被计算机移除的情况下被电擦除，然后通过高压脉冲重写，写入或刷新较慢；Flash ROM 是 1984 年发明的现代型 EEPROM，可以比普通 EEPROM 更快地擦除和重写，具有非常高的耐用性（超过 1 000 000 次循环）。

由于 ROM 不能被修改，因此它实际上仅适用于存储在设备的寿命期间不需要修改的数据，也有许多设备用 ROM 来存放启动代码。

3. Flash Memory

Flash Memory（闪存存储器，简称闪存、Flash）是一种非易失性存储器，可以进行电擦除和重新编程。其既可以读，也可以写，但是写的速度较慢，不适合存放动态数据。它主要用于存放设备固件和断电后仍需长期保存的数据。

Flash Memory 包括 NAND Flash 和 NOR Flash 两种，Flash ROM 一般指 NOR Flash。这两种闪存以 NAND 和 NOR 逻辑门命名，二者的内部排线结构略有不同。在 NOR Flash 上运行代码不需要任何软件支持。在 NAND Flash 上进行同样的操作时，通常需要驱动程序，也就是内存技术驱动程序（Memory Technology Driver，MTD）。NAND Flash 和 NOR Flash 在进行写入和擦除操作时都需要 MTD。

4．CF 卡

紧凑型闪存（Compact Flash，简称 CF 卡）是一种主要用于便携式电子设备的大容量闪存。传统的 CF 卡使用并行 ATA 接口。衍生出来的 CF+卡物理规格与 CF 卡完全相同，但有两个较大的变化：数据传输速率提高到 16MB/s，容量最大可达到 137GB。CF+卡通常在手持设备上应用，如 CF 串行通信接口卡、CF Modem、CF 蓝牙、CF USB 卡、CF 网卡、CF GPS 卡、CF GPRS 卡等。按照 CF+卡标准，它不一定要支持 ATA 接口，通常建议 CF+卡工作在 PCMCIA 模式。

5．SD 卡

安全数字卡（Secure Digital Card，SD 卡）是由 SD 卡协会开发的用于便携式电子设备的非易失性存储卡。SD 卡标准于 1999 年 8 月由美国闪迪（SanDisk）公司、日本松下公司和东芝公司共同推出，目的是改进多媒体卡（Multi-Media Card，MMC），并已成为行业标准。SD 卡占用面积小，是更小型、更薄、更便携的电子设备的理想存储介质。

安全数字输入输出（SDIO）卡由 SD 卡扩展而来，用于覆盖 I/O 接口功能。SDIO 卡仅在主机设备中可以使用全部功能，要求主机设备支持其输入输出功能，这些设备可以使用 SD 插槽支持 GPS 接收器、调制解调器、条形码阅读器、FM 收音机调谐器、电视调谐器、RFID 阅读器、数码相机，以及 Wi-Fi、蓝牙、以太网和红外线数据协会（the Infrared Data Association，IrDA）接口。现在使用 USB 接口连接 I/O 设备更为常见。

SD 卡在许多消费类电子设备中使用，已广泛用于需要小尺寸存储吉字节数据的场合。在用户可能经常移除和更换卡的设备（如数码相机、便携式摄像机和视频游戏机）中，往往使用全尺寸 SD 卡。而在压缩尺寸至关重要的设备（如手机）中，往往使用 microSD 卡。microSD 卡作为 SD 卡的小型拓展卡，通过为制造商和消费者提供更大的灵活性和自由度，推动了智能手机市场的发展。无人机的相机和 GoPro 运动相机也经常使用 microSD 卡。

6．硬盘存储器

硬盘存储器具有存储容量大、使用寿命长、存取速度较快的特点，它也是在嵌入式系统中常用的外部存储器。硬盘存储器的硬件包括硬盘控制器（适配器）、硬盘驱动器以及连接电缆。硬盘控制器（Hard Disk Controller，HDC）对硬盘进行管理，并在主机与硬盘之间传送数据。硬盘驱动器（Hard Disk Drive，HDD）使用涂有磁性材料、快速旋转的盘片与磁头配对，通过电机驱动和磁头定位结构把数据写入盘片表面，以便进行数据读取。硬盘存储器是一种非易失性存储器，即使在断电时也能保留存储的数据。

2.6 嵌入式系统的常用外设接口

2.6.1 GPIO 接口

通用型输入输出（General-Purpose Input/Output，GPIO）接口作为输入端口时，我们可以通过它读入引脚的状态（高电平或低电平）；GPIO 接口作为输出端口时，我们可以通过它输出高电平或低电平来控制连接的外围设备。它的主要优点是损耗低、成本低、小封装、可预先确定响应时间、布线简单。

GPIO 接口是嵌入式系统开发过程中最常用的接口，用户可以通过编程灵活地对其进行控制，实现对电路板上 LED 灯、数码管、按键等常用设备的驱动，也可以将其作为串行通信接口的数据收发引脚或 ADC 的接口等。

2.6.2　UART 接口

通用异步收发器（Universal Asynchronous Receiver/Transmitter，UART）是一种通用串行总线，用于异步通信。该总线可以双向通信，实现全双工传输和接收。其优点是通信硬件电路简单，缺点是通信速度慢、有效传输距离短。

UART 协议作为一种通用的数据通信协议，包括了 RS-232、RS-499、RS-423、RS-422 和 RS-485 等接口标准和总线标准，因此 UART 是异步串行通信接口的总称。而 RS-232、RS-499、RS-423、RS-422 和 RS-485 等是对应各种异步串行通信接口的接口标准和总线标准，它们规定了通信接口的电气特性、数据传输速率、连接特性和接口的机械特性等。

在嵌入式系统设计中，UART 接口主要用于主机与辅助设备通信，例如，汽车音响与外接 AP（Access Point，接入点）通信，微控制器与 PC 通信，包括与监控调试器和其他器件（如 EEPROM）的通信。

UART 最简单的连线只有 3 根线，其中 TxD 用于发送，RxD 用于接收，GND 用于提供参考电平。TxD 和 RxD 数据线以"位"为最小传输单位。

2.6.3　SPI 接口

串行外设接口（Serial Peripheral Interface，SPI）是 Motorola 公司推出的一种同步串行通信接口。SPI 总线在物理上是通过外围设备微控制器（如 PICmicro）上面的微处理单元的同步串行通信接口实现的。CPU 可以通过 SPI 与外设以半/全双工、同步、串行方式通信。其主要优点是支持全双工通信，简单且数据传输速率高；其缺点同样较为明显，因为没有指定的流控制，没有应答机制确认是否接收到数据，所以同 I2C 接口相比，存在可靠性差的缺陷。

SPI 主要应用在 EEPROM、Flash、实时时钟、ADC、数字信号处理器和数字信号解码器之间。

SPI 可直接与各个厂家生产的多种标准外围器件进行接口连接，该接口一般使用 4 条线：串行时钟（SCK）线、主机输入/从机输出（MISO）数据线、主机输出/从机输入（MOSI）数据线和低电平有效的从机选择（SS，有的芯片上叫 CS）线。

在点对点的通信中，SPI 不需要进行寻址操作，且为全双工通信，显得简单、高效。在有多个从机的 SPI 系统中，每个从机需要独立的使能信号，硬件上比 I2C 系统要稍微复杂一些。

2.6.4　I2C 总线接口

I2C（Inter-Integrated Circuit，内部集成电路）总线是一种由 Philips 公司开发的两线式串行总线，用于连接嵌入式处理器及其外围设备。它只需要两根线即可在连接于总线上的器件之间传送信息。I2C 总线在物理连接上非常简单，由 SDA（Serial Data，串行数据）线和 SCL（Serial Clock，串行时钟）线及上拉电阻组成。其通信原理是通过对 SCL 线和 SDA 线高低电平时序的控制来产生 I2C 总线所需的信号以进行数据的传递。在总线空闲状态时，这两根线的电平一般被所接的上拉电阻拉高，保持着高电平。

I2C 总线的主要优点是其简单性和有效性，且 I2C 总线支持多主机。由于接口直接在组件之上，因此 I2C 总线占用的空间非常小，减小了电路板的面积和芯片引脚的数量，降低了互连成本。其缺点是从地址的分配来说，7 位太少，无法防止数千个可用设备之间的地址冲突，而 10 位 I2C 地址尚未广泛使用，许多主机操作系统不支持；它支持的数据传输率也是有限的。由于 I2C 是共享总线，因此任何设备都有可能出现故障并挂起整个总线。

I2C 总线的常见应用：通过 VGA、DVI 和 HDMI 连接器为显示屏提供扩展显示识别数据；通过 SMBus 对 PC 系统进行系统管理；访问保持用户设置的实时时钟和 NVRAM 芯片；访问低速 DAC 和 ADC；更改显示屏的对比度，色调和色彩平衡设置（通过显示数据通道）；改变智能扬声器的音量；控制小型 OLED 显示屏或 LCD 屏；打开和关闭系统组件的电源；读取硬件监视器和诊断传感器的数据，如读取风扇的速度等。

2.6.5　USB 接口

USB 是连接计算机系统与外设的一种串行通信接口总线标准，也是一种输入输出接口的技术规范。USB 标准于 1996 年发布，现在 USB 接口已成为计算机与大量智能设备的必配接口。USB 接口的优点是即插即用，支持热插拔，标准统一，易于扩展，可连接多个设备，并且具有良好的兼容性；其缺点是通信距离有限。

USB 经历了多年的发展，已经有了三代，即 USB 1.x、USB 2.0、USB 3.x，USB 3.2 的最大数据传输速率为 20 Gbit/s。现在 USB 接口有 3 种类型：Type-A、Type-B、Type-C。USB Type-C 已经不再区分正反。

USB 3.0 于 2008 年 11 月发布，其理论最大数据传输速率为 5.0Gbit/s。USB 3.0 采用了双向数据传输模式，而不再采用 USB 2.0 时代的半双工模式。现在，它已经广泛用于 PC 外围设备和消费类电子产品。

2.6.6　IEEE 1394 接口

IEEE 1394 接口原为苹果公司开发的一种计算机接口，俗称火线（FireWire）接口。1995 年电气和电子工程师学会（IEEE）在这个基础上制定了 IEEE 1394 标准。IEEE 1394 接口是一种串行通信接口，其优点是速度快、拓扑结构灵活多样、可扩展数据传输速率、可建立对等网络、同时支持同步和异步两种数据传输模式。

IEEE 1394 接口主要应用在多媒体领域，特别是数码摄像机、数码相机，也用于移动硬盘、组建家庭网络等。除此之外，一些打印机、扫描仪等计算机外设及固定硬盘、DEV-ROM 等微机内部设备也使用了此标准。

习题与思考

1. 嵌入式处理器通常分为哪几类？请列举每种类型的典型嵌入式处理器的系列名称。
2. 如何进行嵌入式处理器的选型？
3. 简述 I2C 总线的特征，理解其工作原理。
4. 比较 IEEE 1394 与 USB 两种串行外设接口的不同之处。
5. 画出 RS-232 接口通信电路的最简连接图。
6. 简述存储系统层次结构及特点。
7. 简述 MMU 的功能。
8. 列举常见的嵌入式系统存储设备。
9. 简述 NOR Flash 与 NAND Flash 的区别。

MCS51 技术篇

第 3 章
MCS51 单片机基本结构

本章主要介绍 MCS51 单片机基本结构，即内部结构、封装形式、引脚功能及存储系统等。

3.1 单片机的内部结构

微型计算机主要由 3 个部分组成：中央处理器（CPU）、存储器、输入输出接口。若将上述 3 个部分集成于一块芯片，则称为单片机。典型的单片机主要包括中央处理器、存储器、并行通信接口（简称并行口）、串行通信接口（简称串行口）、定时器/计数器、时钟电路等。MCS51 单片机是一系列单片机的总称，80C51 单机片是其中的典型产品，其内部结构框图如图 3-1 所示。

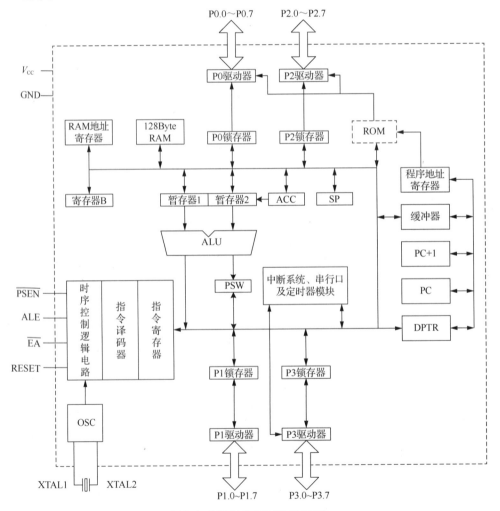

图 3-1　80C51 单片机内部结构框图

（1）中央处理器。中央处理器由运算器和控制器等部件构成，是单片机的控制和指挥中心，主要完成运算和控制功能，即它能够根据指令的要求，指挥并控制单片机相关部件执行指定的操作。

（2）时钟电路。图 3-1 中的 OSC（振荡器）为单片机内部的时钟电路，它可通过外接振荡元件或输入一定频率的脉冲信号提供单片机运行所需的时钟信号。近年来，有些单片机将振荡元件集成在芯片内部，更便于单片机的应用与开发。

（3）内部数据存储器。如图 3-1 所示，80C51 单片机内部数据存储器由 128Byte 的 RAM 和 RAM 地址寄存器等构成，简称片内 RAM。

（4）内部程序存储器。80C51 单片机片内具有 4KB 的 ROM 单元（简称片内 ROM），用于存放程序和常数、表格。单片机片内 ROM 主要有掩膜 ROM、OTP（一次性可编程）类型的 ROM、EPROM、Flash 等几种，其中掩膜 ROM 及 OTP 类型的 ROM 是一次性可编程的，多在定型产品中使用，成本低；Flash 支持在线擦除及编程，在程序调试阶段使用非常方便。

（5）定时器/计数器。80C51 单片机内部有两个 16 位的定时器/计数器，可通过对单片机内部的机器周期或外部输入的负跳变计数，实现定时或计数功能。

（6）并行口。单片机提供了功能强大、使用灵活的并行输入输出引脚，用于信息获取和控制。80C51 单片机提供了 32 个 I/O 引脚，共构成了 4 个 8 位的 I/O 端口，即 P0、P1、P2 和 P3，这些端口可以按字节一次输入或输出 8 位数据，同时它们的每一位也可以独立进行输入或输出操作，有些引脚还具有多种功能，如作为系统扩展时的数据总线、地址总线、控制总线等。

（7）串行口。80C51 单片机设置了可编程的全双工串行口 UART，通过单片机的引脚 P3.0 和 P3.1 可实现与外界的串行通信。

（8）中断系统。80C51 单片机内部中断系统提供了 5 个中断源，可分为两个优先级进行中断处理。

由此可见，单片机将构成计算机的多个功能部件集成在一块芯片上，突破了常规的按逻辑功能划分芯片、多芯片构成计算机的设计思想。

3.1.1　运算器

单片机的运算器主要用于实现数据的算术、逻辑运算以及传输等功能，例如，数据的加、减、乘、除、比较、BCD 码校正等算术运算，"与""或""异或"等逻辑运算，移位、清零、置位、取反等操作。运算器主要包括算术逻辑单元（ALU）、累加器 A（ACC）、寄存器 B、程序状态寄存器（PSW）等。

1.　算术逻辑单元

算术逻辑单元本质上是全加器，可以对 4 位（半字节）、8 位（1 字节）和 16 位（双字节）数据进行操作，完成加、减、乘、除、加 1、减 1、BCD 码转换为十进制数的调整、数据比较等算术运算和"与""或""异或"等逻辑运算。

算术逻辑单元有以下两项输出。

（1）数据运算的结果：通过内部总线回送到累加器 A 中。

（2）数据运算后产生的标志位：输出至程序状态寄存器。

2.　累加器 A

累加器 A 是 CPU 中使用最频繁的一个 8 位专用寄存器，也称为寄存器 A。累加器写成 A 或 ACC 在 MCS51 汇编指令中是有区别的，ACC 在汇编后的机器码中必有 1 字节的操作数，即累加器的字节地址 0E0H，A 在汇编后则隐含在指令操作码中，所以在指令中 A 与 ACC 不完全等价。

累加器的主要功能是存放算术逻辑单元的操作数以及运算结果。在结构上，它直接与运算部件、内部总线相连。单片机中多数信息的传送和交换均需通过累加器，容易产生"瓶颈"现象，客观上会影响指令的执行效率，因此单片机的指令系统提供了一些可不经过累加器的传送指令，用以增强单片机的实时性能。

3. 寄存器 B

寄存器 B 是进行乘、除运算时的辅助寄存器。

乘法中，算术逻辑单元的两个输入（即两个乘数）分别存放在累加器 A、寄存器 B 中，运算结果则存放在 BA 对中，其中高 8 位存放在寄存器 B，低 8 位存放在累加器 A。

除法中，被除数、除数分别存放在累加器 A、寄存器 B 中，运算结果中的商存放在累加器 A，余数存放在寄存器 B。

其他情况下，寄存器 B 可作为片内 RAM 中的普通存储单元使用。

4. 程序状态寄存器

程序状态寄存器（Program Status Word，PSW）是逐位定义的 8 位寄存器，用于存放当前指令执行后的相关状态，为后续程序的执行提供状态条件，例如，部分条件转移指令根据 PSW 中相关标志位的状态决定后续程序的执行情况。80C51 单片机中的 PSW 支持软件编程，并且可按位访问，即开发人员可以通过程序改变 PSW 中的一个或多个标志位。

PSW 的结构及各状态标志位如表 3-1 所示。

表 3-1　PSW 的结构及各状态标志位

字节地址 0D0H	D_7	D_6	D_5	D_4	D_3	D_2	D_1	D_0
标志位	CY	AC	F0	RS1	RS0	OV	—	P

其中，除 PSW.1（保留位，画"—"处）、RS1、RS0、F0 外，其他 4 位（即 P、OV、AC、CY）都是算术逻辑单元运算结果的直接输出。下面对保留位以外的 7 个标志位进行介绍。

CY（PSW.7）：进位标志位。当运算结果的最高位产生进位或借位时 CY 置位（CY=1），否则复位（CY=0）。除此之外，CY 还在布尔处理器中作为位累加器使用，常用"C"表示。

AC（PSW.6）：辅助进位标志位，又称半字节进位标志位。在加法或减法运算中，当 1 字节的低 4 位数向高 4 位数进位或借位时，AC 会被硬件置位，否则被清零。在十进制调整指令 DA 中会用到该标志位。

F0（PSW.5）：用户自定义标志位。复位时该位为 0。开发人员可根据需要通过程序对其置位或复位，具体含义也由开发人员定义。

RS1 和 RS0（PSW.4 和 PSW.3）：工作寄存器区选择控制位。它们用于设置当前工作寄存器区的区号，可由软件置位或清零，共 4 种组合，每种组合对应一个工作寄存器区。

OV（PSW.2）：溢出标志位。在对带符号数进行加减运算时，OV=1 表示加减运算的结果超出了目的寄存器 A 所能表示的带符号数的范围（-128～127）。无符号数乘法指令 MUL 的执行结果也会影响溢出标志位。若参与运算的累加器 A 和寄存器 B 中的两个数的乘积超过 255，则 OV=1，否则 OV=0。由于乘法运算中积的高 8 位放在寄存器 B 内，低 8 位放在累加器 A 内，因此，当 OV=0 时，只要从累加器 A 中取得乘积即可，否则要从 BA 对中取得乘积。除法指令 DIV 也会影响溢出标志位，当除数为 0 时，OV=1，否则 OV=0。

P：奇偶标志位。每个指令周期都由硬件来置位或清零，以表示累加器 A 中 1 的位数的奇偶性，若累加器 A 中 1 的位数为奇数，则 P 置位，否则清零，因此该位是针对累加器 A 中 1 的个数的偶校验（无法直接用置位或清零指令任意修改该标志位的值），可用于生成串行通信中的奇偶校验位。

3.1.2 控制器

控制器是单片机的控制中心，它先产生合适的时序读取指令到指令寄存器，然后在指令译码器中进行译码，产生执行指令所需的各种控制信号，送到单片机内部的各功能部件，指挥其执行相应的操作，实现对应的功能。

控制器主要包括程序计数器（Program Counter，PC）、程序地址寄存器、指令寄存器、指令译码器，以及时序控制逻辑电路等。

PC 是控制部件中最基本的寄存器，用于存放下一条将要从程序存储器（ROM）中读取的指令的地址。它是一个独立的计数器，不属于单片机内部特殊功能寄存器。80C51 单片机复位完成后，PC 的值被置为全"0"，即程序总是从 0000H 地址单元开始读取和执行，所以设计的应用程序必须从程序存储器的 0000H 地址单元开始固化。其基本的工作过程是，当读取指令时，将 PC 中的当前指令地址输出给程序存储器，从中读出该地址单元的指令代码，同时 PC 自动加 1 计数，指向下一个字节地址单元，直到读完本条指令代码，PC 继续指向下一条指令在程序存储器中的地址。周而复始，不断地从程序存储器中读取指令代码，实现计算机自动、连续地读取指令及运行程序。

PC 中数据（地址码）的变化决定了程序的"流向"，PC 的位宽决定了程序存储器可以直接寻址的范围。在 80C51 单片机中，PC 是一个 16 位的计数器，因此程序存储器的直接寻址空间为 64KB（$2^{16}=65536$）。当然，这是理论上的最大值。如今，大多数的单片机都带有内部程序存储器，单片机型号不同，配置的程序存储器容量也不尽相同，从 1KB~64KB 都有。当执行条件转移或无条件转移指令时，PC 被置入转移目的地址，程序的"流向"会发生变化。当执行调用指令或响应中断时，子程序的入口地址或中断向量被送入 PC，程序的"流向"会发生变化。

指令寄存器是用来存放从程序存储器中读出的指令代码的专用寄存器。指令寄存器将指令代码输出到指令译码器，由指令译码器对该指令代码进行识别和译码，译码结果通过时序控制逻辑电路变成对应的定时、控制信号，控制单片机各组成部件进行相应的工作，执行指令。

整个程序的执行过程就是在控制器的控制下，将指令从程序存储器中逐条取出，进行译码，然后由时序控制逻辑电路发出相应的定时、控制信号，控制指令的执行，即"取出指令→指令译码→执行指令"的循环过程。对于运算类指令，还需根据运算结果来更新程序状态寄存器中相应的标志位。

3.2 单片机的封装形式和引脚功能

3.2.1 单片机的封装形式

单片机本体的硅片很小，实际生产时需要把硅片封装在塑胶材料中，内部电路需通过金属线与外部引脚连接以实现信号的连通。

MCS51 系列单片机常用的封装形式有 3 种，分别为 DIP（Dual In-line Package，双列直插封装，40 个引脚）、PLCC（Plastic leaded Chip Carrier，塑封 J 型引脚芯片封装，44 个引脚）和 PQFP/TQFP（Plastic Quad Flat Package/Thin QFP，塑封/薄塑封四角扁平封装，44 个引脚），其中 DIP 最大，PLCC 次之，PQFP/TQFP 最小。封装尺寸、引脚多少、引脚间距等详细封装信息，读者可参阅单片机的数据手册。单片机外观、大小及起始引脚位置都有差别，引脚的排列也各不相同。MCS51 单片机的封装形式及逻辑图如图 3-2 所示。

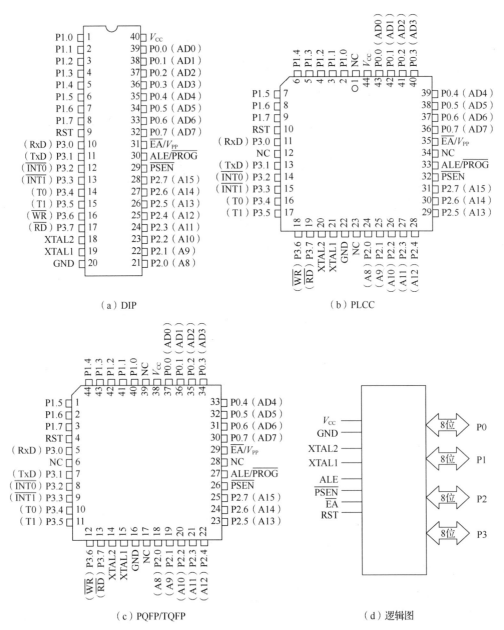

（a）DIP

（b）PLCC

（c）PQFP/TQFP

（d）逻辑图

图 3-2　MCS51 单片机封装形式及逻辑图

3.2.2　单片机的引脚功能

以常用的双列直插封装（DIP）形式为例，单片机的引脚根据其功能可分 4 类。

1. 电源引脚 V_{CC} 和 GND

V_{CC}（引脚 40）：供电引脚，通常接+5V 电源，但有些型号单片机的供电电压可以在 2.7～6V 变化，具体参数可参阅单片机的数据手册。

GND（引脚 20）：接地信号引脚。

为了确保单片机系统的供电质量，实际应用中通常在单片机的 V_{CC} 和 GND 之间尽量靠近 V_{CC} 的地方并入两个电容：一个 0.1μF 的小容量电容和一个几十 μF 的大容量电容，分别起滤波和续流作用，以此来保证供电的纯净和稳定。

2. 振荡电路引脚 XTAL1 和 XTAL2

XTAL1（引脚 19）：单片机内部晶体振荡电路中反相放大器的输入端。使用内部振荡电路时，该引脚和 XTAL2 引脚间外接石英晶体。当采用外部振荡电路时，对于 HMOS 型单片机，此引脚应接地；对于 CHMOS 型单片机，此引脚作驱动端，外部时钟信号连接至此。

XTAL2（引脚 18）：单片机内部晶体振荡电路中反相放大器的输出端。使用内部振荡电路时，该引脚和 XTAL1 引脚间外接石英晶体。当采用外部振荡电路时，对于 HMOS 型单片机，XTAL2 引脚接收振荡器信号；对于 CHMOS 型单片机，此引脚悬空。

时钟电路用于产生单片机工作所需的时钟信号。时序反映的是指令执行过程中各信号之间的关系。CPU 的时序在设计时就已固定，它决定了在什么时刻发出何种控制信号，去启动何种部件动作，因此掌握 CPU 的时序对理解指令的执行过程非常有帮助。

（1）振荡电路及时钟电路

MCS51 单片机片内有一个高增益反相放大器，其输入端（XTAL1）和输出端（XTAL2）用于外接石英晶体和微调电容，构成振荡电路，如图 3-3 所示。电容 C_1 和 C_2 对频率可起到微调作用，电容容量的选择范围为 20pF～40pF，振荡频率的选择范围为 1.2～24MHz，有的单片机甚至可达 40MHz。振荡频率越高，单片机处理速度越快，但功耗也越大。

使用外部时钟时，对于 HMOS 型单片机，其 XTAL2 引脚用于输入外部时钟信号，XTAL1引脚接地，此时需考虑外部时钟信号的电平及驱动能力，我们可以通过增加施密特触发器及上拉电阻的方式进行波形整形，提高信号的驱动能力，如图 3-4 所示。对于 CHMOS 型单片机，外部时钟信号需接至 XTAL1 引脚，XTAL2 引脚悬空。在实际电路设计过程中，建议参考单片机的数据手册。

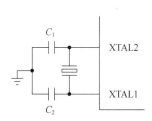

图 3-3　外接晶振的振荡电路

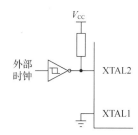

图 3-4　外接时钟信号的振荡电路（HMOS）

正常情况下，振荡器始终驱动内部时钟发生器向 CPU 提供时钟信号。对于外接晶振的振荡电路，CPU 时钟信号频率就是晶振的标称频率；对于外接时钟信号的振荡电路，CPU 时钟信号频率就是外接时钟信号的频率。时钟信号可以说是单片机的"心跳"，CPU 内部各功能部件都以时钟信号为基准，有条不紊地、一拍一拍地有序工作。时钟信号的周期称为振荡周期。

对于 MCS51 单片机，12 个振荡周期构成了一个机器周期，一个机器周期又细分成 6 个状态（简称 S），依次表示为 S_1～S_6，每个状态由两个振荡周期构成，每个振荡周期为一个节拍，记为 P_1、P_2。这样，单片机的一个机器周期包含 6 个状态，共 S_1P_1、S_1P_2……S_6P_2，12 个振荡周期，如图 3-5 所示。机器周期的组成是固定不变的，一旦 CPU 的时钟频率选定，即振荡周期确定，则机器周期也随之确定。例如，当外接晶振频率选择 12MHz 时，时钟周期即振荡周期 T_{osc} 为 $(1/12)\mu s$，则单片机的机器周期 $T=12T_{osc}=1\mu s$。

MCS51 单片机指令分为单字节指令、双字节指令和三字节指令，指令的执行时间（即指令周期）视具体指令而定，通常为 1 个、2 个或 4 个机器周期，其中只有乘、除指令需要 4 个机器周期，其余的指令均为 1 个或 2 个机器周期。

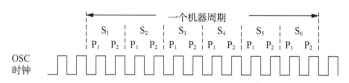

图 3-5 MCS51 单片机机器周期的组成

（2）指令执行时序

指令的执行包括取指（取出指令）和执行两个阶段。在取指阶段，CPU 从程序存储器（ROM）中取出指令的操作码及操作数，然后执行这条指令的逻辑功能。对于绝大部分指令，在整个指令的执行过程中，ALE（Address Lock Enable，地址锁存允许）是一个周期性的信号，它在每个机器周期中出现两次：第一次在 $S_1P_2 \sim S_2P_1$ 期间，第二次在 $S_4P_2 \sim S_5P_1$ 期间。这种情况下，ALE 信号的频率是时钟信号频率的 1/6。ALE 信号的有效宽度为一个 S，或者说是两个时钟周期。每出现一次 ALE 信号，CPU 就进行一次取指操作，图 3-6 从时间序列（时间从左向右流逝）的角度描述了这个过程。

对于单周期指令，从 S_1P_2 开始，指令操作码被读到指令寄存器。如果是双字节指令，则在同一个机器周期的 S_4 读入第二字节。如果是单字节指令，在 S_4 仍有一次读指令码的操作，但读入的内容被忽略，并且 PC 不加 1，这种情况称为空读；在下一个机器周期的 S_1 才真正读取此指令码。图 3-6 给出了这两种指令的时序，它们都能在 S_6P_2 结束时完成。

对于单字节双周期指令，两个机器周期内进行 4 次读操作码的操作，但后 3 次是空读，如图 3-6 所示。

访问片外 RAM 的指令（MOVX）是单字节双周期的指令。在第一个机器周期的 S_5 开始送出片外 RAM 地址，进行读/写 RAM 的操作。因此，第二个机器周期的第一个 ALE 信号将不产生，无取指操作，如图 3-6 所示。在这种情况下，ALE 信号不是周期性的。

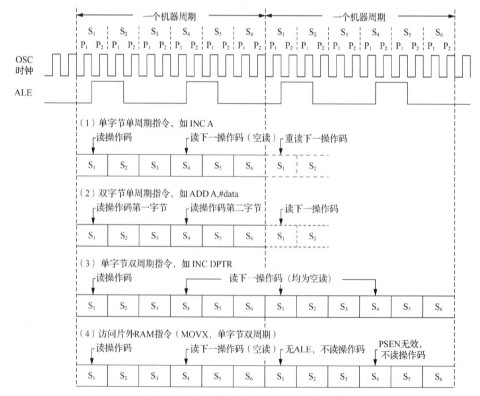

图 3-6 MCS51 单片机典型指令的取指/执行时序

（3）访问片外 ROM 的时序

如果指令是从片外 ROM 读取，除 ALE 信号之外，控制信号还有 $\overline{\text{PSEN}}$。此外，还要用到 P0 和 P2 端口：P0 端口分时用作低 8 位地址线和数据总线，P2 端口用作高 8 位地址线。此种情况下相应的时序如图 3-7 所示。其执行过程如下。

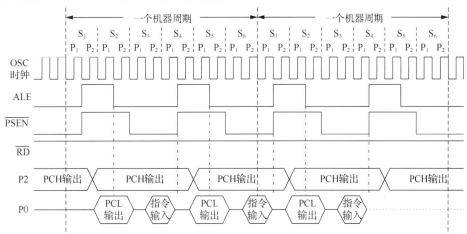

图 3-7　单片机读片外 ROM（不访问片外 RAM）的时序

在 S_1P_2 时刻，产生有效的 ALE 信号。

在 P0 端口送出 ROM 地址低 8 位和 P2 端口送出 ROM 地址高 8 位期间，A0～A7 只持续到 S_2P_2，故在外部要用锁存器来锁存低 8 位地址，ALE 信号可作为锁存信号。因 A8～A15 高 8 位地址在整个读指令过程中都有效，故不必锁存，S_2P_2 开始时，ALE 失效。

在 S_3P_1 时刻，$\overline{\text{PSEN}}$ 开始有效，可用它来选通片外 ROM 的使能端，所选中 ROM 单元的内容从 P0 端口读入 CPU，然后 $\overline{\text{PSEN}}$ 失效。

在 S_4P_2 后开始第二次读入，其读入过程与第一次相同。

（4）访问片外 RAM 的时序

访问片外 RAM 的时序包含从片外 RAM 中读和写两种时序，两种时序的基本过程相同，所用的控制信号有 ALE 和 $\overline{\text{RD}}$（读）或 $\overline{\text{WR}}$（写），这时仍然要使用 P0 端口和 P2 端口。在取指阶段，P0 端口用来传送片外 ROM 的低 8 位地址和指令，P2 端口用来传送片外 ROM 的高 8 位地址。而在执行阶段，P0 端口用来传送片外 RAM 的低 8 位地址和读写的数据，P2 端口用来传送片外 RAM 的高 8 位地址。图 3-8 是从片外 RAM 读取数据的时序。其执行过程如下。

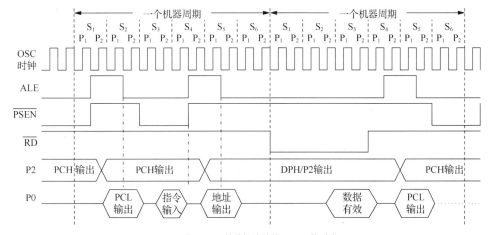

图 3-8　单片机读片外 RAM 的时序

第一次 ALE 有效到第二次 ALE 有效之间的过程与读片外 ROM 的过程是一样的。P0 端口送出 ROM 单元低 8 位地址，P2 端口送出高 8 位地址，然后在 ALE 有效后，读入 ROM 单元的内容。第二次 ALE 有效后，P0 端口送出 RAM 单元低 8 位地址，P2 端口送出 RAM 单元高 8 位地址。

在第二个机器周期，第一次 ALE 信号不再出现，此时 $\overline{\text{PSEN}}$ 也保持高电平（无效）。在此机器周期的 S_1P_1 时，取代 ALE 信号的是单片机的读信号 $\overline{\text{RD}}$，用来从 RAM 读数据，并将 RAM 送出的指定 RAM 地址单元中的内容通过 P0 端口读入 CPU。

对片外 RAM 的写操作则由写信号 $\overline{\text{WR}}$ 控制对 RAM 进行写选通。写过程与读过程类似。由此可见，通常情况下，每一个机器周期中，ALE 信号有效两次。仅在访问片外 RAM 期间（执行 MOVX 指令时），第二个机器周期才不发出第一个 ALE 脉冲。因而，在任何不使用片外 RAM 的系统中，ALE 信号的频率是晶振频率的 1/6，它可以用作外设的时钟信号。

3. 控制信号引脚

ALE/$\overline{\text{PROG}}$（引脚 30）：输出信号。ALE 用于允许地址锁存，访问外部存储器时，该信号用来锁存 P0 端口输出的低 8 位地址；不访问外部存储器时，ALE 以 1/6 时钟振荡频率的固定频率输出脉冲信号，因此又可作为固定频率的时钟输出或满足其他需要。但需注意的是，每当访问外部数据存储器时，将少输出一个 ALE 脉冲。ALE 的输出能驱动 8 个 LS TTL（低功耗肖特基晶体管-晶体管逻辑）负载。$\overline{\text{PROG}}$ 是 8751 单片机内部 EPROM 编程时的编程脉冲输入端。

$\overline{\text{EA}}$/V_{PP}（引脚 31）：输入信号。$\overline{\text{EA}}$ 表示访问外部程序存储器的控制信号。如果 $\overline{\text{EA}}$ 为高电平，则 CPU 访问的程序存储器地址在单片机内部程序存储器的地址范围以内时，从内部程序存储器取指令，访问地址超出单片机内部程序存储器的地址范围时，CPU 将自动从外部程序存储器取指令；如果 $\overline{\text{EA}}$ 为低电平，则不论片内是否有程序存储器，CPU 仅访问外部程序存储器，也就是说，片内没有程序存储器的单片机（如 8031）$\overline{\text{EA}}$ 必须接地，从而控制单片机从系统扩展的外部程序存储器取指令。V_{PP} 表示编程电源输入端，当使用编程器对有片内 ROM/EPROM 的单片机进行编程时，通过此引脚输入外部编程电源。

$\overline{\text{PSEN}}$（引脚 29）：输出信号。外部程序存储器的读选通信号，低电平有效。当访问外部程序存储器时，该引脚产生负脉冲作为外部程序存储器的读选通信号，此时外部程序存储器的内容被送至 P0 端口（数据总线）；当访问数据存储器或内部程序存储器时，不会产生有效的 $\overline{\text{PSEN}}$ 信号。$\overline{\text{PSEN}}$ 可驱动 8 个 LS TTL 负载。

RST/V_{PD}（引脚 9）：输入信号。RST 表示复位信号输入端，当该引脚上连续保持两个机器周期（24 个时钟周期）以上的高电平时，单片机将进入并保持复位状态，直到 RST 信号重回低电平，单片机正常工作时该引脚应保持低电平；V_{PD} 表示片内 RAM 的备用电源输入端，当主电源 V_{CC} 发生断电或电压低于一定值时，可通过 V_{PD} 为片内 RAM 供电，以保证片内 RAM 的信息不丢失。

所谓复位，就是强制单片机系统恢复到确定的初始状态，并使系统重新从初始状态开始工作。MCS51 单片机内部复位电路如图 3-9 所示。

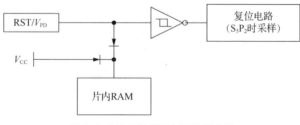

图 3-9 MCS51 单片机内部复位电路

RST/V_{PD} 引脚与内部的施密特触发器连接，在滤除该引脚上可能引入的噪声后将复位信号送内部复位电路。内部复位电路在每个机器周期的 S_5P_2 时刻采样施密特触发器的输出，当连续两次采样均为高电平时才形成一次有效的复位和初始化。也就是说，复位信号必须连续保持两个机器周期以上的高电平，才能确保实现一次复位。

另外，当主电源 V_{CC} 断电时，该引脚作为 V_{PD} 引脚向片内 RAM 提供备用电源。因此，当需要片内 RAM 中的重要数据不因主电源暂时断电而丢失时，V_{PD} 引脚应外接专供片内 RAM 使用的后备电池。

在 RST/V_{PD} 引脚输入的高电平使单片机复位后，只要该引脚上一直保持高电平，单片机就一直保持复位状态。单片机复位完成后，其内部各寄存器恢复成表 3-2 所示的初始状态。

表 3-2　MCS51 单片机复位后内部寄存器状态

寄存器名	复位值	寄存器名	复位值
PC	0000H	TMOD	00H
A	00H	T2MOD	×××××00B
B	00H	TCON	00H
PSW	00H	T2CON	00H
SP	07H	TL0～TL2	00H
DPTR	0000H	TH0～TH2	00H
P0～P3	0FFH	RCAP2L	00H
IP	×××0 0000B	RCAP2H	00H
IE	0××0 0000B	PCON	0××× 0000B
SCON	00H	—	—

表 3-2 中"×"表示无定义或随机值（可为 0 或 1）。复位不影响片内 RAM 和 SBUF（串行数据缓存器）。部分寄存器复位后的初始值具有重要含义，例如，复位后 PC=0000H，说明系统复位后程序必须从程序存储器的 0000H 单元开始执行；PSW=00H，则 RS1RS0=00，说明此时 CPU 自动选用工作寄存器组 0；SP=07H，表示这时的栈底为 08H，程序中如果使用了工作寄存器组 1～工作寄存器组 3，就必须通过软件重新定义 SP 值以避开寄存器组的存储区间等。

在实际应用中，主要有下列几种常用的复位电路。

（1）上电复位电路

上电复位电路如图 3-10 所示。在系统上电的瞬间，RC 电路通过电容 C 给 RST 引脚加上一个高电平信号，此高电平信号随着 V_{CC} 给电容不断充电而减小，直到恢复到低电平。这个 RC 电路充放电的时间常数大约是 $\tau=RC$，根据图 3-10 中的标称值可计算出时间常数约为 80ms，极大超过单片机正常工作时的两个机器周期的时间，可确保单片机有效地复位。

（2）具有手动复位功能的上电复位电路

在实际应用中常常需要人工干预，强制系统复位，一般常采用图 3-11 所示的具有手动复位功能的上电复位电路。系统上电时，RC 电路负责复位单片机，在系统正常工作的过程中，任何时候只要按下开关 K，就可将 V_{CC} 通过 200Ω 的电阻加到 RST 引脚上，从而复位单片机。

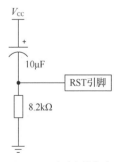

图 3-10　上电复位电路

上述两种复位电路虽然可以复位系统，但是抗干扰性不强，容易将外部干扰串入复位端口。在单片机系统工作环境较好的情况下这些电路尚可正常工作，但是对于在较为恶劣的环境下工作的单片机系统，采用上述两种复位电路容易引起单片机的不正常复位，影响系统运行的可靠性。此时可考虑使用专用复位集成电路。

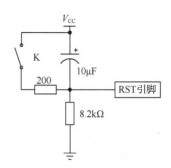

图 3-11　具有手动复位功能的上电复位电路

（3）专用复位集成电路

为了提高单片机系统复位的可靠性，很多公司相继推出了多种专用的复位集成电路。这些集成电路一般称为系统复位及监控芯片，除了提供可靠的上电自动复位和手动复位功能，还可以监测系统供电电压的情况，如果供电电压低于该芯片设定的门限值，则输出复位信号，使单片机复位。例如，MAXIM 公司的 MAX811 系列芯片根据芯片名称后缀的不同，电压复位门限值分别为 4.63V、4.38V、3.08V、2.93V、2.63V。与使用分立元件实现相比，专用复位集成电路既节省了电路板面积，又提高了系统可靠性。

有一些专用复位集成电路除了上述功能还具有看门狗定时器（Watch Dog Timer，WDT）。看门狗定时器是一个设置了时限的定时器，如果计时超过了设置的时限，WDT 就会输出复位信号来复位单片机。在计时的过程中，只要单片机通过指定的方式访问了 WDT，如将 WDT 的某个引脚拉至低电平，WDT 就会归零，重新开始计时。当单片机程序在运行的过程中受到某种干扰，进入非正常状态，程序中周期性访问 WDT 的代码无法正常执行时，WDT 的计时将超过设置的时限，输出复位信号复位单片机，从而将单片机应用系统从非正常（常称为"死机"或"跑飞"）状态恢复到正常运行的状态。

4．输入输出（I/O）引脚

80C51 单片机具有 32 个输入输出引脚，构成 4 个 8 位并行 I/O 端口：P0、P1、P2、P3，每个端口 8 根 I/O 线，各端口的每一位分别关联各自的锁存器、输入缓冲器或输出驱动器。由于它们在结构上存在差异，故端口的性质和功能也有所不同。

P0（引脚 39～32）：双向信号。该端口为双功能端口，其第一个功能是 8 位漏极开路双向 I/O 端口；第二个功能是在扩展外部总线时，分时作为低 8 位地址总线和 8 位双向数据总线。该端口可驱动 8 个 LS TTL 负载。

P1（引脚 1～8）：双向信号。该端口具有内部上拉电路，是 8 位准双向 I/O 端口。该端口可驱动 4 个 LS TTL 负载。在编程/校验期间，P1 作为低 8 位地址总线。

P2（引脚 21～28）：双向信号。该端口为双功能端口，其第一个功能为具有内部上拉电路的 8 位准双向 I/O 端口；第二个功能是在扩展外部总线时，用作高 8 位地址总线。该端口可驱动 4 个 LS TTL 负载。

P3（引脚 10～17）：双向信号。该端口为双功能端口，其第一个功能为具有内部上拉电路的 8 位准双向 I/O 端口；第二个功能与单片机的各功能模块相关，作为其输入输出信号，各引脚具体说明如下。

- P3.0（RxD）：串行通信数据接收端口。
- P3.1（TxD）：串行通信数据发送端口。
- P3.2（$\overline{INT0}$）：外部中断 0 请求信号，其在低电平或下降沿有效。
- P3.3（$\overline{INT1}$）：外部中断 1 请求信号，其在低电平或下降沿有效。

- P3.4（T0）：定时器/计数器 0 外部计数信号输入端口。
- P3.5（T1）：定时器/计数器 1 外部计数信号输入端口。
- P3.6（$\overline{\text{WR}}$）：外部数据存储器（RAM）写选通信号，低电平有效。
- P3.7（$\overline{\text{RD}}$）：外部数据存储器（RAM）读选通信号，低电平有效。

（1）并行 I/O 端口的内部结构

① P0 端口

P0 端口是双功能的 8 位双向 I/O 端口，既可以按字节访问（字节访问地址是 80H），也可以按位访问（位访问地址是 80H～87H），其 8 个引脚分别标记为 P0.0～P0.7。对于不需系统扩展的单片机应用，P0 端口是双向、可进行位寻址操作的 8 位 I/O 端口；作为系统扩展总线时，P0 端口分时提供低 8 位地址总线及数据总线。图 3-12 所示为 P0 端口的位结构示意图。

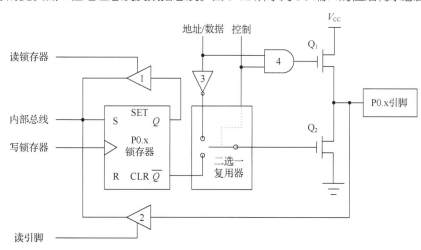

图 3-12　P0 端口的位结构示意图

P0 端口的每一位分别关联一个输出锁存器、两个三态缓冲器、输出驱动器和控制电路。其工作状态受控制电路中的与门、非门和二选一复用器的控制。

- P0 端口作为通用 I/O 端口使用。

当 CPU 对 P0 端口进行 I/O 端口读写操作时，硬件电路自动使"控制"线为 0，二选一复用器倒向锁存器的 $\overline{Q}$ 端，将场效应管（FET）Q_2 的控制端与 $\overline{Q}$ 接通。此时与门（4）输出为 0，使场效应管 Q_1 截止。因此输出级 Q_2 是漏极开路的开漏电路。这时 P0 端口可作为一般的 I/O 端口使用。

P0 端口用作输出端口：当 CPU 执行输出指令时，写脉冲加在端口数据锁存器的时钟引脚上，这样与内部总线相连的 S 端上的数据就输出到 Q，$\overline{Q}$ 为该数据的反相输出，经 Q_2 再次反相，将内部输出的数据送到 P0.x 引脚上。由于这种状态下 Q_1 是截止的，如果端口输出为 1，P0.x 上的电平将因为 Q_1、Q_2 都截止而处于不确定状态，所以 P0 端口作为输出端口时外部必须接上拉电阻，以正确输出高电平。

P0 端口用作输入端口：图 3-12 中的缓冲器（2）用于 CPU 直接读端口数据。当执行一条由该端口输入数据的指令时，"读引脚"脉冲把三态缓冲器（2）打开，端口上的数据就可以经过缓冲器（2）被读入内部总线。

必须要注意的是，在该端口引脚读入数据时，由于输出驱动器 Q_2 是连接到端口引脚上的，如果读入数据时 Q_2 是导通的，则不管外部输入电平如何，读入的都将是低电平，产生误读现象，即不能正确读入外部的高电平。所以在该端口进行输入操作前，应该先向该端口的输出锁存器写入 1，使 $\overline{Q}=0$，将 Q_2 截止，使引脚处于悬空状态，此时再进行读端口引脚的操作就可得到正确的结果了。因此，P0 端口作为通用 I/O 端口使用时，输出数据可以直接操作，但输入数据前需先向输出锁存器写入 1，具有该特性的端口称为准双向端口。

- P0 端口作为数据/地址总线使用。

在访问外部存储器时，P0 端口是一个真正的双向数据总线端口，并分时复用作为数据总线和低 8 位地址总线。

当 CPU 对外部存储器进行读/写时，内部硬件电路自动使"控制"线为 1，二选一复用器倒向反相器（3）的输出端，同时与门（4）打开，使输出的"地址/数据"信号既通过与门驱动上拉场效应管（Q_1），又通过反相器驱动下拉场效应管（Q_2），构成所谓"推挽式"输出，极大提高了端口的驱动能力。例如，当"地址/数据"信号输出 1（高电平）时，上拉场效应管（Q_1）导通，而反相后的该信号使下拉场效应管（Q_2）截止，从而使 V_{CC} 经过 Q_1 加到 P0.x 引脚上输出高电平；反之，当该信号输出 0 时，则 Q_1 截止，该信号反相后使 Q_2 导通，从而使 P0.x 通过 Q_2 与地相连，输出低电平。

上电复位后 CPU 自动置 P0 端口数据锁存器为 0FFH（每位均锁存 1），锁存器的输出端 $\overline{Q}$ 为 0。在读入程序代码或数据时，硬件自动置"控制"线为 0（低电平），使上拉场效应管（Q_1）处于截止状态，同时使二选一复用器倒向端口数据锁存器的 $\overline{Q}$ 端，此时 $\overline{Q}$ 为 0，使得下拉场效应管（Q_2）也处于截止状态。由于上、下拉场效应管均处于截止状态，P0.x 引脚处于高阻抗输入状态，保证了读取的程序代码或数据的正确性，因此，P0 端口作为数据/地址总线分时复用的时候是一个真正的双向 I/O 端口。

② P1 端口

P1 端口是 8 位准双向 I/O 端口，既可以按字节访问（字节访问地址是 90H），也可以按位访问（位访问地址是 90H～97H），其 8 个引脚分别标记为 P1.0～P1.7。P1 端口的位结构示意图如图 3-13 所示。P1 端口通常只作为通用的 I/O 端口使用，其内部取消了上拉场效应管，而以一个上拉电阻代替，因此 P1 端口作为输出端口时，无须外接上拉电阻；但是这个内部上拉电阻阻值较大，故上拉驱动能力较弱，只要不是有低功耗要求的应用系统，实际使用时最好还是外接 10kΩ 左右的上拉电阻。其内部下拉场效应管仍存在，因此 P1 端口作为输入端口时，仍需先向端口数据锁存器输出 1，使输出驱动场效应管截止，保证数据读出的正确性。

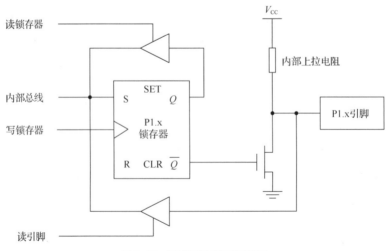

图 3-13　P1 端口的位结构示意图

③ P2 端口

P2 端口是双功能的 8 位双向 I/O 端口，既可以按字节访问（字节访问地址是 0A0H），也可以按位访问（位访问地址是 0A0H～0A7H），其 8 个引脚分别标记为 P2.0～P2.7。P2 端口的位结构示意图如图 3-14 所示。

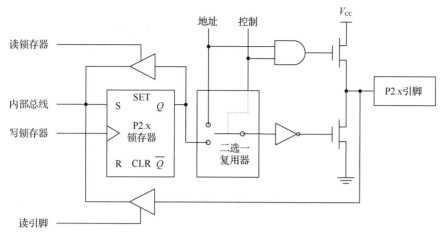

图 3-14　P2 端口的位结构示意图

当单片机在片外扩展存储器等功能器件时，P2 端口用于输出地址总线的高 8 位，同 P0 端口一起组成 16 位的地址总线。在片外不扩展存储器等功能器件的情况下，P2 端口可用作通用的 I/O 端口，这时 P2 端口是一个准双向的 I/O 端口。

当 P2 端口输出高 8 位地址时，单片机硬件电路自动设置"控制"线使二选一复用器倒向"地址"端，则输出的高 8 位地址加到输出端口（P2.x）引脚。

当 P2 端口作为通用 I/O 端口使用时，单片机控制二选一复用器倒向 P2.x 锁存器的 Q 端，此时 P2 端口的功能和使用方法都类似于 P1 端口。系统复位时，端口数据锁存器自动置 1，输出的下拉驱动器截止，P2 端口可直接作为输入端口使用。

需注意的是，在系统扩展总线的情况下，P2 端口用作高 8 位地址线，由于系统在不断进行访问外部存储器的操作，将一直占用 P2 端口输出高 8 位地址，因此即使系统扩展只使用了 P2 端口的部分引脚，此时 P2 端口也不能再作为通用 I/O 端口使用。

④ P3 端口

P3 端口是双功能的 8 位双向 I/O 端口，既可以按字节访问（字节访问地址是 0B0H），也可以按位访问（位访问地址是 0B0H～0B7H），其 8 个引脚分别标记为 P3.0～P3.7。P3 端口第一个功能是通用 I/O 端口，第二个功能则是用作其他功能模块的输入输出及控制引脚。P3 端口的位结构示意图如图 3-15 所示。

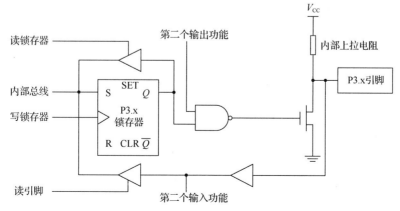

图 3-15　P3 端口的位结构示意图

当 P3 端口使用第一个功能，作为通用 I/O 端口输出数据时，"第二个输出功能"信号应保持高电平，使与非门开锁，此时端口数据锁存器的输出端 Q 可以控制 P3.x 引脚上的输出电平。当 P3 端口使用第二个输出功能时，P3 端口对应位的数据锁存器应置 1，使与非门开锁，此时"第二个输出功能"信号可控制 P3.x 引脚上的输出电平。

当 P3 端口作为输入端口时，无论输入的是第一个功能还是第二个功能的信号，相应位的输出锁存器和"第二个输出功能"信号都应保持为 1，使下拉驱动器截止。在实际应用中，由于单片机复位后 P3 端口的数据锁存器自动置 1，满足输入方式的条件，因此不需任何设置操作，就可直接使用第二个功能的输入和输出。

输入部分有两个缓冲器，第二个功能专用信息的输入取自与 P3.x 引脚直接相连的缓冲器，而通用 I/O 端口的输入信息则取自"读引脚"信号控制的三态缓冲器的输入，经内部总线送至CPU。

P3 端口采用第二个功能时，各引脚的功能定义见 3.2.2 小节。

一般情况下，P1 端口总是作为通用 I/O 端口使用；系统需要扩展外部总线时，P0 端口分时复用为外部数据总线和低 8 位地址总线，P2 端口作为高 8 位地址总线使用，此时 P3 端口的 P3.6 和 P3.7 引脚必须使用第二个功能，作为控制总线，提供外部数据存储器的写选通（$\overline{WR}$）和读选通（$\overline{RD}$）信号。当系统不扩展外部总线时，P0、P2、P3 端口都可以作为通用 I/O 端口使用。

在应用系统中使用单片机的并行端口时，还需要注意端口的驱动能力。P1、P2、P3 端口的输出驱动部分的结构是相似的，内部都有上拉电阻，作为输出可同时驱动 4 个 LS TTL 负载，P0 端口的输出驱动能力更强，可驱动 8 个 LS TTL 负载。但是 P1、P2、P3 端口内部的上拉电阻都非常大（百 kΩ 数量级），上拉能力较弱，一般如果端口引脚需要输出高电平驱动外部负载，如输出高电平驱动 NPN 型三极管的基极，最好还是外接 10kΩ 左右的上拉电阻，以保证驱动的可靠性。

对于 MOS 输入而言，P1、P2、P3 端口无须外加上拉电阻就可以直接驱动，而 P0 端口则必须外接上拉电阻。但是当 P0 端口用作外部数据/地址总线时，它可以直接驱动 MOS 输入，不必外接上拉电阻，而如果数据总线上挂接的器件较多或者数据总线走线较长，为了增加驱动能力，保证总线特性，又需要外接上拉电阻。这些事项在实际设计时都必须加以注意。

（2）并行 I/O 端口的读—修改—写操作

80C51 单片机的端口结构决定了单片机对端口的读写操作有两种形式：对端口数据锁存器的读写操作和对引脚的读操作。在 CPU 发出写锁存器信号时，来自内部总线的数据被写入锁存器；在 CPU 发出读锁存器信号时，锁存器的输出端 Q 信号被送到内部总线上；在 CPU 发出读引脚信号时，端口引脚上的电平信号被传送到内部总线上。

有些指令在执行中需要先读入锁存器的值，经过运算，然后把运算结果重新写入锁存器，这类指令称为读—修改—写指令。

表 3-3 中这些指令在执行过程中都是读入端口数据锁存器的值而不是读引脚的电平值。通常这类指令的目的操作数为一个端口或端口的某一位。

表 3-3 读入端口数据锁存器的值的指令及说明

指令	说明	示例
ANL	逻辑与指令	ANL P1, A
ORL	逻辑或指令	ORL P2, A
XRL	逻辑异或指令	XRL P3, A
CPL	寻址位取反指令	CPL P1.0
INC	加 1 指令	INC P2

指令	说明	示例
DEC	减1指令	DEC P2
JBC	如果寻址位为1，转移并清零该位	JBC P1.1, LABEL
DJNZ	减1，不为零则转移	DJNZ P3, LABEL
MOV Px.y,C	进位标志位送端口Px的第y位	MOV P2.3, C
CLR Px.y	清零Px端口的第y位	CLR P1.0
SETB Px.y	置位Px端口的第y位	SETB P1.0

表3-3中最后3条指令，其操作是先读该端口的8位，然后修改要寻址的位，再把修改结果写回锁存器中。

之所以要读入端口数据锁存器中的内容而不从引脚上读取状态，是因为从引脚上读取的电平状态可能会引起判断错误。例如，一个并行I/O端口的某位驱动一个NPN型三极管的基极，当该位置1使三极管导通时，三极管基极就会从高电平下降到低电平，此时CPU使用读引脚指令读入该引脚的值为0（低电平），而端口数据锁存器的值却是1，这样就出现了写入端口数据锁存器的值与读引脚内容不一致的情况。为了避免这种混乱，80C51单片机采用读锁存器内容进行读—修改—写的方式操作并行I/O端口，而不是读引脚。

3.3 单片机的存储系统

3.3.1 单片机存储系统结构

存储器是组成微型计算机的三大主要部件之一。存储器的功能是存储信息，这里的信息包括程序和数据。存储这两种信息的存储器分别被称为程序存储器和数据存储器。

单片机的存储器有两种基本结构：一种是在通用微型计算机中广泛采用让程序和数据合用一个存储器空间的结构，称为冯·诺依曼结构；另一种是将程序存储器和数据存储器截然分开、分别寻址的结构，称为哈佛结构。Intel公司的MCS51单片机采用的是哈佛结构，这种结构对于单片机"面向控制"的实际应用极为方便。80C51单片机不仅在片内预留了一定容量的存储器，还具有较强的外部存储器扩展能力，程序存储器和数据存储器均可扩展至64KB，寻址和完成操作任务非常方便。图3-16为80C51单片机存储器示意图。

80C51单片机在物理上设有如下4个存储器。
- 程序存储器：内部程序存储器和外部程序存储器。
- 数据存储器：内部数据存储器和外部数据存储器。

80C51单片机在逻辑上设有如下3个存储器地址空间。
- 片内、片外统一的64KB程序存储器地址空间。
- 片内256Byte的数据存储器地址空间。
- 片外64KB的数据存储器地址空间。

这3个不同的存储器地址空间对应了以下3种基本的存储器寻址空间。
- 64KB的片内外程序存储器寻址空间。
- 64KB的外部数据存储器寻址空间。
- 256Byte的内部数据存储器寻址空间，包含特殊功能寄存器寻址空间。

需注意的是，访问这3个不同的空间应选用不同的指令。

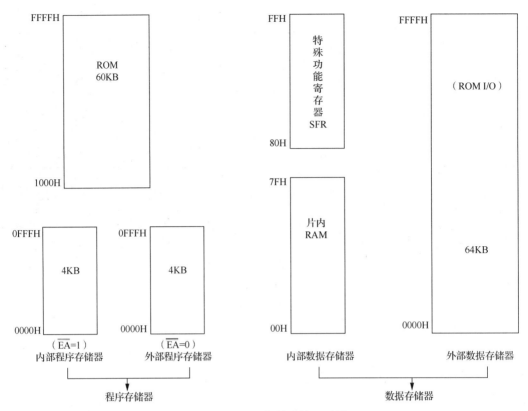

图 3-16　80C51 单片机存储器示意图

3.3.2　程序存储器

程序存储器由片内和片外两个部分组成，用于存放程序，以及常数、表格等固定不变的数据。

由于 80C51 单片机采用 16 位的程序计数器（PC）和 16 位的地址总线，因此其片内、片外总的程序地址空间是 64KB，编址范围为 0000H～0FFFFH。具体程序执行时访问的是哪个程序存储器由 $\overline{EA}$ 引脚信号来控制。但无论是从片内还是从片外读取指令，其操作速度都是相同的。$\overline{PSEN}$ 为外部程序存储器的读选通信号。

$\overline{EA}$ =1（即 $\overline{EA}$ 引脚接高电平）时，当 PC 值在内部程序存储器的编址范围之内，CPU 访问内部程序存储器；当 PC 值大于内部程序存储器的编址范围，CPU 自动访问外部程序存储器。

$\overline{EA}$ =0（即 $\overline{EA}$ 引脚接低电平）时，选择访问外部程序存储器。此时不管 PC 值大小，CPU 总是访问外部程序存储器。

标准的 8031 单片机由于内部没有程序存储器，必须外接 ROM，因此这种情况下 $\overline{EA}$ 只能接地，选择访问外部程序存储器。外部程序存储器从 0000H 开始编址，寻址空间 64KB。

访问存放在程序存储器中的常数及表格等数据时，需用查表指令 MOVC 来指定 CPU 访问程序存储器。

由于系统复位后的 PC 地址为 0000H，故系统从 0000H 单元开始取指，执行程序。它是系统的启动地址，一般在这里设置无条件转移指令，跳转至用户主程序。程序存储器中 0003H～0023H 单元地址被保留用作 5 个中断源的中断服务程序的入口地址，因此以下 6 个特定地址被保留。

复位： 0000H。

外部中断 0： 0003H。

定时器/计数器 T0 溢出： 000BH。

外部中断 1： 0013H。

定时器/计数器 T1 溢出： 001BH。

串行口中断： 0023H。

设计程序时，通常要在这些中断入口处设置无条件转移指令，以跳转至对应的中断服务程序。

3.3.3 数据存储器

数据存储器用于缓冲和数据暂存，如存放运算中间结果、设置特征及标志位等。数据存储器也分为片内和片外两个部分。对于 80C51 单片机，片内 RAM 编址范围为 00H～7FH，片外 RAM 编址范围为 0000H～0FFFFH，地址有重叠。程序究竟访问的是哪一个存储空间由指令形式的不同来区分，例如，使用 MOV 指令时读/写的是内部数据存储器、特殊功能寄存器和位地址空间，而使用 MOVX 指令则是读/写外部数据存储器。

1. 外部数据存储器

外部数据存储器只能用寄存器间接寻址的方式访问，可使用 16 位的特殊功能寄存器 DPTR 作为地址指针，寻址空间 64KB，也可使用 R0、R1 作为 8 位地址指针，访问外部数据存储器的低 256Byte 空间。$\overline{\text{RD}}$ / $\overline{\text{WR}}$ 为外部数据存储器的读/写选通信号。

2. 内部数据存储器

80C51 单片机内部有 128 字节的数据存储器（RAM），可以作为数据缓冲器、栈、工作寄存器组和软件标志区等使用。片内 RAM 编址范围为 00H～7FH，且不同的地址区域功能并不完全相同，CPU 针对片内 RAM 提供了丰富的操作指令。内部数据存储器的结构示意图如图 3-17 所示。

（1）工作寄存器区

80C51 单片机内部有 4 个工作寄存器区，每个区包含 8 个工作寄存器，都记为 R0～R7。工作寄存器可以直接与累加器 A 和片内 RAM 进行数据传送、算术和逻辑运算等操作，也可以在寄存器间接寻址时提供地址，它是 CPU 的重要组成部分。单片机的工作寄存器区占用地址为 00H～1FH 共 32 字节的片内 RAM 单元。每个工作寄存器区与片内 RAM 地址之间的对应关系如表 3-4 所示。

4 个工作寄存器区的每一个都可以被选为 CPU 的当前工作寄存器区，开发人员可以通过改变程序状态寄存器（PSW）中的 RS1、RS0 两位来任选一个工作寄存器区，RS1、RS0 与工作寄存器区的对应关系如表 3-4 所示。当选择了某一工作寄存器区时，其他不用的工作寄存器区的内容不受

图 3-17 内部数据存储器的结构示意图

影响。这一特点使 80C51 单片机具有快速保护现场的功能，即通过设置 RS1 和 RS0 使主程序和中断服务程序分别使用不同的工作寄存器区，使得中断服务时可以不必保存主程序的工作寄存器区，这样有利于提高程序的运行效率和中断响应速度。当然，不用的工作寄存器区仍可作为普通的片内 RAM 使用。

表 3-4　工作寄存器区与 RS1、RS0 及片内 RAM 的对应关系

RS1	RS0	当前工作寄存器区	R0~R7 占用片内 RAM 单元地址
0	0	工作寄存器区 0	00H~07H
0	1	工作寄存器区 1	08H~0FH
1	0	工作寄存器区 2	10H~17H
1	1	工作寄存器区 3	18H~1FH

（2）位寻址区

位寻址区指的是可以对字节内部的每一个位（bit）独立编址及置位、复位的存储区。80C51 单片机内部 20H~2FH 共 16 字节的 RAM 单元除了可以按字节寻址，还具有位寻址功能，这 16 字节共 128 位的位地址为 00H~7FH，CPU 能直接寻址并置位或复位这些位。字节地址、位地址的对应关系及低 128Byte RAM 的地址分配如图 3-18 所示。例如，位地址 08H 位于 21H 字节的第 0 位，因此其对应的字节地址为 21H.0。

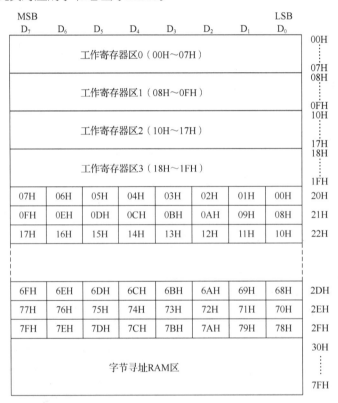

图 3-18　80C51 单片机片内低 128Byte RAM 地址分配

（3）栈和数据区

80C51 单片机使用片内 RAM 作为栈。原则上栈可以设在片内 RAM 的任意区域，但是一般都设在 30H 以上的地址范围内，以避开单片机的工作寄存器区。栈顶的位置由栈指针 SP 指出，栈指针为 8 位，数据入栈时 SP 递增。由于栈使用的是片内 RAM，因此如果应用程序也使用了片内 RAM 作为用户数据区，通常栈指针还要设置得更大些，以避开用户的数据区。

3.3.4　特殊功能寄存器

80C51 单片机内除程序计数器和 4 个工作寄存器区外，所有其他寄存器，如 I/O 端口数据

锁存器、定时器/计数器、状态寄存器、串行口数据缓冲寄存器和各种控制寄存器，都是以特殊功能寄存器（SFR）的形式呈现的。80C51 系列单片机共有 21 个特殊功能寄存器，它们离散地分布在 80H～0FFH 的地址空间内（见图 3-17）。程序可以使用直接寻址的方式访问特殊功能寄存器，也可以对这些特殊功能寄存器进行算术及逻辑运算，其符号和字节地址分配如表 3-5 所示。各特殊功能寄存器的具体功能将在后续各章节中详细介绍。

表 3-5　80C51 单片机特殊功能寄存器符号和字节地址分配

SFR 符号	名称	字节地址
ACC	累加器	0E0H
B	寄存器 B	0F0H
PSW	程序状态寄存器	0D0H
SP	栈指针	81H
DPTR	数据指针（分为 DPH、DPL 两个 8 位 SFR）	83H、82H
P0	P0 端口数据锁存器	80H
P1	P1 端口数据锁存器	90H
P2	P2 端口数据锁存器	0A0H
P3	P3 端口数据锁存器	0B0H
IP	中断优先级寄存器	0B8H
IE	中断允许寄存器	0A8H
TMOD	定时器/计数器模式控制寄存器	89H
TCON	定时器/计数器 T0、T1 的控制寄存器	88H
TH0	定时器/计数器 T0（高字节）计数器	8CH
TL0	定时器/计数器 T0（低字节）计数器	8AH
TH1	定时器/计数器 T1（高字节）计数器	8DH
TL1	定时器/计数器 T1（低字节）计数器	8BH
SCON	串行口控制寄存器	98H
SBUF	串行口数据缓冲寄存器	99H
PCON	电源控制寄存器	97H

特殊功能寄存器大致可以分为两类，一类与 I/O 有关，即 P0、P1、P2 和 P3；另一类用于芯片内部功能控制。

字节地址能被 8 整除的特殊功能寄存器既可字节寻址，又可位寻址。可位寻址的特殊功能寄存器的位地址从 80H 开始分配，直到 0FFH，共 128 位。所以 80C51 单片机的位地址空间共有 256 位。尽管位地址（00H～0FFH）和字节地址有重叠，且单片机读/写位地址数据时也采用 MOV 指令，但所有与数据传送相关的位操作指令都以进位标志位 CY 作为其中一个操作数，或者说只要 MOV 指令中使用了 CY 作为操作数，那么其他操作数的地址就是位地址，由此可以区分指令中的地址是字节地址还是位地址。

习题与思考

一、填空题

1. 位地址 23H 对应的字节地址为_____。

2. 单片机外接程序存储器的读信号为_____，外接数据存储器的读信号为_____，外接数据存储器的写信号为_____。

二、简答题

1. 80C51 单片机主要由哪些部件组成？其主要有哪些功能？

2. 80C51 单片机程序计数器的作用是什么？位宽是多少？

3. 简述程序状态寄存器（PSW）各位的含义，以及如何确定和改变当前的工作寄存器区。

4. 什么是单片机的振荡周期、机器周期、指令周期？它们之间有什么关系？单片机的晶振频率为 12MHz 时，振荡周期、机器周期、指令周期分别为多少？

5. 片内 RAM 中字节地址 00H～7FH 与位地址 00～7FH 完全重合，CPU 如何区分？

6. 80C51 单片机的 $\overline{EA}$ 引脚有何功能？8031 单片机的 $\overline{EA}$ 引脚应如何使用？

7. 在标准 80C51 单片机的 ROM 空间中，0003H～0023H 有什么用途？用户应怎样合理安排程序空间？

8. 单片机复位条件是什么？请给出典型的复位电路。

第4章
MCS51 单片机指令系统

一台计算机只有硬件（称为裸机）是不能工作的，必须配备各种软件才能发挥其运算、测控等功能，而软件中最基本的就是指令系统。不同类型的 CPU 有不同的指令系统，本章主要以 80C51 为例介绍 MCS51 单片机的指令系统和汇编语言。

4.1 指令系统概述

4.1.1 指令的概念

指令是 CPU 能够识别的、指挥计算机执行某种操作的命令，一种计算机所能执行的全部指令的集合称为这种计算机的指令系统。指令系统的功能在很大程度上决定了计算机"智能"的高低。80C51 单片机的指令系统指令丰富，功能强大，使用灵活、方便。

计算机为完成某项工作而执行的若干指令的有序集合称为程序。程序设计语言是实现人机对话（交换信息）的基本工具，可分为机器语言、汇编语言和高级语言。本章着重介绍汇编语言。

1. 机器语言

机器语言用二进制编码表示每条指令，它是计算机能直接识别的语言。用机器语言编写的程序称为机器码程序，又称为目标程序。80C51 单片机是 8 位机，其机器语言以 8 位二进制码（即 1 字节）为单位，指令分为单字节指令、双字节指令和三字节指令。

例如，要实现把数据 11H 传送至累加器 A，机器码指令为

```
01110100 00010001
```

为了便于书写和记忆，可采用十六进制表示以上指令：74H 11H。

2. 汇编语言

显然，用机器语言编写的程序不易记忆、理解和修改。为克服这些缺点，我们可以使用具有含义的符号来代替机器语言，这样就出现了另一种程序语言——汇编语言。

汇编语言作为使用助记符、数字等来表示指令的程序语言，易于理解和记忆，但通用性不强。

同样是实现把数据 11H 传送至累加器 A，汇编指令为

```
MOV A, #11H
```

3. 高级语言

汇编语言尽管优点不少，但仍有一些缺点。例如，汇编语言与 CPU 的硬件结构紧密相关，不便移植，不同 CPU 的汇编语言不同；同时，用汇编语言进行程序设计必须熟悉 CPU 的硬件结构与性能，对设计人员要求较高。因此，业界又出现了对单片机进行编程的高级语言，如 C 语言。关于高级语言，读者可参阅其他书籍。

4.1.2 指令系统符号标识的说明

1. 常用符号

80C51 汇编指令中的常用符号及其含义简要说明如下。

@: 间接寻址的前缀符号。

Rn (n=0～7)：当前选定寄存器区的寄存器 R0～R7。

Ri (i=0,1)：通过通用寄存器 R0 或 R1 间接寻址的片内 RAM 单元。

direct: 8 位直接地址，可以是片内 RAM 单元的地址或一个特殊功能寄存器的地址。

#data: 8 位常数，也称为立即数，通过专用前缀符号"#"与直接地址等数据相区别。

#data16: 16 位常数，也称为立即数，通过专用前缀符号"#"与直接地址等数据相区别。

addr16: 16 位目的地址，供 LCALL 和 LJMP 指令使用。

addr11: 11 位目的地址，供 ACALL 和 AJMP 指令使用。

rel: 以二进制补码表示的 8 位带符号偏移量，常用于相对寻址指令。

bit: 位地址。

/: 位操作前缀符号，表示对该位内容求反。

(x): 表示取地址单元 x 或寄存器 x 中的内容。

((x)): 表示以地址单元 x 或寄存器 x 中的内容为地址的单元中的内容。

$: 当前指令的地址。

←或→: 表示数据传输的方向。

←→: 表示数据交换操作。

2. 数据形式

80C51 汇编指令描述中主要有以下常用的数据形式。

二进制数：由 0、1 组成，末尾带字母 B，如 10101100B。

十进制数：由 0～9 组成，末尾什么都不带或带 D，如 37。

十六进制数：由 0～F 组成，末尾带字母 H，如 2AH。

立即数：以"#"开头，后跟数值，如#23、#12H。

行标号：对应程序空间的 16 位地址，汇编时翻译成相应的数据（即地址），且可直接用于程序中。

SFR：特殊功能寄存器名称，且可作为直接地址用于程序中。

例如，指令"MOV A, #01H"的功能等价于"MOV 0E0H, #01H"，因为累加器 A 的地址是 0E0H。

4.2 寻址方式

数据、指令代码在存储器中存放的位置称为地址。存放指令代码的地址称为指令地址，存放数据的地址称为操作数地址，寻找操作数地址的方式称为寻址方式，寻找操作数地址的过程称为寻址过程。

80C51 单片机指令系统中共有 7 种寻址方式，其对应的寻址空间及使用的寄存器如表 4-1 所示。

表 4-1 寻址方式、寻址空间及使用的寄存器

序号	寻址方式	寻址空间及使用的寄存器
1	立即寻址	程序存储器中的立即数
2	寄存器寻址	使用 R0～R7、A、B、DPTR、CY

序号	寻址方式	寻址空间及使用的寄存器
3	寄存器间接寻址	片内 RAM：使用 R0、R1（如@R0、@R1）。 片外 RAM：使用 DPTR、R0、R1（如@DPTR、@R0、@R1）
4	直接寻址	片内 RAM 低 128 字节和特殊功能寄存器
5	变址寻址	程序存储器空间，使用 A、DPTR、PC（如@A+PC、@A+DPTR）
6	相对寻址	程序存储器空间，使用 PC（如 PC+偏移量）
7	位寻址	片内 RAM 低 128 字节中的位空间和特殊功能寄存器中的可位寻址位

4.2.1　立即寻址

立即寻址是指在指令中直接给出操作数，即操作数以指令字节的形式存放在程序存储器中。该操作数称为立即数，因此将这种寻址方式称为立即寻址。

通常紧跟指令操作码的 1 字节或 2 字节就是寻址所需的操作数，它前面以"#"标识。例如：

```
ADD A, #11H    ;把立即数 11H 与累加器 A 内容相加，结果存回累加器 A 中
```

上述指令编译后的机器码为"24H 11H"。该指令执行时，在 PC 所指的地址单元存放操作码 24H，在 PC+1 地址单元存放立即数 11H。CPU 首先取出指令代码，经指令译码器分析后得知这是一条双字节立即寻址指令，于是 CPU 继续取出后续 1 字节的立即数，然后把两个操作数（A 中的内容及立即数 11H）同时送入 ALU 进行加法运算，结果回送累加器 A。其寻址过程如图 4-1 所示。

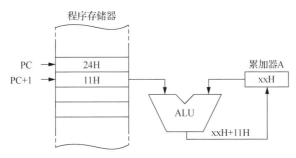

图 4-1　立即寻址方式的寻址过程

4.2.2　寄存器寻址

寄存器寻址是对指令中包含的工作寄存器（R0～R7）进行读/写，其寻址范围如下。

（1）4 个寄存器区共 32 个通用寄存器，但在指令中只能使用当前的工作寄存器区，因此在使用前要通过设置 PSW 中的 RS1、RS0 来选择当前的工作寄存器区。

（2）部分特殊功能寄存器等，如累加器 A、寄存器 B、数据指针 DPTR、布尔累加器 CY。

例如，指令 INC Rn，其功能是将当前工作寄存器区中 Rn 中的内容加 1 回送 Rn，该指令执行时的寻址过程如图 4-2 所示。

在 INC Rn 指令的执行过程中，机器编码的低 3 位为当前工作寄存器的编号。在寻址过程中，这 3 位寄存器编号（图 4-2 中的"rrr"位）和 PSW 中的 RS1、RS0 位所组成的 5 位二进制数就是该指令最终要操作的片内 RAM 的地址。

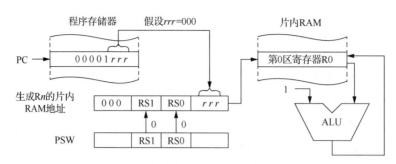

图 4-2　寄存器寻址方式的寻址过程

4.2.3　寄存器间接寻址

寄存器间接寻址是指在指令中给出的寄存器的内容是操作数的地址，从该地址中取出的是真正的操作数。这种寻址方式的寄存器名称应加前缀"@"。

寄存器间接寻址的寻址范围如下。

（1）片内 RAM 的低 128Byte 单元，只能采用 R0 或 R1 为间址（间接寻址）寄存器，其形式为@Ri（i=0,1）。

（2）片外 RAM 的 64KB 单元，使用 DPTR 作为间址寄存器，其形式为@DPTR。例如，"MOVX　A,@DPTR"，其功能是把 DPTR 指定的片外 RAM 单元的内容送累加器 A。

（3）片外 RAM 的低 256Byte 单元，除了可使用 DPTR 作为间址寄存器，也可使用 R0 或 R1 作为间址寄存器。例如，"MOVX A, @R0"，其功能是把 R0 指定的片外 RAM 单元的内容送累加器 A。

（4）栈区，栈操作指令（PUSH 和 POP）也应算作寄存器间接寻址，即以栈指针（SP）作为间址寄存器的间接寻址方式。

```
MOV A, @R0    ;(A) ← ((R0))
```

该指令的功能是把以 R0 中所存储数据为地址的片内 RAM 单元中的数据送累加器 A。若当前工作寄存器区寄存器 R0 中的内容为 30H，而片内 RAM 的 30H 单元中内容是 12H，则该指令执行完后累加器 A 中的内容就是 12H。其寻址过程如图 4-3 所示。

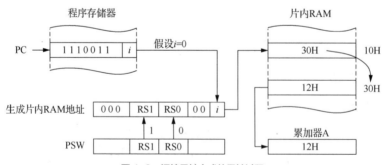

图 4-3　间接寻址方式的寻址过程

4.2.4　直接寻址

直接寻址是在指令中直接给出操作数所在单元的地址（该地址是一个 8 位二进制数据）。

```
MOV A, 30H    ; A ← (30H)
```

该指令的机器码是 0E5H 30H，功能是把片内 RAM 的 30H 单元中的数据送入累加器 A，其寻址过程如图 4-4 所示。

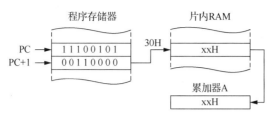

图 4-4　直接寻址方式的寻址过程

直接寻址方式只能提供 8 位地址，寻址范围如下。

（1）片内 RAM 低 128 字节，在指令中直接以单元地址形式给出。

（2）特殊功能寄存器，在指令中可以以单元地址形式给出，也可以以寄存器名称形式给出。特殊功能寄存器虽然可以使用符号标识，但在指令代码中还是按地址进行编码的。特殊功能寄存器位于片内 RAM 的高 128 字节（字节地址为 80H～0FFH），只能用直接寻址方式进行访问。

4.2.5　变址寻址

变址寻址以 DPTR 或 PC 作为基址寄存器，以累加器 A 作为变址寄存器，以两者内容相加形成的 16 位程序存储器地址作为操作数地址。该寻址方式又称基址寄存器+变址寄存器间接寻址。

```
MOVC  A, @A+PC  ; (PC) ← (PC)+1, (A) ← ((A)+(PC))
```

该指令的功能是先使 PC 指向下一条指令地址，然后将当前 PC 值与累加器 A 中的数据相加，形成变址寻址的单元地址，并将程序存储器中该地址中的数据送累加器 A。其寻址过程如图 4-5 所示。

又如指令"MOVC A, @A+DPTR"，其功能是把 DPTR 和 A 的内容相加得到的数据作为程序存储器的单元地址，该单元的数据送累加器 A。假定指令执行前(A)=40H，

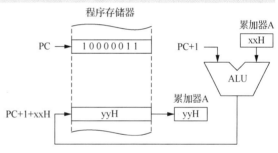

图 4-5　变址寻址方式的寻址过程

(DPTR)=10C0H，则变址寻址形成的操作数地址为 10C0H+40H=1100H，若 1100H 单元的内容为 66H，则该指令的执行结果是 A 的内容 66H。

80C51 指令系统中的变址寻址有如下特点。

（1）变址寻址方式只能对程序存储器进行寻址。

（2）变址寻址指令只有以下 3 条，均为单字节指令。

MOVC　　A, @A+DPTR

MOVC　　A, @A+PC

JMP　　　@A+DPTR

其中前两条是程序存储器读指令，后一条是无条件转移指令。

（3）变址寻址方式常用于查表操作。

4.2.6　相对寻址

相对寻址是指在指令中给出的操作数为程序转移的偏移量。相对寻址指令给出偏移量，把 PC 的当前值加上偏移量就构成了程序转移的目的地址。转移的目的地址可用如下公式表示：

$$目的地址=指令所在地址+指令字节数+偏移量（rel）$$

80C51 单片机的指令系统中有许多条相对寻址指令，且多数为双字节指令，个别的是三字节指令。偏移量（rel）是一个带符号的 8 位二进制补码，所能表示的数的范围是-128～127。因此以相对寻址指令的所在地址为基准，向前最大可转移（127+指令字节数）个单元地址，向后最大可转移（128-指令字节数）个单元地址。

例如，指令"JZ 75H"，该指令是双字节指令，其编译后的机器码为"60H 75H"。假设该指令的 PC 当前值是 1000H，则指令的操作码60H 存放在程序存储器的1000H 单元中，偏移量 75H 存放在 1001H 单元中，指令执行时，因该指令为 2 字节，首先 PC 值加 2 修正为 1002H，接下来根据累加器 A 的值确定后续如何执行：如果累加器 A 的值为 0，满足转移条件，则程序将转移到 1002H+75H=1077H 处执行。其寻址过程如图 4-6 所示。

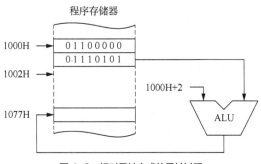

图 4-6　相对寻址方式的寻址过程

4.2.7　位寻址

80C51 有位处理功能，可以对数据位进行操作，因此就有相应的位寻址方式。位寻址的寻址范围如下。

（1）片内 RAM 中的位寻址区。片内 RAM 中的 20H～2FH（共 16 字节，128 位）为位寻址区，位地址为 00H～7FH。对这 128 位的寻址使用直接位寻址，例如，"MOV C, 20H"指令的功能是把位寻址区 20H 位地址的数据送累加器 C。

（2）11 个可位寻址的特殊功能寄存器，共有 83 个可寻址位。这些可寻址位在指令中有以下 4 种表示方法。

① 直接使用位地址。例如，80H。

② 字节单元地址加位。例如，88H 字节单元的位 0，可表示为 88H.0。

③ 特殊功能寄存器符号加位。例如，PSW 的位 5，可表示为 PSW.5。

④ 位名称。特殊功能寄存器中的一些可寻址位是已经定义名称的，例如，PSW 的位 5 为F0 标志位，则可使用 F0 表示该位。

需要注意的是，指令中通常有多个操作数，其寻址方式未必相同；访问不同的存储空间时可选用的寻址方式以及可执行的操作也有所不同。例如，访问程序存储器可选用 3 种寻址方式（立即寻址、相对寻址和变址寻址）、可执行一种操作（读取），访问外部数据存储器只有一种寻址方式（寄存器间接寻址）、可执行两种操作（写入、读取）。

4.3　指令分类

MCS51 汇编语言的 44 种助记符代表了 33 种操作功能，与寻址方式组合后，构造出了 111 条指令。

微课视频

指令系统中的指令有以下多种分类方式。

（1）按照指令字节数分类，指令可分为单字节指令（49 条）、双字节指令（45条）和三字节指令（17 条）。

（2）按照指令执行时间分类，指令可分为单周期（单机器周期）指令（64 条）、双周期指令（45 条）和四周期指令（2 条）。

（3）按照指令的功能分类，指令可分为数据传送类指令（29 条）、算术运算类指令（24 条）、逻辑运算类指令（24 条）、控制转移类指令（17 条）和位操作类指令（17 条）。

本节将根据指令的功能分类，对 MCS51 指令系统中的指令进行介绍。

4.3.1　数据传送类指令

数据传送类指令（29 条）是 MCS51 指令系统中最常用的指令。除交换指令外，其多数指令的功能是将源操作数传送到目的操作数，而源操作数保持不变。该类指令不影响 PSW 中的标志位 CY、AC、OV，P 标志位根据累加器 A 的取值情况有可能发生变化。MCS51 的数据传送操作可以在内部数据存储器、外部数据存储器和程序存储器之间进行。

1. 内部数据存储器的数据传送指令

内部数据存储器的数据传送指令主要用于片内 RAM 之间及片内 RAM 与寄存器之间的数据传送。

（1）以累加器 A 为目的操作数的指令组

以累加器 A 为目的操作数的指令组功能及指令执行时间如表 4-2 所示。

表 4-2　以累加器 A 为目的操作数的指令组功能及指令执行时间

指令	功能	指令执行时间（机器周期）
MOV　A,Rn	(A)←(Rn)	1
MOV　A,direct	(A)←(direct)	1
MOV　A,@Ri	(A)←((Ri))	1
MOV　A,#data	(A)←data	1

这组指令的功能是将源操作数的内容送入累加器 A。源操作数的寻址方式有寄存器寻址、直接寻址、寄存器间接寻址及立即寻址等。上述指令以累加器 A 为目的操作数，执行结果均会影响程序状态寄存器 PSW 中的 P 标志位。

例如，已知(A)=10H，(R0)=20H，片内 RAM(20H)=11H，(21H)=55H，则：

```
MOV  A, R0    ; (A)=(R0)=20H
MOV  A, @R0   ; (A)= ((R0))=(20H)=11H
MOV  A, 21H   ; (A)=(21H)=55H
MOV  A, #21   ; (A)= 21=15H=00010101B
```

需说明的是，指令系统及汇编语言通过不同的后缀来表示不同进制的数据。例如，十六进制数的后缀为 H，二进制数的后缀为 B，无后缀的数据默认为十进制数，因此本例的立即数为十进制数 21，转换成十六进制数为 15H，如转换成二进制数则为 00010101B。

（2）以工作寄存器 Rn 为目的操作数的指令组

以工作寄存器 Rn 为目的操作数的指令组功能及指令执行时间如表 4-3 所示。

表 4-3　以工作寄存器 Rn 为目的操作数的指令组功能及指令执行时间

指令	功能	指令执行时间（机器周期）
MOV　Rn,A	(Rn)←(A)	1
MOV　Rn,direct	(Rn)←(direct)	2
MOV　Rn,#data	(Rn)←data	1

这组指令的功能是把源操作数的内容送入当前工作寄存器区 R0～R7 中的某一个寄存器。源操作数有寄存器寻址、直接寻址和立即寻址 3 种寻址方式。

需注意的是，没有"MOV Rn,Rn"这类指令。如需实现两个工作寄存器之间的数据传递，我们可将其中一个工作寄存器用直接地址表示，例如，"MOV R3, 04H"可实现将工作寄存器 0 区的 R4 的数据送至当前工作寄存器区的 R3 中。

例如，已知(30H)=10H，则：

```
MOV R1,30H      ;(R1)=(30H)=10H
```

（3）以直接地址 direct 为目的操作数的指令组

以直接地址 direct 为目的操作数的指令组功能及指令执行时间如表 4-4 所示。

表 4-4　以直接地址 direct 为目的操作数的指令组功能及指令执行时间

指令	功能	指令执行时间（机器周期）
MOV direct,A	(direct)←(A)	1
MOV direct,Rn	(direct)←(Rn)	2
MOV direct1,direct2	(direct1)←(direct2)	2
MOV direct,@Ri	(direct)←((Ri))	2
MOV direct,#data	(direct)←data	2

这组指令的功能是把源操作数的内容送入由直接地址指出的存储单元。源操作数有寄存器寻址、直接寻址、寄存器间接寻址和立即寻址 4 种寻址方式。直接地址 direct 为 8 位直接地址，理论上可寻址 0～255 共 256 个字节单元，对 80C51 而言可直接寻址片内 RAM 的 0～127 共 128 个字节单元和 128～255 地址空间的 21 个特殊功能寄存器。

例如，"MOV 80H, 0E0H"（这是一条三字节指令）表示把内部数据存储器的 0E0H 单元的内容送到 80H 单元中去。这条指令实现的是内部数据存储单元中的直接地址单元之间数据的直接传送。

（4）以寄存器间接寻址@Ri 为目的操作数的指令组（i=0,1）

以寄存器间接寻址@Ri 为目的操作数的指令组功能及指令执行时间如表 4-5 所示。

表 4-5　以寄存器间接寻址@Ri 为目的操作数的指令组功能及指令执行时间

指令	功能	指令执行时间（机器周期）
MOV @Ri ,A	((Ri))←(A)	1
MOV @Ri, direct	((Ri))←(direct)	2
MOV @Ri, #data	((Ri))←data	1

这组指令的功能是把源操作数的内容送入由当前工作寄存器区的 Ri 中的数据作为地址的内部数据单元。源操作数有寄存器寻址、直接寻址和立即寻址 3 种寻址方式。

例如，已知(R0)=20H，(30H)=06H，则：

```
MOV @R0, 30H    ;(20H)=(30H)=06H
```

（5）16 位数据传送指令

16 位数据传送指令功能及指令执行时间如表 4-6 所示。

表 4-6　16 位数据传送指令功能及指令执行时间

指令	功能	指令执行时间（机器周期）
MOV DPTR, #data16	(DPTR)←data16	1

"MOV　DPTR, #data16"是 80C51 中唯一的 16 位数据传送指令。该指令把 16 位常数装入数据指针 DPTR，其中数据高 8 位送入 DPH 寄存器，数据低 8 位送入 DPL 寄存器。16 位常数在指令的第二字节和第三字节中（第二字节为高位字节 DPH，第三字节为低位字节 DPL）。例如：

```
MOV DPTR, #1234H  ;(DPH)=12H, (DPL)=34H
```

（6）栈指令

栈指令功能及指令执行时间如表 4-7 所示。

表 4-7　栈指令功能及指令执行时间

指令	功能	指令执行时间（机器周期）
PUSH direct	SP←(SP)+1, (SP)←(direct)	2
POP direct	direct←((SP)), SP←(SP)−1	2

执行入栈指令 PUSH 时，首先是栈指针 SP 中的数据加 1，指向栈顶的上一个空单元，然后将直接地址 direct 寻址的单元内容压入当前 SP 所指示的栈单元；执行出栈指令 POP 时与此相反，首先将栈指针 SP 所寻址的内部数据存储器（栈）单元内容送入直接地址 direct 寻址的单元，然后 SP 中的数据减 1 使栈的栈顶下移一个单元。

需说明的是，栈指令中的操作数 direct 可以是直接地址的特殊功能寄存器，但不支持工作寄存器 Rn 的形式（可使用 Rn 的直接地址）。

例如，假设(DPTR)=1122H，当响应中断时需将 DPTR 入栈保护，若此时(SP)=60H，则数据入栈时 SP 及栈存储区中内容的变化过程如下。

```
PUSH DPL   ; (SP)←(SP)+1，将 DPL 入栈。此指令执行后，SP=61H，(61H)=22H
PUSH DPH   ; (SP)←(SP)+1，将 DPH 入栈。此指令执行后，SP=62H，(62H)=11H
```

需说明的是，因单片机的栈每个单元只能保存 8 位数据，对于 16 位的 DPTR 寄存器，其入栈操作必须分为两步，先入栈 DPTR 的低 8 位再入栈高 8 位，所以数据保护完后，栈的 61H 单元存入了 22H（DPL），62H 存入了 11H（DPH），SP 指向 62H，栈的栈顶为 62H 单元。

（7）数据交换指令组

数据交换指令组功能及指令执行时间如表 4-8 所示。

表 4-8　数据交换指令组功能及指令执行时间

指令	功能	指令执行时间（机器周期）
XCH　A, Rn	A ←→ Rn	1
XCH　A, direct	A ←→ (direct)	1
XCH　A, @Ri	A ←→ ((Ri))	1
XCHD　A, @Ri	A$_{3\sim0}$ ←→ ((Ri))$_{3\sim0}$	1
SWAP　A	A$_{3\sim0}$ ←→ A$_{7\sim4}$	1

操作码 XCH 实现的是字节互换，故表 4-8 中其指令功能是将累加器 A 与源操作数的内容互换，源操作数有寄存器寻址、直接寻址和寄存器间接寻址 3 种寻址方式；操作码 XCHD 实现的是半字节互换，故表 4-8 中其指令功能是将 Ri 间接寻址单元的低 4 位内容与累加器 A 的低 4 位内容互换，高 4 位保持不变；操作码 SWAP 实现的是半字节互换，故表 4-8 中其指令功能是将累加器 A 的高、低半字节交换，该操作也可看作 4 位循环指令，例如，若(A)=12H（00010010B），则执行"SWAP A"指令后，(A)=21H（00100001B）。

由于十六进制数或 BCD 码都以 4 位二进制数表示，因此 XCHD 和 SWAP 指令主要用于实现十六进制数或 BCD 码的数位交换。

2. 外部数据存储器的数据传送指令

外部数据存储器的数据传送指令功能及指令执行时间如表 4-9 所示。

表 4-9 外部数据存储器的数据传送指令功能及指令执行时间

指令	功能	指令执行时间（机器周期）
MOVX A, @R*i*	A ← 外部数据存储器的((R*i*))	2
MOVX @R*i*, A	外部数据存储器的((R*i*)) ← (A)	2
MOVX A, @DPTR	A ← 外部数据存储器的((DPTR))	2
MOVX @DPTR, A	外部数据存储器的((DPTR)) ← (A)	2

这组指令用于访问外部扩展的数据存储器，可以读出或写入。当访问其 0～255 地址范围时，可通过 R0 或 R1 间接寻址的方式访问，即通过 R0 或 R1 指定片外 RAM 的地址；如果使用数据指针 DPTR 进行间接寻址，则可访问全部 64KB 的外部数据存储器空间。执行该类指令的时序请参看 3.3.3 小节。

例如，已知(R0)= 10H，(R1)=30H，片外 RAM(30H)=66H，则：

```
MOVX    A, @R1          ;(A)=片外 RAM((R1))=片外 RAM(30H)=66H
MOVX    @R0,A           ;片外 RAM(10H)=片外 RAM((R0))=(A)=66H
```

又如，某单片机应用系统外扩了 16KB RAM，要求把片内 RAM 的 20H 单元内容送至片外 RAM 的 1000H 单元中，则其代码段为

```
MOV     DPTR,#1000H     ;片外 RAM 的访问地址送片外 RAM 地址指针 DPTR
MOV     R0,#20H         ;片内 RAM 的访问地址送片内 RAM 间接寻址寄存器 R0
MOV     A,@R0           ;取内部数据存储器 20H 单元内容
MOVX    @DPTR, A        ;送外部数据存储器 1000H 单元
```

3. 程序存储器的数据传送指令（又称查表指令）

程序存储器的数据传送指令功能及指令执行时间如表 4-10 所示。

表 4-10 程序存储器的数据传送指令功能及指令执行时间

指令	功能	指令执行时间（机器周期）
MOVC A,@A+DPTR	(A) ←程序存储器((A)+(DPTR))	2
MOVC A,@A+ PC	(PC)← (PC)+1, (A) ←程序存储器((A)+(PC))	2

这两条指令的功能均是从程序存储器中读取数据，如表格、常数等。累加器 A 为变址寄存器，而 PC、DPTR 为基址寄存器，两指令执行过程相同，其差别是基址不同，因此适用范围也不同。DPTR 为基址寄存器时，允许数据表存放在程序存储器的任意单元，称为远程查表，编程比较直观；而 PC 为基址寄存器时，数据表只能放在该指令单元往下的 256 个单元中，称为近程查表，编程时需计算 A 值与数表首地址的偏移量，执行完该指令后，将从 PC+1 处继续执行程序，但执行该指令时 PC 是作为变址寄存器使用的，如果将查询的常数表紧邻该条指令存放，则它将与下一条指令重叠，显然不合理。为了解决这一矛盾，通常的做法是将数据表整体向高地址方向移动若干字节，将移动的字节数加到变址寄存器 A 中，以保持正确的查表操作，而在移动后空出的单元里安排跳转指令，以保证程序在执行完查表操作后，仍能从 PC 当前值所在的单元继续执行下去。

例如，查表求平方数（远程查表），指令如下：

```
             ...
             MOV     DPTR,#TABLE        ;指向表首地址
             MOVC    A,@A+DPTR          ;查表得到 A 中数据的平方数
             MOV     20H,A              ;存平方数
HERE:        SJMP    HERE
             ORG     1000H
TAB:         DB      00H,01H,04H,09H    ;平方表 0²～9²
             DB      16H,25H,36H
             DB      49H,64H,81H
```

又如，查表求平方数（近程查表），指令如下：

```
             ...
0030H:       MOV     A,#3               ;需查询平方数的数据"3"送至累加器 A
0032H:       ADD     A,#2               ;双字节指令，修正偏移量，偏移量（rel）为 2
0034H:       MOVC    A,@A+PC            ;单字节指令，查表得到平方数
0035H:       SJMP    NEXT               ;双字节指令
TAB:         DB      00H,01H,04H,09H,16H ;平方表 0²～9²，TAB 标号地址为 0037H
             DB      25H,36H,49H,64H,81H
             ...
             ORG 0060H
NEXT:        ...
```

执行上述查表指令（MOVC）时，PC 已指向查表指令的下一条指令，故此时(PC)=0035H，又因当前的 PC 值与需查询的平方表的首地址不同，故累加器 A 中的数据应为需查询平方数的数据再加上修正的偏移量，偏移量（rel）=表首地址（TAB）-（查表指令地址+1）=0037H-（0034H+1）=2。在查询指令之前，累加器 A 中的数据已修正为 5，故查表指令执行时，将寻找 0035H + 05H = 003AH 地址的程序存储器，将该位置存储的常数 09H 送累加器 A。执行查表指令后，CPU 将继续执行当前 PC 所指向的指令，如跳转指令。对于使用 PC 作基址寄存器的查表指令，其后通常是安排一条跳转指令，以跳过常数表区，继续执行后续的程序。

使用 DPTR 作为基址寄存器的查表指令，常数表区可安排在程序存储器空间的任何位置，因此对程序代码区的影响很小；而使用 PC 作为基址寄存器的查表指令则受到一定的限制，由于 PC 是递增的，同时提供变址的 A 中存储的是无符号数，因此常数表区只能放在程序代码段之后（高地址），且不能超过 256 字节，我们需要通过后续的跳转指令等方式来保证程序的连续执行。

小结：对于数据传送类指令而言，除数据交换指令外，指令执行后源操作数保持不变；除对 PSW 操作的指令外，基本不影响标志位（以累加器 A 为目的操作数的指令影响 P 标志位）；注意不同指令操作的数据范围，内部数据空间、外部数据空间、程序空间分别使用 MOV、MOVX、MOVC 操作码进行数据传送；注意以下相似指令的区别。

- MOV A,30H 与 MOV A,#30H。
- MOV @R0,A 与 MOV R0,A。
- MOVX 与 MOVC。

4.3.2 算术运算类指令

算术运算类指令（24 条）是通过算术逻辑运算单元 ALU 进行数据运算处理的，包括加、减、乘、除、二—十进制调整等多种操作，使用的助记符为 ADD、ADDC、INC、DA、SUBB、DEC、MUL、DIV 等。除了加 1 和减 1 指令，加、减运算指令的结果将影响 PSW 中的进位标志位（CY）、辅助进位标志位（AC）、溢出标志位（OV）、奇偶标志位（P），乘、除运算指令的结果影响 PSW 中的进位标志位（CY）、溢出标志位（OV）、奇偶标志位（P）。

1. 加法指令

加法指令功能及指令执行时间如表 4-11 所示。

表 4-11 加法指令功能及指令执行时间

指令	功能	指令执行时间（机器周期）
ADD A, Rn	(A) ← (A)+(Rn)	1
ADD A, direct	(A) ← (A)+(direct)	1
ADD A, @Ri	(A) ← (A)+((Ri))	1
ADD A, #data	(A) ← (A)+data	1

这组加法指令的功能是将指令中给出的第二操作数和累加器 A 相加，并将结果存放在累加器 A 中。

该组指令对 PSW 中标志位的影响如下。

（1）若运算结果的 D7 位有进位，则进位标志位 CY=1，否则 CY=0。

（2）若运算结果的 D3 位有进位，则辅助进位标志位 AC=1，否则 AC=0。

（3）若运算过程中 D7 和 D6 不同时有进位，则溢出标志位 OV=1，否则 OV=0。(OV)=1 表示两个正数相加而和为负数或两个负数相加而和为正数的错误结果。

（4）相加结果送入累加器 A 后，奇偶标志位 P 将根据累加器 A 中 1 的个数调整。

2. 带进位加法指令

带进位加法指令功能及指令执行时间如表 4-12 所示。

表 4-12 带进位加法指令功能及指令执行时间

指令	功能	指令执行时间（机器周期）
ADDC A, Rn	(A) ← (A)+(C)+(Rn)	1
ADDC A, direct	(A) ← (A)+(C)+(direct)	1
ADDC A, @Ri	(A) ← (A)+(C)+((Ri))	1
ADDC A, #data	(A) ← (A)+(C)+data	1

这组带进位加法指令的功能是把指令中给出的第二操作数、进位标志位 CY 和累加器 A 中的数据相加，并把结果存入累加器 A。注意，参与运算的 CY 是指令开始执行时的 CY，而不是加法运算完成后的 CY。

带进位加法指令的执行结果对 PSW 中标志位的影响与无进位加法指令的相应影响相同。

【例 4-1】设(A)=0D3H，(R0)=0AAH，(CY)=1，求指令"ADDC A,R0"的执行结果。

解：

$$
\begin{array}{r}
1\,1\,0\,1\,0\,0\,1\,1 \\
1\,0\,1\,0\,1\,0\,1\,0 \\
+\qquad\quad 1(CY) \\
\hline
1\quad 0\,1\,1\,1\,1\,1\,1\,0
\end{array}
$$

执行结果为(A)=7EH，此时(CY)=1，(OV)=1，(AC)=0。

若两个数为无符号数，则 0D3H+0AAH=17EH，结果正确；若两个数为带符号数，溢出标志位 OV 为 1，意味着出错，即出现了两个负数相加结果为正数的错误。

3. 增量指令和减量指令

增量指令和减量指令功能及指令执行时间如表 4-13 所示。

嵌入式系统及应用——从 MCS51 到 STM32（微课版）

表 4-13 增量指令和减量指令功能及指令执行时间

指令	功能	指令执行时间（机器周期）
INC DPTR	(DPTR) ← (DPTR)+1	2
INC A	(A) ← (A)+1	1
INC R*n*	(R*n*) ← (R*n*)+1	1
INC direct	(direct) ← (direct)+1	1
INC @R*i*	((R*i*)) ← ((R*i*))+1	1
DEC A	(A) ← (A)−1	1
DEC R*n*	(R*n*) ← (R*n*)−1	1
DEC direct	(direct) ← (direct)−1	1
DEC @R*i*	((R*i*)) ← ((R*i*))−1	1

该类指令也称为加 1 指令和减 1 指令。增量指令的功能是将操作数中存放的数据加 1 后送回原存储单元，减量指令的功能则是将操作数中存放的数据减 1 后送回原存储单元。该类指令不影响 PSW 中的标志位。

对 P0~P3 端口进行加 1 或减 1 操作，其功能是修改端口的内容。指令执行过程中，首先从端口数据锁存器读入端口内容，在 CPU 中加 1 或减 1，再将其输出到端口，要注意的是读入内容来自端口数据锁存器而不是端口的引脚。这类指令具有读—修改—写的功能。

【例 4-2】设(R0)=2FH，(2FH)=0FFH，(30H)=10H，求依次执行以下指令后的执行结果。

```
INC @R0      ;(2FH)=((R0))=0FFH+1=00H
INC R0       ;(R0)=2FH+1=30H
INC @ R0     ;(30H)=((R0))=10H+1=11H
```

解：

执行结果为(R0)=30H，(2FH)=00H，(30H)=11H。

4. 带借位减法指令

带借位减法指令功能及指令执行时间如表 4-14 所示。

表 4-14 带借位减法指令功能及指令执行时间

指令	功能	指令执行时间（机器周期）
SUBB A, R*n*	(A) ← (A)−(C)−(R*n*)	1
SUBB A, direct	(A) ← (A) −(C)− (direct)	1
SUBB A, @R*i*	(A) ← (A) −(C)− ((R*i*))	1
SUBB A, #data	(A) ← (A) −(C)−data	1

带借位减法指令的功能是从累加器 A 中减去第二操作数的内容和借位标志，结果回送至累加器 A 中。在 MCS51 的指令系统中，只有带借位减法，没有不带借位的减法，所以为了保证指令执行的正确性，在执行带借位减法前须考虑是否需要先将 CY 清零。

带借位减法指令的执行结果对标志位的影响如下。

（1）若最高位 D7 有借位，则进位标志位 CY=1，否则 CY=0。

（2）若 D3 位有借位，则辅助进位标志位 AC=1，否则 AC=0。

（3）若运算过程中 D7 和 D6 不同时有借位，则溢出标志位 OV=1，否则 OV=0。（OV）=1 表示正数减负数结果为负数或负数减正数结果为正数的错误结果。

（4）运算结束后，奇偶标志位 P 将根据累加器 A 中 1 的个数调整。

【例 4-3】设(A)=0C9H，(R2)=34H，(CY)=1，求执行指令"SUBB A,R2"后的执行结果。

解：

$$
\begin{array}{r}
1 1 0 0 1 0 0 1 \\
0 0 1 1 0 1 0 0 \\
1(CY) \\
\hline
1 0 0 1 0 1 0 0
\end{array}
$$

执行结果为(A)=94H，此时(CY)=0，(AC)=0，(OV)=0。

5．二—十进制调整指令

二—十进制调整指令功能及指令执行时间如表4-15所示。

表4-15　二—十进制调整指令功能及指令执行时间

指令	功能	指令执行时间（机器周期）
DA A	如果累加器 A 的低 4 位>9 或辅助进位标志位 AC=1，则累加器 A 的低 4 位加 6； 如果累加器 A 的高 4 位>9 或进位标志位 CY=1，则累加器 A 的高 4 位加 6	1

该指令的功能是对 BCD 码的加法结果进行调整，两个压缩型 BCD 码按二进制数的方式相加后只有经本指令的调整才能得到正确的 BCD 码结果，因为 4 位二进制数相加是逢 16 进 1，而 BCD 码代表的是十进制数，相加时是逢 10 进 1。该指令必须紧跟在 ADD 或 ADDC 加法指令之后，不适用于减法指令结果的调整，指令的执行结果影响 PSW 的 CY、AC、OV 和 P 标志位。

指令的操作过程分为两种情况：第一种情况是累加器 A 的低 4 位数值大于 9，说明 BCD 码加法的结果大于 10，按照十进制加法的规则，需要产生进位，但 CPU 是按二进制加法进行运算的，此时不会产生进位，所以需将累加器 A 的低 4 位内容加 6 进行调整，强制二进制运算产生进位，从而得到正确的十进制运算结果；第二种情况是 PSW 中的 AC=1，说明低 4 位向高 4 位有进位，但是这个进位是二进制运算产生的，逢 16 才进 1，相对于十进制运算，少算了 6，需要对低 4 位加 6 补足。

高 4 位的二—十进制调整与低 4 位的调整类似，但第二种情况判断的是进位标志位 CY。

由此可见，二—十进制调整指令是根据累加器 A 的原始数值、AC 及 CY 的取值，对累加器进行加 06H、60H 或 66H 的操作。

例如，设工作寄存器 R0 和 R1 中存放的是两个压缩型 BCD 码 26H 和 55H，将两者求和的指令如下：

```
MOV A, R0      ;26H 存入累加器 A
ADD A, R1      ;按二进制加法计算 26H+55H
DA  A          ;二—十进制调整，将累加器 A 中的数据调整为正确的压缩型 BCD 码
```

在 "ADD A,R1" 指令执行后，累加器 A 中的结果是 7BH，这是按照二进制加法计算的 26H 和 55H 的和，低 4 位大于 9，所以最后进行二—十进制调整时，低 4 位必须加 6，得到正确的 BCD 码结果 81H。

6．乘除法指令

乘除法指令功能及指令执行时间如表4-16所示。

表4-16　乘除法指令功能及指令执行时间

指令	功能	指令执行时间（机器周期）
MUL AB	A×B，结果高 8 位存放在寄存器 B 中，低 8 位存放在累加器 A 中	4
DIV AB	A÷B，商存放在累加器 A 中，余数存放在寄存器 B 中	4

乘法指令的功能是把累加器 A 和寄存器 B 中的 8 位无符号数相乘，其 16 位乘积的低 8 位存放在累加器 A 中，高 8 位存放在寄存器 B 中。乘法指令的结果影响 PSW 中的标志位。如果乘积大于 0FFH，则置位溢出标志位 OV=1，否则 OV=0；进位标志位 CY 总是清零，奇偶标志位 P 随累加器 A 中的 1 的个数而变化。

除法指令的功能则是把累加器 A 中的 8 位无符号整数除以寄存器 B 中的 8 位无符号数，所得商的整数部分存放在累加器 A 中，余数存放在寄存器 B 中。除法指令也会影响 PSW 中的标志位。进位标志位 CY 总是清零；当除数为 0 时，溢出标志位 OV=1，否则 OV=0；奇偶标志位 P 随累加器 A 中的 1 的个数而变化。

【例 4-4】设(A)=50H（80D），(B)=0A0H（160D），求以下指令的执行结果。

```
MUL AB     ;(A)=00H, (B)=32H , (OV)=1, (CY)=0
```

解：

累加器 A 中数据 50H 即十进制数 80，寄存器 B 中的数据 0A0H 即十进制数 160，两者的乘积是十进制数 12 800，转换成十六进制数为 3200H，高 8 位 32H 存于寄存器 B，低 8 位 00H 存放于累加器 A。

小结：对于算术运算类指令而言，除增量（加 1）指令和减量（减 1）指令外，所有指令都要用到累加器 A，且都影响 PSW；没有"DEC DPTR"及"ADD direct,#data"类指令。

4.3.3 逻辑运算类指令

逻辑运算类指令（24 条）包括与、或、异或、清除、求反、移位等操作，助记符有 ANL、ORL、XRL、RL、RLC、RR、RRC、CPL、CLR 等。该类指令分单操作数逻辑操作指令和双操作数逻辑操作指令两类，基本不影响标志位。

1. 单操作数逻辑操作指令

单操作数逻辑操作指令功能及指令执行时间如表 4-17 所示（n=0～6）。

表 4-17　单操作数逻辑操作指令功能及指令执行时间

指令	功能	指令执行时间（机器周期）
CLR A	(A)←0	1
CPL A	(A)←~A	1
RL A	(An+1)←(An)，(A0)←(A7)	1
RLC A	(An+1)←(An)，(A0)←C，C←(A7)	1
RR A	(An)←(An+1)，(A7)←(A0)	1
RRC A	(An)←(An+1)，(A7)←C，C←(A0)	1

表 4-17 中"CLR A"为累加器清零指令，不影响 CY、AC 及 OV 标志位，P 标志位为 0；"CPL A"为累加器 A 按位取反指令，不影响 P 以外的标志位。其余 4 条均为循环移位指令，其功能如图 4-7 所示。

"RL A"为循环左移指令，其功能是将累加器 A 中的各位数据向左循环移动一位，A7 移入 A0，不影响标志位；"RLC A"为带进位循环左移指令，其功能是将累加器 A 和 CY 中的数据一起循环左移一位，A7 移入 CY，CY 移入 A0，该指令影响标志位 P 和进位标志位 CY；循环右移指令"RR A"和带进位循环右移指令"RRC A"所执行的操作及对标志位的影响与相关左移指令类似，但是移动方向相反，且带进位循环右移指令中，A0 移入 CY，CY 移入 A7。

例如，设(A)=0A6H（10100110B），(CY)=1，则执行"RRC A"指令的结果为(A)=0D3H（11010011B），(CY)=0。

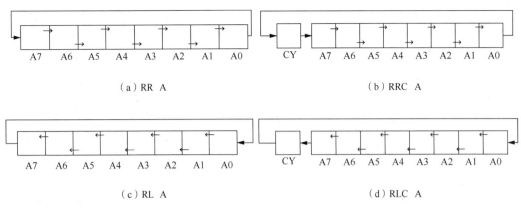

（a）RR A   （b）RRC A

（c）RL A   （d）RLC A

图 4-7　循环移位指令功能

2．双操作数逻辑操作指令

双操作数逻辑操作指令中，除了以累加器 A 为目的操作数的指令执行后对 PSW 中的 P 标志位有影响，其余指令的执行对 PSW 中的标志位均无影响，且当对 P0～P3 端口进行逻辑操作时，是从端口数据锁存器读入内容，而不是读引脚。

（1）逻辑"与"指令

逻辑"与"指令功能及指令执行时间如表 4-18 所示。

表 4-18　逻辑"与"指令功能及指令执行时间

指令	功能	指令执行时间（机器周期）
ANL A, Rn	(A) ← (A) ∧ Rn	1
ANL A, direct	(A) ← (A) ∧ (direct)	1
ANL A, @Ri	(A) ← (A) ∧ ((Ri))	1
ANL A, #data	(A) ← (A) ∧ data	1
ANL direct, A	(direct) ← (direct) ∧ A	1
ANL direct, #data	(direct) ← (direct) ∧ data	2

该组指令的功能是将两个操作数按"位"相"与"，其结果存放在目的操作数中。指令的助记符为 ANL，用符号"∧"表示。

逻辑"与"指令可实现清除或屏蔽字节单元中的某些位。

例如，执行指令：

```
MOV P1,#0FFH
ANL P1,#11110000B
```

执行结果为(P1)=0F0H，此时 P1.7 位至 P1.4 位状态不变，P1.3 位至 P1.0 位被清除。

（2）逻辑"或"指令

逻辑"或"指令功能及指令执行时间如表 4-19 所示。

表 4-19　逻辑"或"指令功能及指令执行时间

指令	功能	指令执行时间（机器周期）
ORL A, Rn	(A)→(A) ∨ Rn	1
ORL A, direct	(A)→(A) ∨ (direct)	1
ORL A, @Ri	(A)→(A) ∨ ((Ri))	1
ORL A, #data	(A)→(A) ∨ data	1
ORL direct, A	(direct)→(direct) ∨ A	1
ORL direct, #data	(direct)→(direct) ∨ data	2

该组指令的功能是将两个操作数按"位"相"或"，其结果存放在目的操作数中。指令的助记符为 ORL，用符号"∨"表示。

逻辑"或"指令可实现将目的操作数的指定位置1，其余位不变。

例如，设(A)=0A2H（10100010B），(R0)=45H（01000101B），则执行指令"ORL A,R0"的结果为(A)=0E7H（1110 0111B），从而实现了将累加器 A 的第6位、第2位、第0位置位，即置1。

（3）逻辑"异或"指令

逻辑"异或"指令功能及指令执行时间如表4-20所示。

表4-20 逻辑"异或"指令功能及指令执行时间

指令	功能	指令执行时间（机器周期）
XRL A, Rn	(A) ← (A) ⊕ Rn	1
XRL A, direct	(A) ← (A) ⊕ (direct)	1
XRL A, @Ri	(A) ← (A) ⊕ ((Ri))	1
XRL A, #data	(A) ← (A) ⊕ data	1
XRL direct, A	(direct) ← (direct) ⊕ A	1
XRL direct, #data	(direct) ← (direct) ⊕ data	2

该组指令的功能是将两个操作数按"位"相"异或"，其结果存放在目的操作数中。指令的助记符为 XRL，用符号"⊕"表示，其运算规则为

0⊕0=0，1⊕1=0；

0⊕1=1，1⊕0=1。

逻辑"异或"指令用于对目的操作数的某些位取反，也可判断两个操作数是否相等，若相等则异或结果为 0。

小结：对于逻辑运算类指令而言，操作数为字节寻址，但运算按位进行；目的操作数可以是累加器 A，也可以是直接地址；基本不影响标志位，但若累加器 A 为目的操作数，则影响奇偶标志位 P。

4.3.4 控制转移类指令

程序的顺序执行是由 PC 自动加 1 来实现的，但在应用系统中，往往会遇到一些情况，需要强行改变程序执行顺序，例如，调用子程序，根据检测值与设定值的比较结果要求程序转移到不同的分支入口等。

控制转移类指令（17 条）的功能是通过改变 PC 的值来使程序有条件或无条件地从当前位置转移到某个指定的位置去执行，从而实现程序流程（或执行方向）的改变。

80C51 拥有丰富的控制转移指令，可分为无条件转移指令、散转指令、条件转移指令、调用指令、返回指令和空操作指令（其中调用指令和返回指令也属于无条件转移指令），助记符有 AJMP、LJMP、SJMP、JZ、JNZ、CJNE、DJNZ、ACALL、LCALL、RET、RETI、NOP 等。

1. 无条件转移指令

无条件转移指令功能及指令执行时间如表4-21所示。

表 4-21　无条件转移指令功能及指令执行时间

指令	功能	指令执行时间（机器周期）
LJMP addr16	(PC) ← addr16	2
AJMP addr11	(PC) ← (PC)+2，(PC10~PC0) ← addr11	2
SJMP rel	(PC) ← (PC)+2，(PC) ← (PC)+rel	2

LJMP 指令称为长跳转指令，它是一条三字节指令。该指令将给出的 16 位地址送入 PC，程序无条件地转向指定地址执行。该指令可转向 64KB 程序存储器空间内的任何位置。

AJMP 指令称为短跳转指令，它是一条双字节指令。该指令执行时先将 PC 的值加 2，指向下一条指令的起始地址，然后由当前 PC 值的高 5 位和指令代码中提供的低 11 位地址（addr11）拼成 16 位的绝对地址，该地址被存入 PC，实现程序的跳转。11 位地址的寻址范围为 2KB，因此该指令可控制的转移范围是该条指令代码的 2KB 区间内，即跳转的目的地址与当前 PC 值的高 5 位必须相同。跳转可以向前，也可以向后。在汇编语言程序设计中程序员并不需要提供 addr11，只要指定 AJMP label 即可，label 是跳转目的地址的标号，汇编语言程序会自动计算出合适的 addr11，但是要保证该指令的存储地址和 label 地址处于同一个 2KB 程序存储器区间内。

SJMP 指令称为相对寻址指令，它是一条双字节指令。偏移量 rel 是一个 8 位有符号数，因此可以使程序向前或向后跳转，跳转的范围为 256 字节单元，即以当前 PC 值为中心的 −128Byte~127Byte。

在进行汇编语言程序设计的时候，由于程序代码可能不断地被修改，跳转目的地址和跳转指令之间的距离也不明确，因此，程序员往往不能确定具体该使用哪条跳转指令。所幸现在的汇编语言程序早已考虑到这个问题，程序员可以明确指定使用哪种跳转指令，也可以使用统一的写法：JMP。汇编语言程序在编译源程序的过程中，会根据跳转目的地址和跳转指令之间的距离，自动选择合适的跳转指令。

2. 散转指令

散转指令功能及指令执行时间如表 4-22 所示。

表 4-22　散转指令功能及指令执行时间

指令	功能	指令执行时间（机器周期）
JMP　@A+DPTR	(PC) ← (A)+(DPTR)	2

散转指令又称间接转移指令，它是一条单字节、双周期的指令。转移地址为累加器 A（提供变址）中的 8 位无符号数和 DPTR（提供基址）中的数据之和，因此执行指令后可以实现跳转到 64KB 程序存储器空间的任何地址。若相加的结果大于 64KB，则从程序存储器的零地址往下延续。当 DPTR 的值固定时，给累加器 A 赋以不同的值，即可实现程序的多分支转移，如实现键盘译码散转功能。利用该指令可以极其方便地实现类似 C 语言中 switch…case 结构的分支处理程序的功能。该指令的运算不影响累加器 A 和数据指针 DPTR 的原内容，不影响标志位。

例如，设(A)=06H，(DPTR)=2000H，执行指令 "JMP @A+DPTR" 的结果为(PC)=(A)+(DPTR)=06H+2000H=2006H，所以该指令执行后，程序转向 2006H 单元执行。

又如，要求根据 R0 中存放的编号（0~3），将程序分别跳转至标号为 PROG0~PROG3 的处理子程序执行，其程序代码为

```
      MOV     A,R0
      RL      A
      ADD     A,R0           ;前三条指令实现了 (R0)×3，送至累加器 A
```

```
        MOV     DPTR,#TAB    ;散转表首地址送 DPTR
        JMP     @A+DPTR
        ...
TAB: LJMP      PROG0         ;转程序 PROG0
     LJMP      PROG1         ;转程序 PROG1
     LJMP      PROG2         ;转程序 PROG2
     LJMP      PROG3         ;转程序 PROG3
```

LJMP 是三字节指令,相邻的 LJMP 指令的地址相隔 3 字节,因此,程序中需将编号乘以 3。修正编号后通过执行散转指令,可以跳转到 TAB 中对应编号的 LJMP 指令代码处,再通过 LJMP 指令跳转到相应的处理子程序。

3. 条件转移指令

（1）累加器判零转移指令

累加器判零转移指令功能及指令执行时间如表 4-23 所示。

表 4-23　累加器判零转移指令功能及指令执行时间

指令	功能	指令执行时间（机器周期）
JZ rel	① (PC) ← (PC)+2； ② 若累加器 A 为 0，(PC) ← (PC)+rel，否则顺序执行	2
JNZ rel	① (PC) ← (PC)+2； ② 若累加器 A 不为 0，(PC) ← (PC)+rel，否则顺序执行	2

两条指令均为双字节、双周期指令,判断对象均为累加器 A,只是 JZ 指令判断累加器 A 的内容是否为 00H,而 JNZ 指令判断累加器 A 的内容是否不为 00H。当条件满足时,控制程序转向目的地址去执行,否则程序顺序向下执行。指令的执行不改变累加器的内容,不影响任何标志位。

偏移量 rel 的计算方法: rel=目的地址-PC 的当前值。

例如,设(A)=01H,依次执行以下指令:

```
JZ      LOOP1    ;(A)=01H≠0，程序顺序执行
DEC     A        ;(A)=01H-1=00H
JZ      LOOP2    ;因(A)=00H，转至标号 LOOP2 指向的地址去执行程序
```

（2）循环转移指令

循环转移指令功能及指令执行时间如表 4-24 所示。

表 4-24　循环转移指令功能及指令执行时间

指令	功能	指令执行时间（机器周期）
DJNZ Rn,rel	① (PC) ← (PC)+2，(Rn) ← (Rn)-1； ② 如果(Rn) ≠0，则(PC) ← (PC)+rel，否则顺序执行	2
DJNZ direct,rel	① (PC) ← (PC)+3，(direct) ← (direct)-1； ② 如果(direct) ≠0，则(PC) ← (PC)+rel，否则顺序执行	2

这组指令以 Rn 或 direct 作为循环控制单元,在指令执行时首先将操作数 Rn 或 direct 单元中的数据减 1,若减 1 后操作数不为 0,则程序转移到指定的地址单元执行;若减 1 后操作数为 0,则程序顺序向下执行。该指令常用在循环程序中控制循环次数,执行时不影响 PSW 中的标志位。

由于操作数 Rn 及 direct 的取值范围为 0～255,因此 DJNZ 单条循环指令可控制循环体最多执行 256 次,此时应将 Rn 或 direct 初始化为 0。

（3）比较转移指令

比较转移指令功能及指令执行时间如表 4-25 所示。

表 4-25　比较转移指令功能及指令执行时间

指令	功能	指令执行时间（机器周期）
CJNE　A,direct,rel	① (PC) ← (PC)+3；	2
CJNE　A,#data,rel	② 如果(OP1)≠(OP2)，(PC) ← (PC)+rel，且	2
CJNE　R*n*,#data,rel	OP1<OP2 则 CY=1，否则 CY=0；否则顺序执行程	2
CJNE　@R*i*,#data,rel	序，且 CY 不变	2

比较转移指令的格式为"CJNE OP1,OP2,rel"，其中 OP1 和 OP2 各自有不同的寻址方式，但是指令的执行过程基本相同：在 CPU 读取 CJNE 指令的三字节指令代码后，PC+3 指向下一条指令，然后判断两个操作数 OP1 和 OP2 是否相等；如果不等，则根据它们之间的大小关系置 1 或清 0 单片机的 CY 标志位，同时控制程序转向目的地址 PC+rel 去执行；如果两个操作数相等，则不改变 CY 标志位，程序顺序向下执行。

这类指令是 80C51 单片机指令系统中仅有的 4 条有 3 个操作数的指令，在程序设计中非常有用，同时具有比较转移和比较数值大小的功能。

4．调用指令

调用指令功能及指令执行时间如表 4-26 所示。

表 4-26　调用指令功能及指令执行时间

指令	功能	指令执行时间（机器周期）
LCALL　addr16	(PC) ← (PC)+3，(SP) ← (SP)+1， ((SP)) ← (PC7～PC0)，(SP) ← (SP)+1， ((SP)) ← (PC15～PC8)，(PC) ← addr16	2
ACALL　addr11	(PC) ← (PC)+2，(SP) ← (SP)+1， ((SP)) ← (PC7～PC0)，(SP) ← (SP)+1， ((SP)) ← (PC15～PC8)，(PC11～PC0) ← addr11	2

LCALL 称为长调用指令，它是三字节、双周期指令，其功能是无条件地调用首地址为 addr16 的子程序，该指令可调用 64KB 程序空间的任一目的地址。指令执行时，首先将 PC 值加 3，使其指向下一条指令，并将当前 PC 值分两次压入栈保存；然后将指令提供的被调用子程序的 16 位目的地址送 PC，控制程序的转向。

ACALL 称为短调用指令，它是双字节、双周期指令，继承自 MCS48 单片机。该指令只提供 11 位目的地址，因此，被调用子程序的首地址被限制在包括 PC 当前值在内的 2KB 地址空间内。指令执行时，首先将 PC 值加 2，使其指向下一条指令，并将此 PC 值分两次压入栈保存，然后将指令提供的低 11 位地址 addr11 送入 PC 的低 11 位，PC 的高 5 位值保持不变，控制程序的转向。

例如，设(SP)=60H，(PC)=0100H，子程序 TRAN 的首地址为 1000H，执行指令"LCALL TRAN"，则指令执行过程如下：

① (PC)+3=0100H+3=0103H→(PC)；

② PC 当前值压入栈，首先入栈 PCL，03H 压入(SP)+1=61H 单元，然后入栈 PCH，01H 压入(SP)+1=62H，此时(SP)=62H；

③ (PC)=1000H，执行 TRAN。

5. 返回指令

返回指令功能及指令执行时间如表 4-27 所示。

表 4-27　返回指令功能及指令执行时间

指令	功能	指令执行时间（机器周期）
RET	(PC15～PC8) ← ((SP))，(SP) ← (SP)−1， (PC7～PC0) ← ((SP))，(SP) ← (SP)−1	2
RETI	(PC15～PC8) ← ((SP))，(SP) ← (SP)−1， (PC7～PC0) ← ((SP))，(SP) ← (SP)−1	2

RET 指令为返回指令，与调用指令相对应。该指令的功能是从栈中弹出在调用子程序时由调用指令保存的断点，送给 PC，使程序返回原调用指令的下一条指令处继续往下执行。

RETI 为中断服务程序返回指令，该指令的执行过程与 RET 指令的执行过程完全一致，但是它除了正确返回原断点处继续向下执行原程序，还会通知中断系统：已经结束当前中断服务程序的执行，中断系统可以开始接收新的中断请求，并清除内部相应的中断状态寄存器。中断服务程序必须以 RETI 为结束指令。若在执行 RETI 时已有同级或较低级中断请求，则在执行 RETI 指令后至少需要再执行一条指令，才能响应新的中断请求。

因此，尽管 RETI 指令和 RET 指令都能正确地从子程序中返回，但 RET 指令无法通知中断系统当前中断服务程序已完成。因此，两条返回指令的应用场合必须分清。

例如，设(SP)=60H，RAM 中的(60H)=01H，(5FH)=23H，执行指令 RETI，则执行结果为(SP)=5EH，(PC)=0123H，程序回到断点 0123H 处继续执行，并清除内部相应的中断状态寄存器。

6. 空操作指令

空操作指令功能及指令执行时间如表 4-28 所示。

表 4-28　空操作指令功能及指令执行时间

指令	功能	指令执行时间（机器周期）
NOP	(PC) ← (PC)+1	1

执行该指令时，CPU 不进行任何操作，只是将 PC 加 1 使程序顺序往下执行。本指令为单周期指令，在时间上占用一个机器周期，常用于延时或时间上的等待。

小结：使用控制转移类指令时需注意不同指令跳转的范围，注意循环转移指令和比较转移指令控制的循环体的执行次数，注意 RET 和 RETI 的区别。

4.3.5　位操作类指令

位操作以位（bit）为对象进行运算。由于位变量的值只能为 1 或 0，故位操作又称为布尔操作。80C51 单片机内有一个布尔（位）处理器，具有较强的布尔变量处理能力。布尔处理器实际上是微处理器，以进位标志位 CY 作为位累加器，指令中的操作数为单片机片内 RAM 的可位寻址区（20H～2FH）中的可寻址位（位地址范围：00H～7FH）和特殊功能寄存器中的可位寻址寄存器的位（位地址范围：80H～0FFH）。MCS51 单片机的指令系统设有专门的布尔变量处理指令，可实现对位数据的传送、运算以及与位变量状态相关的控制和转移等操作，助记符有 MOV、CLR、CPL、SETB、ANL、ORL、JC、JNC、JB、JNB、JBC 等。位操作类指令（17 条）中位地址可用以下多种方式表示。

（1）直接用位地址 0~255 或 0H~0FFH 表示。

（2）采用字节地址加位数的表示方式，两者之间用"."隔开，如 20H.0、1FH.7 等。

（3）采用字节寄存器名加位数的表示方式，两者之间用"."隔开，如 ACC.7、PSW.5 等。

（4）采用位的定义名称表示，如 F0。

采用上述方法，则位地址 0D5H、0D0H.5、PSW.5、F0 表示的是同一位。

1. 位数据传送指令

位数据传送指令功能及指令执行时间如表 4-29 所示。

表 4-29　位数据传送指令功能及指令执行时间

指令	功能	指令执行时间（机器周期）
MOV　C, bit	(C) ← (bit)	1
MOV　bit, C	(bit) ← (C)	1

该类指令会将源操作数送到目的操作数中去，其中一个操作数必为位累加器 C。

例如，设(20H)= 01H，(A)= 0F0H，依次执行以下指令：

```
MOV  C,00H      ;此处 00H 为位地址，位(00H)=20H.0=1，送至位累加器 C
MOV  ACC.1, C   ;ACC.1=(C)=1
```

执行结果为(A)=11110010B=0F2H。

2. 位变量修改指令

位变量修改指令功能及指令执行时间如表 4-30 所示。

表 4-30　位变量修改指令功能及指令执行时间

指令	功能	指令执行时间（机器周期）
CLR　C	(C) ← 0	1
CLR　bit	(bit) ← 0	1
SETB　C	(C) ← 1	1
SETB　bit	(bit) ← 1	1
CPL　C	(C) ← !(C)（其中!表示取反）	1
CPL　bit	(bit) ← !(bit)（其中!表示取反）	1

表 4-30 中 CLR 指令会将位累加器 C 或指定位清 0；SETB 指令会将位累加器 C 或指定位置 1；CPL 指令会对位累加器 C 或指定位取反。该类指令对 I/O 端口取反时，被修改的原始数值应从 I/O 端口的锁存器读入，而不是从引脚读入。

例如，设(P1)=11010101B，执行指令 CLR P1.2 后，(P1)=11010001B。

再如，设(P2)=10110010B，执行指令 SETB P2.3 后，(P2)=10111010B。

又如，设(C)=0，(P0)=01110101B，可依次执行以下指令：

```
CPL  P0.0       ;(P0)=01110100B
CPL  C          ;(C)=1
```

3. 位变量逻辑操作指令

位变量逻辑操作指令功能及指令执行时间如表 4-31 所示。

表 4-31　位变量逻辑操作指令功能及指令执行时间

指令	功能	指令执行时间（机器周期）
ANL　C, bit	(C) ← (C) ∧ (bit)	2
ANL　C, /bit	(C) ← (C) ∧ (!bit)	2
ORL　C, bit	(C) ← (C) ∨ (bit)	2
ORL　C,/bit	(C) ← (C) ∨ (!bit)	2

表4-31中 ANL 指令会将指定位（bit）的内容或指定位内容取反后的值（原 bit 位内容不变）与位累加器 C 的内容进行逻辑与运算，结果仍存于位累加器 C 中；ORL 指令进行的是逻辑或运算，其指令格式与 ANL 的指令格式相似。

例如，设(C)=1，(P1)=11111011B，(ACC.7)=0，依次执行以下指令：

```
ANL C,P1.0        ;(C)=1∧1=1
ANL C,ACC.7       ;(C)=0∧1=0
```

又如，若"×"表示逻辑与，"+"表示逻辑或，"!"表示逻辑非，则实现逻辑运算 P1.7 = P1.0×(P1.1+P1.2)+(!P1.3)的指令如下：

```
MOV C, P1.1
ORL C, P1.2       ;P1.1+P1.2
ANL C, P1.0       ;P1.0×(P1.1+P1.2)
ORL C,/P1.3       ;P1.0×(P1.1+P1.2)+(!P1.3)
MOV P1.7, C       ;计算结果存放在 P1.7 中
```

4. 位变量条件转移指令

位变量条件转移指令功能及指令执行时间如表 4-32 所示。

表4-32 位变量条件转移指令功能及指令执行时间

指令	功能	指令执行时间（机器周期）
JC rel	(PC) ← (PC)+2；若位累加器 C 为 1，则(PC) ← (PC)+rel，否则顺序执行	2
JNC rel	(PC) ← (PC)+2；若位累加器 C 为 0，则(PC) ← (PC)+rel，否则顺序执行	2
JB bit,rel	(PC) ← (PC)+3；若 bit 为 1，则(PC) ← (PC)+rel，否则顺序执行	2
JNB bit,rel	(PC) ← (PC)+3；若 bit 为 0，则(PC) ← (PC)+rel，否则顺序执行	2
JBC bit,rel	(PC) ← (PC)+3；若 bit 为 1，则(PC) ← (PC)+rel，同时(bit) ← 0，否则顺序执行	2

这类指令的转移范围均为-128 B～127B，且指令执行不影响标志位。

JC 指令与 JNC 指令为一对互补的指令，它们通过对位累加器 C 进行检测来确定后续程序如何执行。指令执行时，首先将 PC 的值加 2，指向下一条指令，然后进行条件判断，JC 指令会判断 CY 是否为 1（JNC 指令会判断 CY 是否为 0），如果判断的条件成立，程序转向目的地址 PC+rel 处执行，否则，程序向下顺序执行。此指令执行时只判断 CY 的值是否满足条件，不改变 CY 的值。

JB 指令与 JNB 指令为一对互补的指令，它们通过对指定位（bit）进行检测来确定后续程序如何执行。指令执行时，首先将 PC 的值加 3，指向下一条指令，然后进行条件判断，JB 指令会判断 bit 是否为 1（JNB 指令会判断 bit 是否为 0），如果条件满足，程序转向目的地址 PC+rel 处执行，否则，程序向下顺序执行。此指令执行时只判断 bit 的值是否满足条件，不改变 bit 的值。

JBC 指令执行时同样先将 PC 的值加 3，指向下一条指令，然后判断 bit 是否为 1，如果条件满足，程序转向目的地址 PC+rel 处执行，并将 bit 的值清 0，否则程序向下顺序执行。

例如，设(C)=1，依次执行以下指令：

```
JNC LOOP1     ;若(C)=0，则程序转至 LOOP1；若(C)=1，则顺序执行
CLR C         ;位累加器 C 清 0
JNC LOOP2     ;(C)=0，程序转至 LOOP2 处执行
```

又如，设(A)=7FH（01111111B），依次执行以下指令：

```
JBC ACC.7, LOOP1      ;ACC.7=0，不满足跳转条件，程序顺序执行
JBC ACC.6, LOOP2      ;ACC.6=1，满足跳转条件，程序转向 LOOP2 处执行，并将 ACC.6 位清 0
```

执行结果为(A)=3FH（00111111B）。

小结：绝大多数位操作指令都有位累加器 C 参加；该类指令基本不影响 PSW，除非目的地址为 PSW 中某位；没有位逻辑异或指令。

4.4 汇编语言程序设计

微课视频

4.4.1 汇编语言的指令格式

指令的表示方法称为指令格式，其内容包含指令的长度、内部信息的安排等。一条指令通常由操作码和操作数两部分组成。操作码用来规定指令所要完成的操作，而操作数则表示操作的对象。操作数可能是一个具体的数据，也可能是指出如何取得数据的地址或符号。

汇编语言的指令格式为

[标号：] 操作码 [操作数 1] [,操作数 2] [,操作数 3] [;注释]

其中，只有操作码是必需的，中括号内的均为可选项。操作码和操作数是指令的核心部分，二者之间需用空格分隔。

各部分具体说明如下。

标号：标号可无，由用户定义，根据需要设置。标号代表指令所在的地址（符号地址），它可作为其他指令的操作数，与操作码之间用":"分隔。标号以字母开始，后面加 0~7 个字母或数字，并允许有一个下画线；另外，系统保留的特殊字符或字符组不能用作标号。

操作码：操作码决定（命令）主机做何操作。操作码由 2~5 个字母或数字组成，常用助记符（一般为英语单词的缩写）表示。

操作数：操作数是指令操作的对象，分为目的操作数和源操作数。操作数可为 0~3 个，中间用","隔开。

注释：对指令或程序的解释。注释可有可无，其作用是便于阅读和理解程序。注释必须以";"开始。

例如，编程实现将数据 11H 送至外部数据存储器 1000H 单元中。

标号	操作码	操作数 1	操作数 2	注释
LOOP:	MOV	A,	#11H	;将数据 11H 送至累加器 A
	MOV	DPTR,	#1000H	;将地址送至 DPTR
	MOVX	@DPTR,	A	;将数据 11H 送至指定单元

4.4.2 常用的伪指令

为便于编程和汇编，各种汇编语言程序中都有一些特殊的指令，用以提供汇编控制信息，如定义程序段的首地址、变量、参数、表格等，这些指令通常称为伪指令。伪指令中的"伪"体现在该指令汇编时不产生机器指令代码。

不同的单片机开发系统定义的伪指令并不完全相同，本小节仅介绍针对 80C51 单片机进行汇编语言程序设计时常用的伪指令。

1. 起始地址定义伪指令

格式：ORG <表达式>

功能：指定本伪指令之后的程序或数据表的起始地址为<表达式>的值。ORG 伪指令仅能指定程序存储器空间的地址，其后面表达式的结果为 16 位的地址值，可用二进制数、十进制数或十六进制数表示。例如：

```
              ORG     0000H
    START:    SJMP    MAIN
              ...
              ORG     0030H
    MAIN:     MOV     A,#10H
              ...
```

该程序段汇编后，从 START 标号开始的程序代码，其存储地址从 0000H 开始；而从 MAIN 标号开始的程序代码，其存储地址从 0030H 开始。

ORG 伪指令的有效范围为当前 ORG 伪指令到下一条 ORG 伪指令。一般情况下，一段源程序中可能会定义多个程序段起始地址，应当从低地址向高地址依次设置，不能重叠。

若程序段前无 ORG 伪指令，则汇编后的目标程序从 0000H 地址开始，或紧接前段程序。

2. 汇编结束伪指令

格式：END

功能：END 伪指令是源程序汇编结束的标志，通知汇编语言程序需汇编的源程序到此结束。一段源程序有且只能有一条 END 伪指令，END 伪指令之后的指令或其他内容，汇编语言程序都不予处理。

3. 字节定义伪指令

格式：[标号:]   DB   <表达式或表达式串>

功能：在程序存储器中定义常数表，表中数据为一个或多个 8 位数据（字节）。

该指令的含义是将表达式或表达式串所指定的数据存入从标号开始的连续存储单元。标号为可选项，它表示数据存入程序存储器的起始地址。表达式或表达式串是指一字节或用逗号分隔的多字节数据。表达式或表达式串可以是用户定义的数据符号，也可以是用引号括起来的字符串（其字符按 ASCII 码存放）。例如：

```
              ORG 1000H
    TAB:      DB 30H,31H
              DB '6',0FFH
              DB 'Hi!'
              ...
```

其中，"ORG 1000H" 伪指令指定了标号 TAB 所对应的程序存储器地址为 1000H，然后根据 DB 伪指令可知，程序存储器 1000H 地址处存放的字节数据为 30H，后续单元的数据按地址递增顺序依次存放，如表 4-33 所示。

表 4-33 程序存储器存放的数据

程序存储器地址	存放的数据
1005H	69H
1004H	48H
1003H	0FFH
1002H	36H
1001H	31H
1000H	30H

需要注意的是，引号中的数据均视为字符，应将其对应的 ASCII 码存放于程序存储器中，并且以 A～F 开头的字节必须加前缀 0，否则汇编时会出错。

4. 字定义伪指令

格式：[标号:]   DW   <表达式或表达式串>

功能：在程序存储器中定义常数表，表中数据为一个或多个 16 位（字）数据。

该指令的含义是将 16 位数据（字）或字数据串存储到标号指定的单元或以标号为起始地址的连续存储单元中。80C51 单片机的字数据按照大端模式存储，即高位字节在低地址、低位字节在高地址。例如：

```
            ORG     2000H
WORDS:      DW      1234H,5678H
```

执行以上汇编语言程序后，程序存储器存放的字数据如表 4-34 所示。

表 4-34　程序存储器存放的字数据

程序存储器地址	存放的数据
2003H	78H
2002H	56H
2001H	34H
2000H	12H

5. 等效伪指令

格式：<字符名>　EQU　<表达式>

功能：将表达式指定的常数或特定的符号赋值予字符名，将两者等效，便于阅读和修改程序。

需要注意的是，字符名以字母开头，可为 1~8 个字符。EQU 伪指令中出现的字符名必须先赋值再使用，且赋值仅起简单替换的作用，具体含义需要在程序段中根据指令来确定。

例如，定义一个单元 K=35H，其相应的等效伪指令为"K EQU 35H"，则：

（1）"MOV A, K"等价于"MOV A,35H"（其实现的功能是 A←(35H)），此处 K 表示片内 RAM 中 35H 字节单元（K 代表地址）；

（2）"MOV C,K"等价于"MOV C,35H"（其实现的功能是 C←(35H 位)），此处 K 表示片内 RAM 中 35H 位单元（K 代表地址）。

6. 位地址定义伪指令

格式：<字符名>　BIT　<位地址表达式>

功能：将由位地址表达式指定的位地址赋值予字符名。

位地址表达式可以是绝对地址，也可以是符号地址。例如：

```
FLAG1     BIT 10H       ; 直接使用位地址
FLAG2     BIT 22H.0     ; 使用"可位寻址字节.位"形式
FLAG3     BIT EA        ; 使用专用位名称
```

4.4.3　汇编语言程序设计实例

1. 数据块传送

数据传送类指令可用于实现数据/数据块的搬移。

【例 4-5】将从片内 RAM 中 20H 开始的 16 个连续字节内容传送至外部数据存储器以 8000H 为首地址的存储单元中。

分析：本例要求实现的是多个数据的传送，即数据块的传送，需要使用循环结构。

数据块传送主要有以下几个步骤。

（1）确定数据块的寻址寄存器

对于片内 RAM 寻址，使用 R0、R1 作为间址寄存器。

对于片外 RAM 寻址，推荐使用 DPTR 作为间址寄存器，但若地址为 00H~0FFH，此时也可使用 R0、R1。

对于程序存储器寻址，使用 DPTR 作为间址寄存器，通常需配合累加器 A。

一般先确定访问片内 RAM 的寻址寄存器，再确定访问片外 RAM 和 ROM 的寻址寄存器。

（2）确定循环变量和循环次数

控制循环的指令有 DJNZ、CJNE 等，循环变量应是指令中允许的形式，例如，使用 DJNZ 指令时，可用 R2 等寄存器作为循环变量。

循环次数取决于数据量，常见计算方式：末地址–首地址+1。

（3）确定数据块的访问方式（MOV、MOVX、MOVC）

访问片内 RAM 使用 MOV 操作码，访问片外 RAM 使用 MOVX 操作码，访问程序存储空间使用 MOVC 操作码。

（4）初始化寻址寄存器和循环变量

根据要求，通常将寻址寄存器初始化为数据块的开始地址或结束地址，将循环变量初始化为循环次数。

（5）编写循环体框架、修改寻址寄存器值

这里可采用如下格式：

```
LOOP:    ···
         ···
         ···                ;修改寻址寄存器值（递增或递减）
         DJNZ R2, LOOP      ;循环变量用 R2
```

（6）确定循环体内的操作

循环体内根据需要完成相应的数据传送。

针对本例，要求实现的功能如下。

寻址寄存器：片内 RAM 可用 R0，片外 RAM 用 DPTR。

循环变量：循环变量使用 R2。

循环次数：16。

访问方式：读片内 RAM 使用"MOV A, @R0"；写片外 RAM 使用"MOVX @DPTR, A"。

初始化：初值为(R0)=20H，(DPTR)=8000H，(R2)=16 或 10H。

循环体框架：

```
LOOP:              ···
                   ···
         INC       R0
         INC       DPTR
         DJNZ      R2,LOOP
```

根据上述分析，本例的程序代码为

```
         ORG       0000H
         SJMP      MAIN
         ORG       0030H
MAIN:    MOV       R0,#20H        ;设置源数据块的首地址
         MOV       DPTR,#8000H    ;设置目的数据块的首地址
         MOV       R2,#16         ;设置循环次数
LOOP:    MOV       A,@R0          ;取数据
         MOVX      @DPTR,A        ;送数据
         INC       R0             ;调整指针
         INC       DPTR
         DJNZ      R2,LOOP        ;控制循环
         SJMP      $              ;便于调试
         END
```

2. 算术、逻辑运算

【例4-6】对连续存放在外部数据存储器中首地址为 1000H 的 10 个无符号数求和（结果为双字节），将其结果存放在外部数据存储器的 1101H、1100H 地址，注意高位存放高地址。

分析：10 个无符号数相加，最大值为 255×10=2550<65536，故可使用 2 字节存放其结果，以确保不会溢出。由于对片内 RAM 操作更为方便，故用寄存器 R7、R6 作为暂存器，R7 存放高位、R6 存放低位。

本例程序代码为

```
            ORG       0000H
            SJMP      MAIN
            ORG       0030H
MAIN:       MOV       R6,#0           ;低位
            MOV       R7,#0           ;高位
            MOV       DPTR,#1000H     ;加数首地址
            MOV       R2,#10          ;加法次数
LOOP:       MOVX      A,@DPTR
            ADD       A,R6
            JNC       NORMAL          ;无进位则直接存放和
            INC       R7              ;有进位则加至高位
NORMAL:     MOV       R6,A
            INC       DPTR
            DJNZ      R2,LOOP
            MOV       DPTR,#1100H     ;结果存至外部指定单元
            MOV       A,R6
            MOVX      @DPTR,A
            MOV       DPTR,#1101H
            MOV       A,R7
            MOVX      @DPTR,A
            SJMP      $
            END
```

【例4-7】某测量仪表用到一个 4 位的 ADC，D0~D3 分别接 80C51 单片机的 P1.0~P1.3，P1 作为输入口，P1.4~P1.7 接其他的数据输入元器件。请编写程序将由 ADC 采集输出的数据取出，送单片机内存的 30H 单元。

分析：P1 是准双向口，读取数据时需先置相应的端口锁存器为 1，在此仅需读取低 4 位数据，因此将 P1 的低 4 位置 1 即可，读取时将 P1 的数据与 0FH 相与，注意 P1 不能是目的操作数，以防止误修改高 4 位的数据。

本例程序代码为

```
DATA        EQU       30H
            ORG       0000H
START:      ORL       P1,#0FH         ;置P1低4位端口锁存器为1
            MOV       A,#0FH
            ANL       A,P1            ;高4位清0，低4位为所需数据
            MOV       DATA,A          ;存储数据
            SJMP      $
            END
```

3. 延时子程序

【例4-8】设单片机系统使用 12MHz 晶振，现要求设计软件延时 20ms 的子程序。

分析：本例要求实现软件延时 20ms，即编写子程序，执行该子程序耗时 20ms 即可。

机器周期=12×振荡周期=1μs

20ms=20000μs=20000 个机器周期

DJNZ 指令最多控制循环体执行 256 次，即使循环体内执行乘除法指令（每条指令需 4 个机器周期），单重循环也无法耗时 20000 个机器周期；而双重循环最多可执行 65536 次循环，能够满足耗时 20000 个机器周期的需求，因此使用双重循环实现 20ms 延时。

双重循环需两个循环变量，设为 20H、21H，其初值分别为 X、Y，则程序代码为

```
                                    指令周期
                                      ↓
D20ms:   PUSH   20H          ;2
         PUSH   21H          ;2
         MOV    21H,#X       ;2
L0:      MOV    20H,#Y       ;2（本条指令执行 X 次）
L1:      DJNZ   20H,L1       ;2（本条指令执行 X×Y 次）
         DJNZ   21H,L0       ;2（本条指令执行 X 次）
         POP    21H          ;2
         POP    20H          ;2
         RET                 ;2
```

计算 X 和 Y 的取值：

$(2Y+4)×X+12 = 20×1000μs$

近似为：$(2Y+4)×X=20000$

$(2Y+4)×X=200×100$

X 和 Y 的取值范围为 1～255，假设 X=100，则 Y=98，用两个数据替代程序中的 X、Y 即可。但由于循环变量初值的计算过程中有估算，故延时有误差。实际延时为

$(2Y+4)×X+12=(2×98+4)×100+12=20012μs=20.012ms$

误差 $δ=(20.012-20)/20=0.06\%<1\%$

4．查表程序

【例 4-9】单片机 P1 端口的输出连接一个共阳极数码管，设工作寄存器 R2 中存放的数据在 0～F，请编写程序将这一数据显示在共阳极数码管上。

分析：点亮共阳极数码管的条件为公共端接高电平，段选接低电平，数码管如图 4-8 所示，单片机 P1.0 引脚与数码管的段 *a* 相连，其他引脚依此类推，则 0～9 及 A～F 的字形码为 0C0H、0F9H、0A4H、0B0H、99H、92H、82H、0F8H、80H、90H、88H、83H、0C6H、0A1H、86H、8EH。

图 4-8 数码管示意图

方法一：使用查表指令 "MOVC A,@A+DPTR"，则程序代码如下。

```
DISP:    MOV    A,R2
         MOV    DPTR,#TABEL   ;表首地址赋予 DPTR
         MOVC   A,@A+DPTR     ;查表得字形码
         MOV    P1,A          ;字形码送 P1 显示
         RET
TABEL:   DB 0C0H,0F9H,0A4H,0B0H,99H,92H,82H,0F8H
         DB 80H,90H,88H,83H,0C6H,0A1H,86H,8EH
```

方法二：使用查表指令 "MOVC A,@A+PC"，则程序代码如下。

```
DISP:    MOV    A,R2
         ADD    A,#03H        ;查表指令与表首地址相差 3 字节，故需加 3 修正
         MOVC   A,@A+PC       ;查表得字形码
```

```
            MOV       P1,A              ;F5 90（机器码）
            RET                         ;22（机器码）
            DB  0C0H,0F9H,0A4H,0B0H,99H,92H,82H,0F8H
            DB  80H,90H,88H,83H,0C6H,0A1H,86H,8EH
```

5. 查找最大数

【例4-10】找出程序存储器300H～3FFH单元的最大数，存放在片内RAM的30H单元中，查询时遇0停止。

分析：

（1）300H～3FFH共256字节，程序需使用循环结构，循环256次，故循环变量的初值为0。

（2）每次循环体中将新取出数据与已有的最大数做比较处理，并调整指针。

（3）用于暂存最大数的单元初值应设置为最小值0。

```
            ORG       0000H
            MOV       DPTR, #300H
            MOV       R2,#0              ;循环256次
            MOV       B,#0               ;暂存最大数
LOOP:       CLR       A
            MOVC      A,@A+DPTR
            JZ        ZERO
            CJNE      A,B,NOTSAME
            SJMP      NEXTLOOP
NOTSAME:    JC        NEXTLOOP           ; A<B
            XCH       A,B                ; A>=B
NEXTLOOP:   INC       DPTR
            DJNZ      R2,LOOP
ZERO:       MOV       30H,B
            SJMP      $
            END
```

习题与思考

1. 简述80C51单片机指令的寻址方式，并举例说明。

2. MOV、MOVC、MOVX指令有何区别？分别适用于什么场合？

3. 什么是伪指令？伪指令在汇编语言程序设计中有何作用？80C51单片机有哪些常用的伪指令？

4. 编写指令实现以下数据传送。

（1）将R0的内容传送到片外RAM的30H单元中。

（2）将片内RAM 20H单元的内容传送到片外RAM的20H单元中。

（3）将片外RAM 1000H单元的内容传送到片内RAM的20H单元中。

（4）将ROM 2000H单元的内容传送到片内RAM的20H单元中。

（5）将ROM 3000H单元的内容传送到片外RAM的20H单元中。

5. 已知(R0)=20H，且(20H)=0AH，(A)=1AH，CY=1，(2AH)=0FFH，指出下列指令源操作数的寻址方式及每条指令执行的结果。

```
DEC    @R0;
ADDC   A,@R0;
ANL    A,2AH;
MOV    A,#2AH;
CLR    2AH
```

6. 设初值为(A)=50H，(R1)=60H，(60H)=35H，(40H)=08H，执行以下程序段后，累加器 A、寄存器 R1、60H 单元、40H 单元的内容各为多少？

```
MOV     35H,A
MOV     A,@R1
MOV     @R1,40H
MOV     40H,35H
MOV     R1,#78H
```

7. 写出完成下列操作的指令。

（1）累加器 A 的高 4 位清 0，其余位不变。

（2）累加器 A 的低 4 位置 1，其余位不变。

（3）累加器 A 的高 4 位取反，其余位不变。

（4）累加器 A 的内容全部取反。

8. 编程查找片内 RAM 的 30H～50H 单元中数据 0FFH 的个数，并将查找的结果存入 51H 单元。

9. 编程将片内 RAM 中以 30H 为首地址的内容传送到片外 RAM 中，首地址为 2000H。

10. 在片外 RAM 地址为 1000H～1050H 的单元中存放着一组无符号数，编程找出其中的最小值，并存入片外 RAM 的 1200H 单元。

第 5 章
MCS51 单片机功能模块

为了更好地实现单片机的控制功能，中断机制、定时功能、计数功能以及通信能力显得尤为重要。本章主要以 80C51 为例介绍 MCS51 单片机中断系统、定时器/计数器、串行口等的原理及应用。

5.1 中断系统原理及应用

应用系统在运行过程中，如果有紧急事件发生并需要立刻处理，单片机中是否有相应的处理保障机制呢？答案是肯定的。中断系统的设置使得单片机具有处理异步事件的能力，它是单片机的重要组成部分。实时控制、故障处理往往通过中断来实现，单片机与外部设备之间的信息传送也常常采用中断方式处理。本节主要介绍中断的概念、80C51 单片机中断系统的结构、中断服务程序的设计等。

微课视频

5.1.1　80C51 单片机的中断系统概述

1. 中断的概念

中断是计算机中非常重要的概念，中断系统可以增强计算机对随机事件处理的实时性，提高工作效率。

何为中断？应用系统正常工作的过程中，计算机内、外部发生的随机事件使其必须暂停当前程序的执行，自动转而执行为处理该事件而编写的中断服务程序，执行完后再返回刚才暂停的位置，继续执行原来被打断的程序，这个过程即称为中断。中断响应过程如图 5-1 所示。

为实现中断功能而设置的软件和硬件统称为中断系统。其主要涉及以下几个概念。

中断源：能引发中断的外部和内部事件。

中断优先级：当有多个中断源同时提出中断

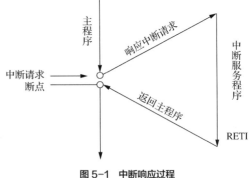

图 5-1　中断响应过程

请求时，或者 CPU 正在执行某中断服务程序时，又有另一事件申请中断，那么 CPU 必须确定优先处理哪个事件，即根据中断源的优先级确定响应顺序。

中断嵌套：优先级高的事件可以中断 CPU 正在处理的低级别中断服务程序，CPU 会在完成高级别中断服务程序之后，再继续执行被打断的低级别中断服务程序。

2. 中断系统的结构

80C51 单片机中断系统的结构如图 5-2 所示。该结构中共有 5 个中断源，包括两个外部中断源（外部中断源 0 和外部中断源 1）、3 个内部中断源（定时器/计数器 0、定时器/计数器 1 和串行口中断），并具有两级中断优先级，即高优先级和低优先级，且可实现两级中断服务程序的嵌套。

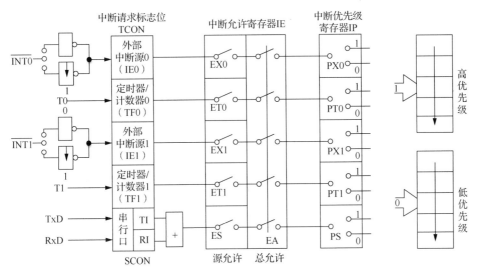

图 5-2　80C51 单片机中断系统的结构

80C51 单片机的 5 个中断源说明如下。

$\overline{\text{INT0}}$（P3.2）：外部中断源 0，P3.2 引脚低电平或下降沿请求中断。

$\overline{\text{INT1}}$（P3.3）：外部中断源 1，P3.3 引脚低电平或下降沿请求中断。

T0：定时器/计数器 0 溢出中断，计数来源为机器周期或 P3.4 引脚输入的负脉冲，计数溢出时请求中断。

T1：定时器/计数器 1 溢出中断，计数来源为机器周期或 P3.5 引脚输入的负脉冲，计数溢出时请求中断。

TxD/RxD：串行通信中断。当串行口完成一帧数据的发送或接收时，请求中断。

每个中断源都有对应的中断请求标志位，它们设置在特殊功能寄存器 TCON 和 SCON 中。当中断源请求中断时，相应的中断请求标志位置位。

5.1.2　中断源的控制与响应过程

1．中断控制

80C51 单片机中有以下 4 个特殊功能寄存器与中断控制相关。

IE：中断允许寄存器，其地址为 0A8H，可以位寻址。

IP：中断优先级寄存器，其地址为 0B8H，可以位寻址。

TCON：定时器/计数器控制寄存器，其地址为 88H，可以位寻址。

SCON：串行口控制寄存器，其地址为 98H，可以位寻址。

（1）中断允许寄存器 IE

80C51 单片机对各个中断源的允许和禁止是由内部的中断允许寄存器 IE 的各位来进行两级控制的，其格式如下。

IE（0A8H）	D_7	D_6	D_5	D_4	D_3	D_2	D_1	D_0
位地址：	0AFH	0AEH	0ADH	0ACH	0ABH	0AAH	0A9H	0A8H
位名称：	EA	×	×	ES	ET1	EX1	ET0	EX0

IE 寄存器中与中断有关的控制位共有以下 6 位。

EA（IE.7）：CPU 中断允许位。当 EA=1 时，允许所有中断开放，所有中断开放后，各中断的允许或禁止由各中断源相应的中断允许位控制；当 EA=0 时，禁止所有中断。

ES（IE.4）：串行口中断允许位。

ET1（IE.3）：定时器／计数器 1 中断允许位。

EX1（IE.2）：外部中断源 1 中断允许位。

ET0（IE.1）：定时器／计数器 0 中断允许位。

EX0（IE.0）：外部中断源 0 中断允许位。

以上各控制位中的某一位若设置为 0，则禁止中断；若设置为 1，则允许中断。系统复位后 IE 寄存器中各位均为 0，此时禁止所有中断。

80C51 通过中断允许寄存器对中断的允许实行二级控制，即以 EA 位作为总控制位、以各中断源的中断允许位作为分控制位。只有当总控制位 EA 有效（为 1），即允许中断响应时，各分控制位才能对相应中断源分别允许或禁止中断。

（2）中断优先级寄存器 IP

80C51 单片机有高、低两个中断优先级，它们通过中断优先级寄存器 IP 设定，其格式如下。

IP（0B8H）	D_7	D_6	D_5	D_4	D_3	D_2	D_1	D_0
位地址：	0BFH	0BEH	0BDH	0BCH	0BBH	0BAH	0B9H	0B8H
位名称：	×	×	×	PS	PT1	PX1	PT0	PX0

IP 寄存器中与中断优先级有关的控制位共有以下 5 位。

PS：串行口中断优先级控制位。

PT1：定时器/计数器 1 的中断优先级控制位。

PX1：外部中断源 1 的中断优先级控制位。

PT0：定时器/计数器 0 的中断优先级控制位。

PX0：外部中断源 0 的中断优先级控制位。

以上各控制位中的某一位若设置为 0，则相应的中断源被设置为低优先级；若设置为 1，则相应的中断源被设置为高优先级。系统复位后 IP 寄存器中各位均为 0，此时所有中断源均为低优先级。

控制中断优先级的除了 IP 寄存器，还有两个不可寻址（无法用软件访问）的优先级状态触发器：一个用于指示某一高优先级中断正在进行服务，而屏蔽其他高优先级中断；另一个用于指示某一低优先级中断正在进行服务，从而屏蔽其他低优先级中断，但不能屏蔽高优先级中断。

各中断均可通过相应的优先级控制位设定为高优先级或低优先级中断源，以便实现两级中断嵌套。中断服务程序执行过程中，高优先级的中断服务程序可以中断正在执行的低优先级中断服务程序，但新的中断申请并不能中断正在执行的同级别的中断服务程序。当多个中断源发出中断请求时，CPU 先响应高优先级中断，然后响应低优先级中断，但若此时有多个同一优先级的中断请求发生，则由单片机内部的硬件查询序列来确定它们的优先服务次序，即同一优先级内还有一个由内部硬件查询序列确定的优先级结构，其优先处理次序为

中断源	中断请求标志位	优先级
外部中断源 0	IE0	最高
定时器/计数器 0	TF0	↓
外部中断源 1	IE1	
定时器/计数器 1	TF1	
串行口中断	TI 或 RI	最低

【例 5-1】若单片机系统中片外中断源为高优先级，片内中断源为低优先级，则应如何设置 IP 的值呢？

分析：片外中断源有两个，即外部中断源 0 和外部中断源 1，相应的优先级控制位置为 1；片内中断源有 3 个，即定时器/计数器 0、定时器/计数器 1 和串行口中断，相应的优先级控制位置为 0。故有

位名称：	×	×	×	PS	PT1	PX1	PT0	PX0
IP 的值：	0	0	0	0	0	1	0	1

则(IP)=00000101B。

【例 5-2】若(IE)=96H，(IP)=1BH，则当定时器/计数器 0、串行口中断和外部中断源 1 同时发出中断请求时，CPU 首先响应的是哪一个中断源？

分析：由于(IE)=96H，则

位名称：	EA	×	×	ES	ET1	EX1	ET0	EX0
IE 的值：	1	0	0	1	0	1	1	0

可见，发出中断请求的 3 个中断源，其中断允许位 ES、EX1 和 ET0 都为 1，且中断总控制位 EA 也为 1，因此 3 个中断源均有可能被响应。

由于(IP)=1BH，则

位名称：	×	×	×	PS	PT1	PX1	PT0	PX0
IP 的值：	0	0	0	1	1	0	1	1

在可能被响应的 3 个中断源中，定时器/计数器 0 和串行口中断这两个中断源被设置为高优先级，此时就需要通过内部硬件查询序列来确定响应次序。由于查询序列中定时器/计数器 0 的优先级高于串行口中断，因此 CPU 最先响应定时器/计数器 0 的中断请求。

（3）定时器/计数器控制寄存器 TCON

TCON 寄存器用于定时器/计数器 0、定时器/计数器 1 及外部中断源 0、外部中断源 1 的相关控制，其格式如下。

TCON（88H）	D_7	D_6	D_5	D_4	D_3	D_2	D_1	D_0
位地址：	8FH	8EH	8DH	8CH	8BH	8AH	89H	88H
位名称：	TF1	TR1	TF0	TR0	IE1	IT1	IE0	IT0

TCON 寄存器中与中断系统相关的位有以下 6 个。

TF1：定时器/计数器 1（T1）溢出标志位，即 T1 中断请求标志位。当 T1 的内部计数器计数溢出时，由硬件将此位置 1，向 CPU 请求中断。如果系统允许该中断，则当 CPU 响应中断，进入中断服务程序时，同样由硬件将 TF1 自动清 0，不需要程序处理；如果系统禁止该中断，则可使用查询方式响应该溢出事件，TF1 供程序查询，且使用该方式响应溢出事件时由软件将中断请求标志位清 0。

TF0：定时器/计数器 0（T0）溢出标志位，即 T0 中断请求标志位。其功能和操作方式同 TF1。

IE1：外部中断源 1（$\overline{INT1}$）的中断请求标志位。当检测到外部中断源 1 引脚（P3.3）上存在有效的中断请求信号时，由硬件置 IE1 为 1。当 CPU 响应该中断请求时，同样由硬件使 IE1 清 0。

IT1：外部中断源 1 的中断触发方式控制位，可以通过程序设置为 0 或 1。

当 IT1=0 时，外部中断源 1 为电平触发方式，CPU 在每一个机器周期的 S_5P_2 期间采样外部中断源 1 引脚上的输入电平，若为低电平，则使 IE1 置 1，向 CPU 请求中断；若该引脚为高电平，则使 IE1 清 0。

当 IT1=1 时，外部中断源 1 为下降沿触发方式，CPU 在每一个机器周期 S_5P_2 期间采样外部中断源 1 引脚（P3.3）上的输入电平。如果在连续两个机器周期的采样过程中，第一个机器周期采样为高电平，第二个机器周期采样为低电平，则使 IE1 置 1，向 CPU 请求中断。此后即使下降沿已经结束，IE1 也一直保持为 1，直到 CPU 响应该中断时才由硬件将 IE1 清 0。

IE0：外部中断源 0 的中断请求标志位，其含义同 IE1。

IT0：外部中断源 0 的中断触发方式控制位，其含义同 IT1。

（4）串行口控制寄存器 SCON

SCON 寄存器包含了与串行口控制有关的 8 个位，其格式如下。

SCON（98H）	D_7	D_6	D_5	D_4	D_3	D_2	D_1	D_0
位地址：	9FH	9EH	9DH	9CH	9BH	9AH	99H	98H
位名称：	SM0	SM1	SM2	REN	TB8	RB8	TI	RI

SCON 寄存器中的最低两位（TI 和 RI）与中断系统相关，下面分别对这两位进行介绍。

TI：串行口发送中断请求标志位。当串行口发送完一帧数据时，硬件自动置 TI 为 1，向 CPU 请求中断。

RI：串行口接收中断请求标志位。在允许串行口接收数据（REN=1）的情况下，当接收到一帧数据时，硬件自动置 RI 为 1，向 CPU 请求中断。

TI 和 RI 中任一标志位置 1，即向 CPU 请求中断。若 CPU 响应该中断请求，则需要在中断服务程序中通过指令查询标志位来判断是发送中断还是接收中断。因此，需要注意的是，响应串行口中断后，硬件并不自动将中断请求标志位清 0，此时必须由软件将标志位 TI 或 RI 清 0。

2. 中断响应

（1）中断响应条件

单片机在每个机器周期的 S_5P_2 期间采样中断请求标志位，在下一个机器周期（即查询周期）对采样到的信息进行查询。如果在前一个机器周期的 S_5P_2 有中断请求标志位，则在查询周期内便会查询到，CPU 按优先级进行中断处理。在满足一定条件的情况下，中断系统将生成一个长调用（LCALL）指令，控制程序转入相应的中断服务程序，在下一个机器周期的 S_1 响应激活的最高级中断请求。

需要注意的是，硬件生成 LCALL 指令会被下列条件（CPU 不立即响应中断的条件）所封锁。

① CPU 正在处理同级或更高级的中断。

② 当前机器周期（即查询周期）不是执行当前指令的最后一个机器周期。其目的是确保当前指令的完整执行。

③ 当前正在执行的指令是返回（RETI）指令或对 IE 寄存器、IP 寄存器进行读/写的指令。80C51 单片机中断系统的特性规定，在执行完这些指令之后，必须再继续执行一条指令，然后才能响应中断。

上述 3 个条件中的任一个都能封锁主机对中断的响应。由于存在封锁情况而未被及时响应的中断，待封锁被撤销之后，因中断请求标志位还存在，故中断仍会得到响应。

（2）中断响应过程

CPU 响应中断主要执行以下操作。

① 硬件自动置位相应的优先级状态触发器，封锁同级和更低级的中断。

② 保护断点。自动将 PC 的内容压入栈保护，便于中断服务程序执行完后返回。

③ 中断请求标志位清 0。定时器/计数器 0、定时器/计数器 1 和外部中断源 0、外部中断源 1 的中断请求标志位由硬件自动清 0，串行口中断请求标志位由用户软件清 0。

④ 将被响应的中断服务程序的入口地址送 PC，控制程序转去执行相应的中断服务程序。

中断服务程序的入口地址称为中断向量，80C51 单片机中各中断源均有固定的中断向量，如表 5-1 所示。

表 5-1　80C51 单片机中各中断源和中断向量

中断源	中断向量
外部中断源 0（ $\overline{INT0}$ ）	0003H
定时器/计数器 0	000BH
外部中断源 1（ $\overline{INT1}$ ）	0013H
定时器/计数器 1	001BH
串行口中断（RI+TI）	0023H

单片机复位后 PC 为 0000H，意味着 CPU 从 0000H 地址开始执行程序，而中断向量占用了 0003H～0023H 空间，因此在使用中断机制的系统中，通常将主程序安排在中断向量区域之后的空间，如从 0030H 开始，而在程序存储器的 0000H～0002H 处设置一条无条件转移指令，指向真正主程序所在的起始地址。

由表 5-1 可见，中断向量设置在程序的低地址端，为每个中断预留了 8 字节的空间。很多情况下，该空间不能满足中断服务程序的要求，这时可将中断服务程序安排在其他地址空间，在中断向量处设置无条件转移指令，使程序跳转至用户安排的中断服务程序的起始地址。

例如：

```
        ORG  0000H
        LJMP    MAIN      ;MAIN 为真正主程序起始行的标号，即起始地址
        ORG     0003H     ;0003H 为外部中断源 0 的中断向量
        LJMP    INTT0     ;INTT0 为真正中断服务程序起始行标号，即中断服务程序起始地址
        ORG     0030H     ;真正主程序的起始地址，后续为主程序代码
MAIN:   ...
        ...
        SJMP    $
        ORG     0100H     ;0100H 为真正中断服务程序的起始地址，接下来为中断服务程序代码
INTT0:  ...
        ...
        RETI
        END
```

中断服务程序的返回指令只能使用 RETI，其作用是将中断响应时置位的优先级状态触发器清 0 并从栈顶弹出 2 字节的数据送至 PC，返回中断前的断点。虽然 RET 指令也能使程序返回原来被中断的位置继续向下执行，但它并不通知中断控制系统，致使中断控制系统误认为仍在继续执行中断服务程序。因此，RET 指令不能替代 RETI 指令。

（3）中断响应时间

中断响应时间是指从 CPU 采样到中断请求信号开始，到跳转至中断向量所需的时间。在单片机允许中断的情况下，CPU 采样到中断请求信号后，可能会有以下几种情况。

① 中断请求有效且满足中断响应的 3 个条件，则 CPU 立即响应查询周期排队得出的最高级别中断请求，由内部硬件自动生成并执行长调用（LCALL）指令，程序转至相应的中断向量执行中断服务程序。在这种情况下，经过查询周期（1 个机器周期）再加上 LCALL 指令的执行

时间（2个机器周期），CPU 从采样中断请求标志位开始，在 3 个机器周期后才能执行中断服务程序，此时响应速度最快，中断响应时间为 3 个机器周期。

② 如果查询周期不是当前指令的最后一个机器周期，由于中断响应必须等到当前指令执行结束，而指令的执行时间分为单周期、双周期、4 个机器周期，因此在这种情况下，中断响应时间需额外增加 1~3 个机器周期，即需要 4~6 个机器周期。

③ 如果在查询周期 CPU 正在执行的是 RET、RETI 或访问 IE、IP 等与中断系统的设置及控制相关的指令，即使其他条件都满足，CPU 也需等当前指令执行完成后，再执行一条指令才能响应中断。在这种情况下，中断响应时间为 4~8 个机器周期。

④ 如果当前正在执行的是同级或高优先级中断服务程序，则该中断请求会被挂起，只有当前的中断服务程序执行完成后，CPU 才能响应该中断请求。在这种情况下，中断响应时间无法估算。

因此，在不考虑中断嵌套的情况下，80C51 单片机的中断响应时间为 3~8 个机器周期。若存在中断嵌套，则从请求中断到 CPU 响应之间的时间不便准确计算。

5.1.3 中断请求的撤销

中断源发出的中断请求被响应后应及时撤销中断请求，即中断请求标志位清 0，避免出现请求一次中断但被响应多次的错误情况。不同中断源触发中断请求的条件不同，撤销中断请求的情况也不同，主要有以下 3 种情况。

1. 定时器/计数器 0、定时器/计数器 1 中断请求的撤销

定时器/计数器的本质是递增计数器，计数溢出则自动置位对应的中断请求标志位（TF0 或 TF1）为 1，向 CPU 请求中断。

CPU 响应定时器/计数器的中断、执行中断服务程序的同时，内部硬件自动复位相应的中断请求标志位，撤销中断请求。当计数器再次计数溢出时，才会再次置位中断请求标志位，向 CPU 提出新的中断请求。

如果定时器/计数器中断处于关闭状态，溢出事件通过查询方式处理，则通过软件将中断请求标志位清 0，撤销中断请求。

2. 外部中断源 0、外部中断源 1 中断请求的撤销

当单片机的 $\overline{INT0}$（P3.2）或 $\overline{INT1}$（P3.3）引脚出现有效的中断请求信号时，系统会自动置中断请求标志位（IE0 或 IE1），向 CPU 请求中断。如前所述，外部中断源的触发方式有两种：电平触发和下降沿触发。对于低电平有效的电平触发方式，当 CPU 响应中断请求并转向执行中断服务程序时，中断请求标志位（IE0 或 IE1）将由中断系统的内部硬件自动清 0。但是如果此时外部元器件或设备发出的低电平仍然存在，后续采样后又会把已经清 0 的中断请求标志位（IE0 或 IE1）再次置位。为了避免这种情况发生，应通过有复位功能的触发器引入低电平有效的外部中断请求信号，并将触发器的复位引脚与单片机的某端口引脚相连，这样在中断请求有效并被 CPU 响应后，只要在中断服务程序中根据触发器复位的要求置 1 或清 0 该端口引脚，就可以将中断请求信号撤销。撤销低电平触发的外部中断请求电路图如图 5-3 所示。

图 5-3 中，D 触发器锁存外部中断请求的低电平，通过触发器输出端 Q 送至外部中断引脚 $\overline{INT0}$（P3.2）或 $\overline{INT1}$（P3.3）。在响应中断后，利用 D 触发器的直接置位端 SD 来实现中断请求的撤销：只要在 SD 端输入一个负脉冲即可使 D 触发器置 1，也就撤销了低电平的中断请求。SD 端的负脉冲可以通过单片机的一根 I/O 线来实现。

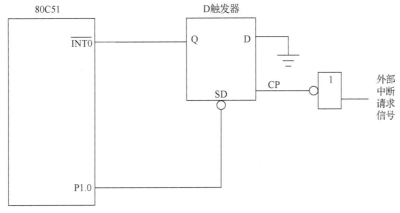

图 5-3 撤销低电平触发的外部中断请求电路图

对于下降沿触发的中断请求，当 $\overline{INT0}$（P3.2）或 $\overline{INT1}$（P3.3）引脚监测到从高电平到低电平的跳变时，将置中断请求标志位（IE0 或 IE1），向 CPU 请求中断。由于下降沿是一个变化的信号，因此在 CPU 识别出一个下降沿并置位 IE0 或 IE1 后，只要没有响应该中断，IE0 或 IE1 就一直保持为 1。当 CPU 响应中断并转向执行对应的中断服务程序时，IE0 或 IE1 将由内部硬件自动清 0，撤销中断请求。

3. 串行口中断请求的撤销

串行口每接收或发送完一帧数据后，将自动置中断请求标志位 RI（接收）或 TI（发送），向 CPU 请求中断。这两个中断请求共用同一个中断向量（0023H）、同一个中断允许位 ES 以及同一个中断优先级控制位 PS。由于 RI 和 TI 都会引起串行口中断请求，因此串行口中断服务程序必须通过软件查询 RI 和 TI 才能确定引起本次中断的中断源，并执行相应的中断服务程序，故串行口中断请求不能由内部硬件自动清 0，而是在中断服务程序判断出中断源后，由软件将中断请求标志位（RI 或 TI）清 0，完成中断请求的撤销。

5.1.4 外部中断源的扩展

80C51 单片机有两个外部中断源，但有时不能满足应用系统的需求，此时可以扩展外部中断源。扩展外部中断源主要有两种方式：一是 OC 门结合软件来扩展；二是利用空余的定时器/计数器来扩展。在此主要介绍第一种扩展方式，第二种扩展方式将在后续章节讲解。

采用 OC 门与软件相结合扩展外部中断源的电路图如图 5-4 所示。该电路通过 80C51 单片机的中断请求输入端 $\overline{INT0}$ 扩展 4 个外部中断源，外部中断源 0 设置为低电平触发方式，图 5-4 中非门电路为输入集电极开路（OC 门），可实现"线与"功能，P1 留作查询用。当 4 个扩展的外部中断源中有一个或多个出现高电平时，OC 门反相器输出为 0，$\overline{INT0}$ 引脚为低电平，引起外部中断源 0 触发低电平中断，所有扩展出的外部中断源都采用电平触发方式。当满足外部中断源 0 中断请求的响应条件时，CPU 响应中断，转至外部中断源 0 的中断向量 0003H 单元处开始执行中断服务程序。

上述扩展外部中断源的方法中，由软件设定顺序依次查询外部中断源，判断出哪一位或哪几位是高电平，然后依次处理相应的中断请求。因此，软件查询的顺序就是扩展出的外部中断源的中断优先级顺序。查询扩展出的外部中断源的流程图如图 5-5 所示。

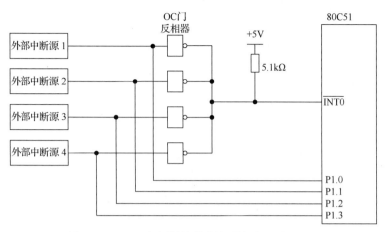

图 5-4 采用 OC 门与软件相结合扩展外部中断源的电路图

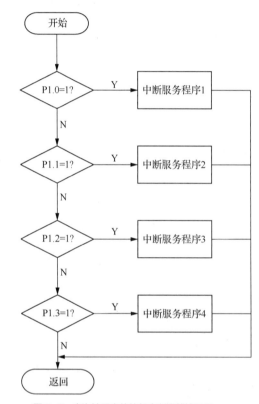

图 5-5 查询扩展出的外部中断源的流程图

图 5-4 中外部中断源 0 的中断服务程序可采用如下结构。

```
PINT0:    PUSH    PSW             ;保护现场
          PUSH    ACC
          JB      P1.0,LOOP1      ;转向中断服务程序 1
          JB      P1.1,LOOP2      ;转向中断服务程序 2
          JB      P1.2,LOOP3      ;转向中断服务程序 3
          JB      P1.3,LOOP4      ;转向中断服务程序 4
INT0END:  POP     ACC             ;恢复现场
          POP     PSW
```

```
        RETI
LOOP1:  ...                                 ;中断服务程序1
        AJMP    INT0END
LOOP2:  ...                                 ;中断服务程序2
    ,   AJMP    INT0END
LOOP3:  ...                                 ;中断服务程序3
        AJMP    INT0END
LOOP4:  ...                                 ;中断服务程序4
        AJMP    INT0END
```

以上程序中最先查询的是与外部中断源1相连的P1.0引脚，然后依次查询与外部中断源2、3、4相连的3个引脚P1.1、P1.2、P1.3，因此扩展出的外部中断源的优先级从高到低依次为外部中断源1、外部中断源2、外部中断源3、外部中断源4。

5.1.5 中断服务程序的设计

80C51单片机中有5个中断源，若系统允许响应中断请求，则一般需考虑在主程序中对以下5项进行设置。

（1）在中断向量处设置跳转指令，控制程序转向真正的中断服务程序。

（2）设置CPU中断允许位的允许与禁止。

（3）设置各中断源中断请求的允许与禁止。

（4）对于外部中断请求，还需进行触发方式的设置。

（5）设置各中断源的优先级。

中断响应很突出的一点是它的随机性。中断服务程序是处理中断请求的程序段，以中断服务程序返回指令RETI结束。如前所述，程序空间在每个中断向量处预留了8字节的空间，但该空间未必能满足中断服务程序的需求，一般做法是将中断服务程序存放在程序存储器的其他空间，在中断向量处安排无条件转移指令，这样，CPU在响应中断请求后，会转到中断向量处执行无条件转移指令，再转向实际中断服务子程序的入口处。

在编写中断服务程序时需注意断点和现场的保护与恢复。

断点的保护主要由硬件电路自动实现。它将断点地址压入栈，再将中断服务程序的入口地址送入PC，使程序转向中断服务程序，响应中断源的请求；恢复断点也是由硬件电路自动实现的，中断服务程序的最后一条指令必须是RETI指令。

现场是指响应中断时单片机中存储单元、寄存器、特殊功能寄存器中的数据等。80C51单片机中，为了保证主程序的可扩充性，原则上中断服务子程序所要保护的数据是PSW、中断服务子程序中用到的所有专用寄存器、RAM单元、工作寄存器等的数据，如A、B、R0~R7、DPTR等。保护方法主要有以下几种：栈存储、工作寄存器区的切换、单片机内部存储单元暂存。现场保护位于中断服务程序的前面，在结束中断服务程序返回断点处之前要恢复现场，与保护现场使用的方法相对应。但保护现场时需注意，向主程序传递参数的单元无须保护，否则无法将修改后的数据传递至主程序。

当中断服务子程序保护好断点时，(SP)=中断前(SP)+2+PUSH指令条数，因为响应中断时要运行一个硬件子程序将断点地址（即当前PC内容）压栈，需两条入栈指令，占用两个栈单元。

【例5-3】单片机主程序和中断服务子程序中分别有如下程序段，若响应中断前(SP)=07H，则断点保护好之后，SP为何值？

主程序：

```
        ...
MOV     A,#77H
MOV     DPTR,#1000H
```

```
        MOVX    @DPTR,A
        …
```

中断服务子程序：

```
        …
        MOV     A,#0FFH
        MOV     DPTR,#7000H
        MOVX    @DPTR,A
        …
        RETI
```

分析： 中断可能在主程序的任何一条指令执行前发生，若恰发生在"MOVX @DPTR,A"前，而又没有保护累加器 A 与寄存器 DPTR，则返回主程序后可能会出错，因此中断服务子程序中现场保护可参考如下程序段，注意现场保护与恢复时 PUSH 与 POP 指令成对出现且顺序颠倒。

```
        PUSH    PSW
        PUSH    ACC
        PUSH    DPH
        PUSH    DPL
        …
        MOV     A,#0FFH
        MOV     DPTR,#7000H
        MOVX    @DPTR,A
        …
        POP     DPL
        POP     DPH
        POP     ACC
        POP     PSW
        RETI
```

中断服务子程序保护好断点时，(SP)=中断前(SP)+2+PUSH 指令条数=07H+2+4=0DH。

【例 5-4】 设某中断服务子程序用寄存器 R1、R3 作为中间数据暂存器，用寄存器 R0 和寄存器 B 作为与主程序进行参数传递的公共数据存储器，主程序使用工作寄存器 0 区，且该中断服务程序要访问外部数据存储器，该程序需保护哪些单元？如何保护？设响应中断前(SP)=60H，断点保护好后栈指针 SP 为何值？

分析： 因寄存器 R0 和寄存器 B 作为与主程序进行参数传递的公共数据存储器，所以不需保护；访问片外 RAM 要用 MOVX 指令，设用 DPTR 作为间址寄存器，则需要使用累加器 A、DPH、DPL。因此，中断服务子程序中需保护的单元共 6 个：①PSW，②中间数据暂存器 R1、R3，③累加器 A、DPH、DPL。

断点保护之后，(SP)=60H+2+6=68H。

采用中断机制可显著提高嵌入式系统的处理能力和实时性，但中断请求和响应的随机性使得中断服务程序的设计和调试有一定的难度。中断系统的实际应用将在后续章节中结合实例加以介绍。

5.2　定时器/计数器原理及应用

单片机定时器/计数器是单片机应用系统中的重要部件，用于产生确定的时间或对外部事件计数。本节介绍定时和计数的方法、80C51 单片机定时器/计数器的结构和工作原理，并在此基础上介绍定时器/计数器的应用编程。

微课视频

5.2.1　定时器/计数器的结构及功能

实现定时或计数通常可采用以下 3 种方法。

（1）硬件法。完全由硬件电路完成定时或计数功能，其优点是不占用 CPU 时间。但其缺点是若要改变参数，只能通过修改电路中的元件参数来实现，不够灵活。

（2）软件法。用纯软件实现定时或计数的优点是无额外的硬件开销，时间比较精确。但其缺点是牺牲了 CPU 的时间。

（3）可编程定时器/计数器法。可编程定时器/计数器可以通过中断或查询方法实现定时功能或计数功能，并且可以通过软件编程来改变参数，既提高了 CPU 的利用率，也便于修改参数。市场上有专门的可编程定时器/计数器芯片可供选用，如 Intel 8253。

80C51 单片机包含两个 16 位的可编程定时器/计数器：定时器/计数器 0（T0）和定时器/计数器 1（T1）。80C52 单片机还增加了一个集定时、计数和捕获功能于一体的定时器/计数器 2（T2）。而 80C51 系列的部分产品还包含一个用作看门狗的 8 位定时器（T3），如 Philips 公司的 80C552。

定时器/计数器的本质是加 1 计数器，其基本功能是计数加 1。若用其对单片机内部的机器周期进行计数，则实现定时功能；若用其对单片机的 T0 引脚（P3.4）或 T1 引脚（P3.5）输入的 1 到 0 的负跳变进行计数，则实现计数功能。定时功能、计数功能的设定是通过软件完成的。

1. 定时器/计数器的结构及工作原理

定时器/计数器的基本结构如图 5-6 所示，其中主要有 6 个特殊功能寄存器和 4 个与之相关的外部引脚。前者包括构成 T0 的 8 位计数器 TH0 和 TL0、构成 T1 的 8 位计数器 TH1 和 TL1、定时器/计数器工作方式寄存器（TMOD）、定时器/计数器控制寄存器（TCON）；后者包括 P3.2 引脚（$\overline{INT0}$）、P3.3 引脚（$\overline{INT1}$）、P3.4 引脚（T0）、P3.5 引脚（T1）。

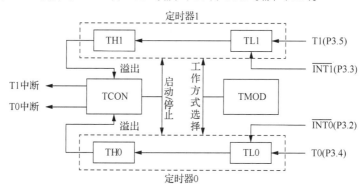

图 5-6 定时器/计数器的基本结构

实现定时功能时，计数信号来自内部时钟，每个机器周期计数器加 1，即计数频率为振荡周期的 1/12。如果系统采用 12MHz 的晶振，则计数频率为 1MHz。定时器的定时时间长度与振荡频率、计数器的位数和计数初值有关。

实现计数功能时，定时器/计数器通过 T0（P3.4）和 T1（P3.5）对外部信号进行计数。在每个机器周期的 S_5P_2 期间，CPU 采样引脚的输入电平，若前一个机器周期采样值为 1，下一个机器周期采样值为 0，即检测到负跳变，计数器加 1，此后机器周期新的计数值装入计数器。检测一个 1 到 0 的跳变需要两个机器周期，故单片机计数器的最高计数频率为晶振频率的 1/24。

当定时器/计数器的计数值增加到计数范围的最大值时，下一次计数脉冲到达将会使计数器溢出，计数值回到 0，置相应的溢出标志位，向 CPU 请求中断。

T0 和 T1 可工作在 13 位定时器/计数器、16 位定时器/计数器或两个独立的 8 位计数器状态，通过软件设置特殊功能寄存器 TMOD 和 TCON 可以选择不同的功能和工作方式。

2. 定时器/计数器的控制与状态寄存器

80C51 单片机定时器/计数器的功能及工作方式由特殊功能寄存器 TMOD 和 TCON 的内容

来确定。当 CPU 执行更改 TMOD 或 TCON 的指令时，改变的内容会被锁存在这两个特殊功能寄存器中，并在下一个机器周期的 S_1P_1 开始生效。

（1）工作方式寄存器 TMOD

TMOD 寄存器地址为 89H，不可进行位寻址，必须整字节操作。该寄存器用于选择 T0 和 T1 的工作方式及功能，其格式如下。

TMOD:	D_7	D_6	D_5	D_4	D_3	D_2	D_1	D_0
（89H）	GATE	$C/\overline{T}$	M_1	M_0	GATE	$C/\overline{T}$	M_1	M_0
	←		设置 T1	→	←		设置 T0	→

TMOD 寄存器分成高 4 位和低 4 位两部分，分别用于设置 T1 和 T0，且两者对应位的功能相同。各位名称具体含义如下。

① M_1M_0：工作方式选择位，其定义如表 5-2 所示。

表 5-2　定时器/计数器的工作方式

M_1	M_0	工作方式	说明
0	0	方式 0	该工作方式适用于 13 位定时器/计数器
0	1	方式 1	该工作方式适用于 16 位定时器/计数器
1	0	方式 2	该工作方式适用于具有自动重装功能的 8 位定时器/计数器
1	1	方式 3	T0 分成两个 8 位计数器，T1 无此功能

② $C/\overline{T}$：功能选择位。

当 $C/\overline{T}$ =0 时为选择定时（Timer）功能，即定时器/计数器的内部计数器对单片机的机器周期进行计数，从而实现定时功能。

当 $C/\overline{T}$ =1 时为选择计数（Counter）功能，即定时器/计数器的内部计数器对单片机的 T0 或 T1 引脚引入的外部脉冲进行计数。

③ GATE：门控位。

当 GATE=0 时，TCON 寄存器中的 TR0 或 TR1（定时器/计数器运行控制位）为 1 则可立即启动 T0 或 T1。

当 GATE=1 时，只有 TR0 或 TR1 为 1，且单片机的 $\overline{INT0}$ 或 $\overline{INT1}$ 引脚的输入为高电平时，才启动 T0 或 T1。

单片机复位后 TMOD 中所有位均为 0，因此 T0、T1 自动设置成定时功能、方式 0。

（2）控制寄存器 TCON

TCON 寄存器地址为 88H，可以位寻址。该寄存器用于控制 T0 和 T1 的启动与停止，还包括溢出标志位及中断请求标志位等，其格式如下。

	D_7	D_6	D_5	D_4	D_3	D_2	D_1	D_0
TCON:	8FH	8EH	8DH	8CH	8BH	8AH	89H	88H
（88H）	TF1	TR1	TF0	TR0	IE1	IT1	IE0	IT0

TCON 寄存器的高 4 位存放定时器/计数器的运行控制位和溢出标志位，低 4 位为外部中断源的中断触发方式控制位和中断请求标志位（详见 5.1.2 小节）。

TF1：定时器/计数器 1（T1）的溢出标志位。其功能和操作方式详见 5.1.2 小节。

TF0：定时器/计数器 0（T0）的溢出标志位。其功能和操作方式同 TF1。

TR1：定时器/计数器 1（T1）的运行控制位。通过软件来启动（置 1）或停止（清 0）T1

内部计数器的计数。

TR0：定时器/计数器 0（T0）的运行控制位。其功能和操作方式同 TR1。

系统复位后，TCON 寄存器的所有位均为 0，定时器/计数器处于关闭状态。

3．定时器/计数器 0 和定时器/计数器 1 的工作方式

根据对 TMOD 寄存器中 M_1M_0 的设定，T0 可选择 4 种工作方式（方式 0～方式 3），而 T1 只有 3 种工作方式可选（方式 0～方式 2）。

（1）方式 0：13 位定时器/计数器

当 TMOD 中的 M_1M_0 为 00 时，定时器/计数器工作方式设置为方式 0、13 位计数器，其逻辑结构如图 5-7 所示。

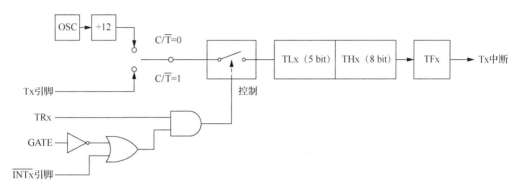

图 5-7　T0、T1 方式 0 逻辑结构

方式 0 计数时，16 位计数器的 THx（x=0,1，下同）和 TLx 一共只使用了 13 位，这 13 位由 THx 的 8 位和 TLx 的低 5 位组成，即 TLx 的 5 位计数溢出后，THx 的计数加 1，直到 13 位计数值为全 1 后，下一个计数脉冲的到达将使 TFx 置位为 1，并向 CPU 请求中断。CPU 可以通过开放相应的中断来处理定时器/计数器计数溢出事件，也可以通过程序查询 TFx 是否为 1 来判断定时器/计数器的计数是否溢出。

当 C/$\overline{\text{T}}$ =0 时，实现定时功能，计数源选择开关连接到振荡器的 12 分频输出，计数器对机器周期脉冲计数。其定时时间计算公式为

$$定时时间=(2^{13}-初值)\times机器周期$$

从上式可以看出，初值越大，计数器离溢出越近，定时时间越短，当计数初值为 0 时定时时间最长。如果系统晶振频率为 12MHz，每个机器周期时长为 1μs，则在方式 0 下最长的定时时间为 $(2^{13}-0)\times1$μs=8.192ms。

当 C/$\overline{\text{T}}$ =1 时，实现计数功能，计数源选择开关连接到单片机的 T0 引脚（P3.4）或者 T1 引脚（P3.5），计数器对 T0 引脚或 T1 引脚引入的脉冲信号进行计数，每当外部信号发生一次负跳变（即从高电平到低电平的下降沿），计数器加 1。

无论定时器/计数器是工作在定时方式还是工作在计数方式，GATE（门控位）都控制着定时器/计数器的运行。

当 GATE=0 时，图 5-7 中的或门输出始终为 1。在这种情况下，与门的输出（计数控制信号）由 TRx 决定，定时器/计数器不受 $\overline{\text{INTx}}$ 输入电平的影响，即只要 TRx=1，对应的定时器/计数器就允许计数，TRx=0 则停止计数。

当 GATE=1 时，图 5-7 中与门的输出（计数控制信号）由 $\overline{\text{INTx}}$ 的输入电平和 TRx 共同决定，即只有当 $\overline{\text{INTx}}$ 为高电平且 TRx=1 这两个条件都满足时，定时器/计数器才开始工作，否则定时器/计数器停止计数。

（2）方式 1：16 位定时器/计数器

当 TMOD 中的 M_1M_0 为 01 时，定时器/计数器工作方式设置为方式 1、16 位计数器，其逻辑结构如图 5-8 所示。

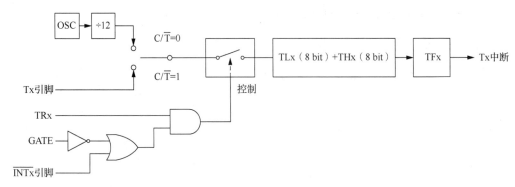

图 5-8　T0、T1 方式 1 逻辑结构

方式 1 和方式 0 的差别仅在于计数器的位数不同，方式 1 为 16 位计数器，这 16 位由 THx 的 8 位和 TLx 的 8 位组成，THx 为计数器的高 8 位。

作为定时器使用时，其定时时间计算公式为

$$定时时间=(2^{16}-初值)×机器周期$$

如果系统晶振频率为 12MHz，则在方式 1 下最长的定时时间为 $(2^{16}-0)×1\mu s=65.536ms$。

（3）方式 2：常数自动重装的 8 位定时器/计数器

当 TMOD 中的 M_1M_0 为 10 时，定时器/计数器工作方式设置为方式 2。该方式是具有自动重装功能的 8 位计数器，其逻辑结构如图 5-9 所示。

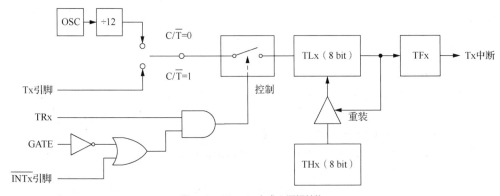

图 5-9　T0、T1 方式 2 逻辑结构

在方式 2 中，TLx 作为 8 位内部计数器，根据 $C/\overline{T}$ 的值选择对内部机器周期或外部脉冲进行计数，THx 则作为重装初值寄存器，在 TLx 计数溢出置 TFx 标志位的同时，由硬件控制直接将 THx 中存放的重装初值装入 TLx，开始新一轮的计数，如此不断循环。

用作定时器时，其定时时间计算公式为

$$定时时间=(2^8-初值)×机器周期$$

方式 2 与方式 0、方式 1 最大的差别就在于计数初值是由硬件控制自动装入的。在方式 0、方式 1 下，计数溢出就表示计数器已回 0，如果要重新计数，就需要通过软件重装计数初值，这样不仅编程麻烦，而且重装操作需要执行一定数量的代码，影响了定时精度。方式 2 则采用硬件控制重装初值，完全避免了重装操作对定时精度的影响，适用于需要产生高精度定时间隔的场合，常用作单片机串行口的波特率发生器。

　　若将 T0、T1 设置为实现计数功能、方式 2，且初值为 0FFH，则当检测到外部一个下降沿时，计数器加 1 发生溢出，硬件自动置 TF0 或 TF1 为 1，向 CPU 请求中断。若允许响应对应的定时器中断，则可将 T0 或 T1 视为扩展的外部中断源，此时外部中断源的触发方式为下降沿触发。如通过 T0 扩展外部中断源，则其初始化程序代码为

```
MOV    TMOD,#06H        ;设置 T0 为计数功能、方式 2
MOV    TL0,#0FFH        ;置初值为 255
MOV    TH0,#0FFH        ;置初值为 255
SETB   TR0              ;打开 T0 的运行控制位
SETB   ET0              ;打开 T0 的中断允许位
SETB   EA               ;打开 CPU 中断允许位
```

（4）方式 3：双 8 位计数器（仅支持 T0）

　　当 TMOD 中的 M_1M_0 为 11 时，定时器/计数器工作方式设置为方式 3。在这种方式下，T0 被拆分成两个独立的 8 位计数器，T1 无此功能。其逻辑结构如图 5-10 所示。

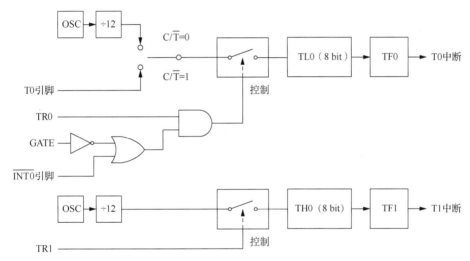

图 5-10　T0、T1 方式 3 逻辑结构

　　在方式 3 中，8 位计数器 TL0 使用原定时器/计数器 0 的控制位 $C/\overline{T}$、GATE、TR0 和 $\overline{INT0}$。它既可以选择定时功能，也可以选择计数功能，且其结构和功能完全与方式 0、方式 1 下的相同，只是计数器位宽仅有 8 位。

　　8 位计数器 TH0 则占用了原定时器/计数器 1 的控制位 TR1 和溢出标志位 TF1，同时也占用了 T1 中断源。TH0 只能作为 8 位定时器使用，不能用于外部脉冲计数。

　　需要注意的是，定时器/计数器 1 不能设置为方式 3，否则 T1 将停止工作，其效果与设置 TR1=0 的效果相同。另外，当 T0 被设置为方式 3 时，T1 设置为方式 0、方式 1、方式 2 均可工作，但由于 TR1、TF1 及 T1 中断源都被 T0 占用，这种情况下 T1 一般仅作为单片机串行口的波特率发生器使用。

4．单片机看门狗定时器工作原理

　　监视定时器 T3 俗称"看门狗"，其作用是强行使单片机进入复位状态，使之从硬件或软件故障中解脱出来。

　　在 Philips 80C552 单片机中，监视定时器 T3 由一个 11 位的预分频器和 8 位定时器 T3 组成，

预分频器的输入频率为晶振频率的 1/12，若晶振频率为 12MHz，则输入频率为 1MHz，而 8 位定时器 T3 每隔时间 t 加 1，$t=12\times2048/f_{osc}$，当晶振频率为 12MHz 时，t 为 2ms。若 8 位定时器溢出，则产生一个尖脉冲，它将复位 80C552，同时在 RST 引脚上也将产生 1 个正的复位尖脉冲。

T3 由外部引脚 $\overline{EW}$ 和电源控制寄存器中的 WLE（PCON.4）和 PD（PCON.1）控制。

$\overline{EW}$：看门狗定时器允许位，低电平有效。$\overline{EW}$ =0 时，允许看门狗定时器工作，禁止掉电方式；$\overline{EW}$ =1 时，禁止看门狗定时器工作，允许掉电方式。

WLE（PCON.4）：看门狗定时器允许重装标志位。若 WLE 置位，定时器 T3 只能被软件装入，装入后 WLE 自动清 0。

定时器 T3 的重装和溢出产生复位的时间间隔，由装入 T3 的值决定。对于 80C552 单片机，其监视时间间隔可编程为 2ms～2×256ms。

定时器 T3 的工作过程：在 T3 溢出时，复位 80C552 单片机，并产生复位脉冲输出至复位引脚 RST。为防止系统复位，必须在定时器 T3 溢出前通过软件对其进行重装。如果发生软件或硬件故障，软件对定时器 T3 重装会失败，从而 T3 溢出导致复位信号的产生。用这样的方法可以在软件失控时恢复程序的正常运行。

我们首先要确定系统能在不正常状态下维持多久，然后将这段时间设置为监视定时器的最大间隔时间。因为 T3 是加 1 计数器，所以装入 0 则监视时间间隔最长，装入 0FFH 则监视时间间隔最短。在软件调试时，可以把 $\overline{EW}$ 接高电平以禁止看门狗定时器工作；软件调试结束后，再把 $\overline{EW}$ 接至低电平，通过人为制造故障，观察看门狗定时器工作是否正常。

以下程序显示了控制看门狗定时器工作的原理。

看门狗定时器使用的一段程序如下：

```
T3          EQU     0FFH            ;定时器 T3 的地址
PCON        EQU     87H             ;电源控制寄存器 PCON 的地址
WATCH_INTV  EQU     156             ;监视时间间隔（2×100ms）
```

在用户程序中看门狗定时器需要重新装入的地方插入以下语句：

```
LCALL       WATCHDOG
```

看门狗定时器的服务子程序如下：

```
WATCHDOG:   ORL     PCON,#10H       ;允许定时器 T3 重装
            MOV     T3,#WATCH_INTV  ;装载定时器 T3
            RET
```

5.2.2　定时器/计数器的应用

1. 定时器/计数器溢出率的计算

定时器/计数器运行前，在计数器中预先置入的常数称为定时常数或计数常数（TC）。定时器定时时间的计算公式如下：

$$t = T_c \times (2^L - TC) = 12T_{osc} \times (2^L - TC) = \frac{12}{f_{osc}} \times (2^L - TC)$$

式中变量说明如下。

t——定时时间。

T_c——机器周期。

f_{osc}——晶振频率。

L——计数器的长度。

对于 T0 及 T1，方式 0 时：L=13，2^{13}=8192。

方式 1 时：$L=16$，$2^{16}=65536$。

方式 2 时：$L=8$，$2^8=256$。

TC——定时器/计数器计数初值，即定时常数或计数常数。

定时时间的倒数即为溢出率，也就是说，根据要求的定时时间 t、定时器的工作方式（确定 L）及晶振频率 f_{osc}，我们可计算出定时器/计数器的 TC（十进制数），再将其转换成二进制数 TCB，分别送入 THi、TLi（对于 T0，$i=0$；对于 T1，$i=1$）。

方式 0 时：TCB=TCH+TCL，TCH 为高 8 位，TCL 为低 5 位。

```
MOV    THi,#TCH  ;送高 8 位
MOV    TLi,#TCL  ;送低 5 位（高 3 位为 0）
```

方式 1 时：TCB=TCH+TCL，TCH 为高 8 位，TCL 为低 8 位。

```
MOV    THi,#TCH  ;送高 8 位
MOV    TLi,#TCL  ;送低 8 位
```

方式 2 时：TCB=TCH=TCL，8 位重装载。

```
MOV    THi,#TCB  ;送高 8 位
MOV    TLi,#TCB  ;送低 8 位
```

2. 定时器/计数器应用实例

（1）方式 0 应用

【例 5-5】设单片机采用 6MHz 的晶振频率，请编程实现在 P1.0 引脚输出周期为 2ms 的方波。

分析：2ms 的方波即 1ms 的高电平和 1ms 的低电平，只需用定时器产生 1ms 的定时，每次定时时间到后对 P1.0 的输出取反即可得到周期为 2ms 的方波。在此用 T0 产生 1ms 定时。

解：

① 由定时时间公式 $t=12T_{osc}(2^{13}-TC)$，求初值 TC。

$$TC = 2^L - \frac{f_{osc} \times t}{12} = 8192 - \frac{6 \times 10^6 \times 10^{-3}}{12} = 8192 - 500 = 7692$$

得：TC=$\underset{\uparrow}{1 1 1 1 0 0 0} \, \underset{\uparrow}{0 0 1 1 0 0}$B。

　　　　高 8 位　　　低 5 位

故：TH0=0F0H，TL0=001100B=0CH。

② 控制字。由图 5-11 可知，控制字为 00H。

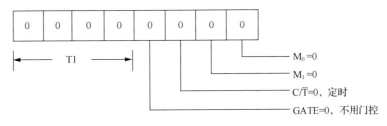

图 5-11　控制字为 00H

③ P1.0 输出方波，高、低电平持续时间相同，只需在定时时间到后对输出信号取反。编程时可以使用两种机制响应定时器/计数器的溢出事件：查询和中断。

查询方式处理溢出事件，程序代码如下：

```
            ORG     0000H
            SJMP    COUNT
            ORG     0030H
COUNT:      MOV     TMOD,#0              ;设置 T0 为定时功能，方式 0
            MOV     TL0,#0CH
            MOV     TH0,#0F0H           ;写定时常数
            SETB    TR0                 ;启动定时器 T0
L1:         JBC     TF0,PTF0            ;查询 TF0，TF0←0。若 TF0=1 则 PC←PTF0
                                        ;否则顺序执行
            SJMP    L1                  ;L1 循环体可替换为 JNB  TF0,$
                                        ;                     CLR  TF0
PTF0:       CPL     P1.0                ;1ms 时间到后，P1.0 取反
            MOV     TL0,#0CH            ;重置定时常数
            MOV     TH0,#0F0H
            SJMP    L1                  ;跳转至 L1，等待下一个 1ms
            END
```

中断方式响应溢出事件，程序代码如下：

```
            ORG     0000H               ;中断方式编程
            AJMP    MAIN
            ORG     000BH               ;T0 中断向量
            AJMP    INTT0
            ORG     0030H
MAIN:       MOV     TMOD,#00H           ;写控制字，设置 T0 为定时功能、方式 0
            MOV     TH0,#0F0H           ;写定时常数（定时 1ms）
            MOV     TL0,#0CH
            SETB    TR0                 ;启动 T0
            SETB    ET0                 ;允许 T0 中断
            SETB    EA                  ;开放 CPU 中断
            SJMP    $                   ;定时中断等待
            ORG     0100H               ;T0 中断服务程序
INTT0:      MOV     TH0,#0F0H           ;重写定时常数
            MOV     TL0,#0CH
            CPL     P1.0                ;P1.0 取反输出
            RETI                        ;中断返回
            END
```

（2）方式 1 应用

【例 5-6】系统晶振频率为 6MHz，用 T1 产生 100ms 定时，使 P1.1 输出周期为 1s 的方波。

分析：周期为 1s 的方波，高、低电平持续的时间均为 500ms，定时器方式 1 的计数范围最大，一次定时时间最大为

$$t_{max}=2^{16}\times\text{机器周期}=65536\times2\times10^{-6}\text{s}=131.072\text{ms}$$

因此，定时器一次计数无法实现 500ms 的定时。此时，我们可以考虑定时 100ms，每完成 5 次定时对 P1.1 引脚的输出取反。

$$100\times10^{-3}=\text{机器周期}\times(2^{16}-\text{初值})$$

计算得：初值=3CB0H，即 TH1=3CH，TL1=0B0H。

T1 工作在定时功能、方式 1 下，故控制字 TMOD=00010000B。

具体程序如下：

```
          ORG    0000H
          AJMP   COUNT
          ORG    0030H
COUNT:    MOV    TMOD,#10H      ;00010000B
          MOV    TH1,#3CH       ;置初值，使定时 100ms
          MOV    TL1,#0B0H
          SETB   TR1
          MOV    R0,#5
LOOP:     JBC    TF1,LOOP1
          SJMP   LOOP
LOOP1:    MOV    TH1,#3CH       ;重置初值
          MOV    TL1,#0B0H
          DJNZ   R0,LOOP        ;判断是否已 5 次定时 100ms
LOOP2:    CPL    P1.1
          MOV    R0,#5          ;重置循环变量
          SJMP   LOOP
          END
```

【例 5-7】系统晶振频率为 6MHz，设计一个秒计数器，秒信号数据存放在 50H 单元。

分析：1s=20ms×50，T0 工作在定时功能下，定时 20ms，可得 TMOD=00000001H，初值=D8F0H，因此 TH0=0D8H，TL0=0F0H。

程序中使用中断机制响应定时器溢出事件，每中断 50 次即 1s 时间到，调整秒计数器。

```
          SECOND EQU  50H       ;存放秒数据
          N      EQU  51H       ;存放中断次数，模 50
          ORG    0000H
          LJMP   MAIN
          ORG    000BH          ;T0 中断服务程序的入口地址
          LJMP   INTT0
          ORG    0030H
MAIN:     MOV    TMOD,#01H      ;设置 T0 工作在定时方式 1
          MOV    TH0,#0D8H
          MOV    TL0,#0F0H
          MOV    N,#0           ;用于计中断次数
          MOV    SECOND,#0      ;存放当前记录的秒数
          SETB   TR0            ;启动 T0
          SETB   ET0            ;允许 T0 中断
          SETB   EA             ;开放 CPU 中断
L1:       SJMP   L1             ;在循环执行本条指令过程中，中断服务程序被响应
INTT0:    MOV    TH0,#0D8H      ;重置计数初值
          MOV    TL0,#0F0H
          INC    N
          MOV    A,N
          CJNE   A,#50,L2       ;如中断不到 50 次则不需调整秒数据
          MOV    N,#0           ;如中断已到 50 次则秒加 1，N 重新置 0
          INC    SECOND
          MOV    A,SECOND
          CJNE   A,#60,L2
          MOV    SECOND,#0      ;如满 60 秒，则秒计数器清 0
L2:       RETI
          END
```

例 5-7 中若要求显示当前秒数，则将指令"L1：SJMP L1"用显示程序段替代，在循环执行显示程序段的过程中每隔 20ms 响应一次中断服务程序。

（3）方式 2 应用

【例 5-8】系统晶振频率为 6MHz，P3.4 输入低频负脉冲信号，要求 P3.4 发生负跳变时 P3.0 输出一个 500μs 的同步脉冲。

分析：P3.4 是 T0 的外部输入引脚；利用计数功能检测到负脉冲信号时，P3.0 输出 500μs 的同步脉冲，其实质是 P3.0 进行单稳态输出，500μs 的时间可以通过定时器获得。

因计数功能检测负脉冲和定时功能获取 500μs 定时并非同时进行，所以上述两项工作既可以分别使用 T0、T1 来完成，也可以使用同一定时器/计数器来完成。

在此选用两个定时器/计数器分别承担计数与定时工作，T0 用于检测负跳变，设置为计数功能、方式 2，初值为 0FFH，负跳变一到，TL0 加 1 产生溢出，置中断请求标志位 TF0 为 1，同时使 P3.0 产生负跳变，并持续 500μs，即 0.5ms。该定时时间由 T1 产生，T1 设置为定时功能、方式 2。

```
        ORG     0000H
        LJMP    START
        ORG     0030H

START:  SETB    P3.0            ;先使 P3.0 置位为 1
        MOV     TMOD,#26H       ;控制字 0010 0110B
        MOV     TH0,#0FFH       ;设置初值
        MOV     TL0,#0FFH
        SETB    TR0             ;打开运行控制位
LOOP1:  JBC     TF0,PTF01       ;等待输入脉冲
        SJMP    LOOP1
PTF01:  CLR     TR0             ;T0 停止工作
        CLR     P3.0            ;P3.0 输出低电平（产生负跳变）
        MOV     TH1,#6          ;使 T1 定时 500μs
        MOV     TL1,#6
        SETB    TR1             ;开 500μs 定时（T1）
LOOP2:  JBC     TF1,PTF02       ;等 500μs 定时到
        SJMP    LOOP2
PTF02:  SETB    P3.0            ;500μs 时间到，P3.0 输出高电平
        CLR     TR1             ;T1 停止工作
        SJMP    START
        END
```

（4）综合应用

【例 5-9】系统晶振频率为 6MHz，设计一个测量振荡频率的简易测频仪，测频仪开关与 P1.0 引脚相连，该引脚为低电平时启动测频仪，测量的频率结果存放在内存的 50H、51H 和 52H 地址，高地址存放高字节。

分析：频率是单位时间内脉冲的个数，公式为 $f=N/T$。测量时需用一个定时器来获得确定的时间间隔 T，还需用一个计数器来计数，计算特定的时间间隔内被测信号的脉冲数 N，然后计算出频率 f。

80C51 单片机内有两个定时器/计数器，可以完成上述一个定时器和一个计数器的功能。

采用 T1 实现计数功能、方式 1，从初值 0 开始计数，即 TH1=00H，TL1=00H；

采用 T0 实现定时功能、方式 1，定时 100ms，在 100ms 时间内所计个数乘以 10 就是每秒的脉冲数，也就是频率的赫兹数。

$$\text{TMOD} = 0 \quad \underline{1} \quad \underline{01} \quad 0 \quad \underline{0} \quad \underline{01} \text{B}$$
$$\qquad\qquad \text{计数 方式 1} \quad \text{定时 方式 1}$$

(65536−初值)×12/6MHz=100ms，计算得：初值=15536=3CB0H，TH0=3CH，TL0=0B0H。
为简化程序，不考虑按键消抖动。具体程序如下：

```
          ORG     0000H
          SJMP    COUNT
          ORG     0030H
COUNT:    MOV     TMOD,#51H        ;设置 T0、T1 功能、工作方式
          MOV     TH0,#3CH         ;设置初值
          MOV     TL0,#0B0H
          MOV     TH1,#0
          MOV     TL1,#0
Ifbegin:  JB      P1.0,Ifbegin     ;判断是否启动测频
          SETB    TR1              ;打开运行控制位
          SETB    TR0
TOVER:    JNB     TF0,TOVER        ;未到 100ms
          CLR     TR1              ;到 100ms，停止计数
          CLR     TR0              ;停止定时
MUL10:    MOV     A,TL1            ;以下为计数值乘以 10
          MOV     B,#10
          MUL     AB
          MOV     50H,A
          MOV     51H,B
          MOV     A,TH1
          MOV     B,#10
          MUL     AB
          ADD     A,51H
          MOV     51H,A
          MOV     A,B
          ADDC    A,#0
          MOV     52H,A
          SJMP    $
          END
```

5.3 串行通信接口原理及应用

如果需要使用单根数据线传输数据，单片机是否能够实现呢？串行通信接口
（串行口）可以实现这一功能，它是单片机重要的外部接口之一，所以我们可以
通过它向外设传输数据。本节在简要介绍通信基本概念的基础上，重点介绍80C51
单片机串行口的结构、控制机制及应用编程等。

微课视频

计算机与外界之间的数据传送称为通信，数据传送通常有以下两种方式。

（1）并行传送方式：以计算机的字长（通常是 8 位、16 位或 32 位）为传输单位，一次传
送一个字长的数据，即一个数据编码字符的各位同时发送、并排传输，又同时被接收。

并行通信的特点是通信速度快，但传输信号线多，传输距离较远时线路复杂、成本高，通
常用于近距离传输。

（2）串行传送方式：数据传输时一个数据编码字符的各位不是同时发送，而是按一定顺序，
一位接着一位在信道中被发送和接收。

串行通信的特点是传输信号线少，通信线路简单、成本低，但通信速度较慢，适合长距离
通信。

5.3.1 串行通信基础知识

1. 同步串行通信和异步串行通信

数据传输时，要确保接收端能够正确地接收、识别发送端传输的信号，必须采用同步技术。通信常用的同步技术有两种：同步传输、异步传输。

（1）同步传输

同步传输用来对数据块进行传输。一个数据块包含着许多连续的字符，在字符之间不需要停顿。通常发送端用同步字符表示数据流的开始。选用什么字符作为同步字符，可由收发双方协商或由协议规定。在有效信息开始传送前，发送端首先发送事先约定的同步字符来表示数据流的开始，然后收发双方同步开始进行数据传输。为了防止接收端的误判，发送端发送的数据不能包含同步字符。若原始数据中有同步字符需发送，则必须对其进行转义处理，用其他字符或字符序列来代替。

同步串行通信常用于传输信息量大、对数据传输速率要求高的场合。由于该通信方式需要通过判断同步字符实现同步，以及要对传输数据中包含的同步字符进行转义处理，因此其硬件设备较为复杂，成本较高。

（2）异步传输

异步传输也称起止同步传输，即以帧为单位进行传输，每帧由起始位、被传送字符的数据位（低位先发）、校验位（可选）、停止位4部分构成。有多个字符需要传输时，帧之间可以无间隔连续传输，也可以间隔约定为高电平的任意时长空闲状态。

起始位：低电平，占1位，用于控制收发双方的同步，表示一帧的开始。接收端一检测到高电平到低电平的负跳变，就启动数据接收功能。

数据位：待传送数据的各个二进制位，占5位、6位、7位或8位，传送时从最低位（LSB）开始。现常用8个数据位 $D_0 \sim D_7$，先发送 D_0，最后发送 D_7。

校验位：可选，占1位，紧跟数据位，用于对发送的数据进行校验。串行通信中多采用奇偶校验位方式，即根据被传送的数据位中1的个数奇偶性来确定校验数据，以保证数据位中1的个数和校验位中1的个数相加为奇数（奇校验方式）或偶数（偶校验方式）。串行通信双方在通信前应约定使用一致的校验方式。

停止位：高电平，占1位、1.5位或2位，紧跟校验位，表示一帧的结束。

异步串行通信传送数据时首先传输 1 位低电平的起始位，然后是数据位，其可以是 5～8位，且低位在前、高位在后，数据位之后可以根据需要增加一个奇偶校验位，最后是停止位，数据格式如图 5-12 所示。

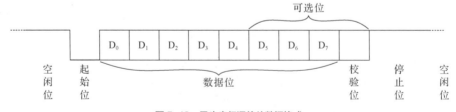

图 5-12　异步串行通信的数据格式

【例 5-10】若单片机串行通信的帧格式为1位起始位、8位数据位、1位奇校验位、1位停止位，则发送字符"1"的波形如何？

分析："1"的 ASCII=31H=00110001B，先发送 1 位起始位（低电平），然后是 8 位数据位，发送时低位在前、高位在后，接着是 1 位奇校验位，本例中奇校验位是 0，最后发送 1 位停止位，如图 5-13 所示。

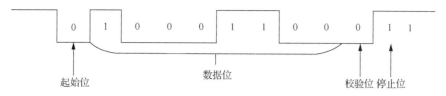

起始位　　　　　　　数据位　　　　　　校验位 停止位

图 5-13　发送字符"1"的波形

在异步传输过程中，收发双方的以下两项设置必须保持一致。

● 帧格式。上述编码形式中奇偶校验方式、数据位长度、停止位个数，通信双方必须保持一致。

● 数据传输速率。收发双方数据传输速率一致才能确保正确地接收、识别数据。

在异步串行通信中，收发双方必须按照约定的帧结构和波特率进行通信，才能保证数据传输的成功。波特率（Baud Rate）指每秒传输的符号数，在串行通信中，由于通常每个符号用 1位（bit）来表示，因此此波特率相当于每秒传输的二进制位数。

2. 串行通信线路形式

串行通信有以下 3 种线路形式。

（1）单工方式

单工方式的数据传输是单向的，信号（不包括联络信号）在信道中只能朝一个方向传送，而不能朝相反方向传送。通信双方中一方固定为发送端，另一方固定为接收端。单工方式的串行通信只需要一条数据线，如图 5-14 所示。

（2）半双工方式

半双工方式的数据传输是双向的，通信双方均具有发送和接收信息的能力，信道也具有双向传输的性能，但是通信的任何一方都不能同时既发送信息又接收信息，即任一时刻只能

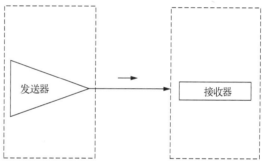

图 5-14　单工方式

由一方发送数据，由另一方接收数据，因此半双工方式可以只使用一条数据线，如图 5-15 所示。

（3）全双工方式

全双工方式的数据传输也是双向的，信号在通信双方间朝两个方向同时传送，任何一方在同一时刻既能发送又能接收信息，因此全双工方式需要两条数据线，如图 5-16 所示。

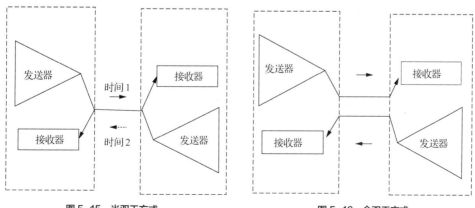

图 5-15　半双工方式　　　　　　　　　　图 5-16　全双工方式

5.3.2　80C51 单片机的串行通信接口结构及控制机制

80C51 单片机的串行口是一个全双工的异步串行通信接口，它有以下 4 种工作方式，既可作为通用异步收发器（UART），也可作为同步移位寄存器。

方式 0：同步移位寄存器方式，一般用于外接移位寄存器芯片以扩展 I/O 接口。

方式 1：8 位异步通信方式，常用于双机通信。

方式 2 和方式 3：9 位异步通信方式，常用于多机通信，区别在于波特率的来源不同。

方式 0 和方式 2 的波特率直接由系统时钟产生，方式 1 和方式 3 的波特率由定时器/计数器 T1 的溢出率确定。

1．80C51 单片机的串行口结构

80C51 单片机的串行口结构如图 5-17 所示，其主要由发送 SBUF、发送控制器、输出控制门、接收控制器、输入移位寄存器、接收 SBUF 等组成。

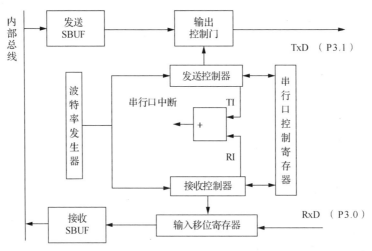

图 5-17　80C51 单片机的串行口结构

发送 SBUF 和接收 SBUF 是在物理上隔离的两个缓冲器，共用一个特殊功能寄存器名称 SBUF，字节地址都为 99H，CPU 通过指令来自动区分该访问哪个物理 SBUF 寄存器。当 CPU 向 SBUF 写数据时，访问的是发送 SBUF，而当 CPU 读 SBUF 时，访问的是接收 SBUF。发送方式下，串行数据通过 TxD（P3.1）引脚输出；接收方式下，串行数据从 RxD（P3.0）引脚输入，串行口内部在接收 SBUF 之前还有移位寄存器，从而构成了串行接收的双缓冲结构，以避免在数据接收过程中出现帧重叠错误。

发送数据时，执行一条向 SBUF 写入数据的指令，把数据写入串行口的发送 SBUF，就启动了发送过程。在发送时钟的控制下，先发送一个低电平的起始位，紧接着把发送 SBUF 中的内容按低位在前、高位在后的顺序一位一位地发送出去，最后发送一个高电平的停止位。一个字符发送完毕，串行口控制寄存器 SCON 中的发送中断请求标志位 TI 置位；对于方式 2 和方式 3，在发送完数据位后，要把串行口控制寄存器 SCON 中的 TB8 位发送出去后才发送停止位。

注意：串行口有两个特殊功能寄存器 SCON 和 PCON，用来设置串行口的工作方式及波特率等。

接收数据时，一般采用过采样的方式对线路进行扫描，判断线路的状态，并以此来判定串行通信一帧中的各个功能位。过采样的速率一般是波特率的 8 倍、16 倍或 32 倍，在数据位的中点采用"3 中取 2"的方式判定数据位的高低。例如，对于 16 倍波特率采样方式，串行通信接收电路不断用 16 倍于设定波特率的频率对线路进行采样，即每一位数据传输的时间里要扫描

通信线路 16 次。扫描过程中一旦检测到线路上有从"1"到"0"的负跳变，就启动一个位扫描计数器，取这个计数器计数的第 7、第 8、第 9 个脉冲（即一个数据位的中点）的采样值做"3中取 2"判别，以判断该位是否为正常的起始位。如果接收到的起始位的值不是"0"，则起始位无效，复位接收电路；如果该位是正常的起始位，则计数器在计数到 16 后自动清零，开始接收其他各位数据，直至接收完停止位结束，接收的前 8 位数据依次移入输入移位寄存器，根据工作方式的不同对第 9 位数据做不同处理。如果接收有效，则将输入移位寄存器中的数据置入接收 SBUF，同时置 SCON 中的接收中断请求标志位 RI 为 1，通知 CPU 取数据。

2．串行口控制机制

80C51 单片机有两个与串行口控制相关的寄存器：串行口控制寄存器（SCON）和电源控制寄存器（PCON）。

（1）串行口控制寄存器 SCON

串行口控制寄存器字节地址为 98H，既支持字节寻址也支持位寻址，位地址为 98H～9FH，用于设置串行口的工作方式、接收/发送控制以及设置状态标志位。其格式见 5.1.2 小节。

SCON 各位含义如下。

SM0（SCON.7）、SM1（SCON.6）：串行口工作方式选择位，其定义如表 5-3 所示。

表 5-3　单片机串行口工作方式

SM0	SM1	工作方式	功能说明	波特率
0	0	方式 0	同步移位寄存器方式	晶振频率的 1/12
0	1	方式 1	8 位 UART 方式	可变，由 T1 的溢出率决定
1	0	方式 2	9 位 UART 方式	晶振频率的 1/64 或 1/32
1	1	方式 3	9 位 UART 方式	可变，由 T1 的溢出率决定

SM2（SCON.5）：方式 2、方式 3 中的多机通信允许位。

选择方式 0 时，SM2=0。

选择方式 1 时，若 SM2=1，只有接收到有效的停止位，接收中断请求标志位 RI 才置 1。而当 SM2=0 时，则无论接收到的第 9 位数据是"0"还"1"，都将前 8 位数据装入 SBUF，并请求中断。

选择方式 2 和方式 3 时，若 SM2=1，则只有当接收到的第 9 位数据（RB8）为 1 时，才将接收到的前 8 位数据送入 SBUF，并将 RI 置 1，同时向 CPU 请求中断；如果接收到的第 9 位数据（RB8）为 0，则将 RI 置 0，将接收到的前 8 位数据丢弃。这种功能可用于多机通信。

REN（SCON.4）：串行接收允许位。REN=1 时，允许串行接收；REN=0 时，禁止串行接收。REN 可通过软件置位或清零。

TB8（SCON.3）：方式 2 和方式 3 中要发送的第 9 位数据。TB8 可作为奇偶校验位，也可作为 80C51 单片机多机通信中的控制位，表示当前数据是地址帧还是数据帧，发送数据时可通过软件置位或清零。

RB8（SCON.2）：方式 2 和方式 3 中接收到的第 9 位数据；方式 0 中 RB8 未使用；方式 1中，若 SM2=0，则 RB8 存储的是已接收的停止位。

TI（SCON.1）：发送中断请求标志位。方式 0 中，发送完第 8 位由硬件自动置位；其他方式中，在开始发送停止位时由硬件自动置位。TI=1 表示向 CPU 请求中断，如果 CPU 可响应串行通信中断，则可在中断服务程序中发送下一帧数据；也可通过程序查询 TI 来判断某一帧是否发送完成。由于 TI 和 RI 共用串行通信中断源，因此在任何情况下，TI 都必须由软件清零。

RI（SCON.0）：接收中断请求标志位。方式 0 中，第 8 位接收完毕由硬件自动置位；其他方式中，在接收停止位的中间点由硬件自动置位。RI=1 表示向 CPU 请求中断，如果 CPU 可响应串行通信中断，则可在中断服务程序中取走已接收的数据；也可通过程序查询 RI 来判断某一帧是否接收完毕。但在方式 1 中，当 SM2=1 时，若未收到有效的停止位，则不会对 RI 置位。同样，RI 必须由软件清零。

系统复位后，SCON 中所有位都被清零；通过软件可以设置 SCON 寄存器的各位，用于选择串行通信的工作方式、设置相应的控制功能。当用软件指令改变 SCON 的内容时，新设置的数据将在下一条指令第一个机器周期的 S_1P_1 发生作用。如果改变 SCON 的内容时一帧串行数据已经开始发送，则该帧发送的第 9 位（TB8）仍将是原先的值，而不是新设置的值。

（2）电源控制寄存器 PCON

电源控制寄存器字节地址为 87H，只能字节寻址。该寄存器中只 4 位有定义，其中最高位 SMOD 与串行口控制有关，其他位与掉电方式相关。其格式如下：

PCON（87H）	D_7	D_6	D_5	D_4	D_3	D_2	D_1	D_0
位名称：	SMOD	—	—	—	GF1	GF0	PD	IDL

SMOD（PCON.7）：串行通信波特率加倍位。当 SMOD=1 时，方式 1、方式 2、方式 3 的波特率为 SMOD=0 时的 2 倍。复位后 SMOD=0，由于 PCON 寄存器无位寻址功能，因此对 SMOD 的复位和置位操作需通过将 PCON 与 7FH 相与或者与 80H 相或来实现。

5.3.3　80C51 单片机的串行通信接口工作方式

80C51 单片机的串行口有 4 种工作方式，由 SCON 寄存器中 SM0、SM1 的取值决定。

1. 串行口工作于方式 0——同步移位寄存器方式

当串行口控制寄存器 SCON 中 SM0SM1=00 时，串行口工作在方式 0。

方式 0 直接使用 CPU 的机器周期作为同步移位时钟信号，其波特率固定为晶振频率的 1/12，每帧数据为 8 位，没有起始位和停止位，发送和接收均从数据的最低位（D_0）开始。图 5-18 为单片机串行口工作于方式 0 的时序图。

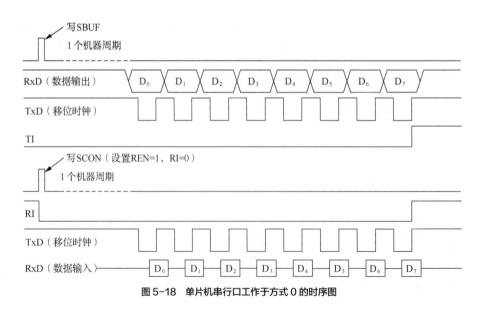

图 5-18　单片机串行口工作于方式 0 的时序图

由图 5-18 可见，方式 0 的数据接收和发送均通过 RxD 引脚（P3.0）进行，而 TxD 引脚（P3.1）输出同步移位脉冲，收发的数据都是 8 位，从低有效位（D_0）开始顺序收发。

串行口工作于方式 0 时，从执行写 SBUF 指令（如 "MOV SBUF,A"）的下一个机器周期开始启动串行数据的发送过程；从满足 REN=1（允许接收）和 RI=0（接收中断请求标志位清除）的下一个机器周期开始启动串行数据的接收过程。TI 和 RI 分别为发送中断请求标志位和接收中断请求标志位，两者均由硬件置位，但必须由软件清零。

2. 串行口工作于方式 1——8 位 UART

当串行口控制寄存器 SCON 中 SM0SM1=01 时，串行口工作在方式 1，为 8 位异步通信接口，波特率可变，取决于定时器/计数器 1 的溢出率。每帧的数据为 10 位，即 1 位起始位（固定为低电平）、8 位数据位（D_0 在先）和 1 位停止位（固定为高电平），TxD（P3.1）为数据发送端，RxD（P3.0）为数据接收端。图 5-19 为单片机串行口工作于方式 1 的时序图。

串行口以方式 1 发送数据时，数据由 TxD 引脚输出。CPU 执行一条写 SBUF 的指令后，在分频计数器完成 16 次计数回零后下一个机器周期的 S_1P_1 启用串行接口发送数据。发送每位数据的定时由分频计数器进行同步，分频计数器的溢出率即为设置的波特率。在最后一个数据位发送完成且停止位尚未发送时，硬件自动将发送中断请求标志位 TI 置 1，向 CPU 请求中断。

串行口以方式 1 接收数据时，数据从 RxD 引脚输入。串行接收允许位 REN 置 1 后，接收器便以波特率的 16 倍速率采样 RxD 引脚的电平，当采样到 "1" 至 "0" 的负跳变时，启动接收器准备接收数据帧，并复位内部的 16 分频计数器，以实现同步。计数器每 16 次扫描称为一个周期，把一位串行数据的传输时间等分成 16 份，在第 7～9 个计数状态时采样 RxD 引脚的电平，并对采样结果进行 "3 中取 2" 判别，以至少两次相同的值作为本次扫描的结果。经此判别过程后，如果接收到的起始位的值不是 0，则该信号是线路上的干扰信号，起始位无效，复位接收电路，下一次检测到负跳变时再重新启动接收器；如果接收值为 0，起始位有效，则开始接收本帧的其余信息。在 RI=0 的状态下，接收到停止位为 1（或 SM2=0）时，则将停止位送入 RB8，8 位数据进入接收 SBUF，并置 RI=1，向 CPU 请求中断。

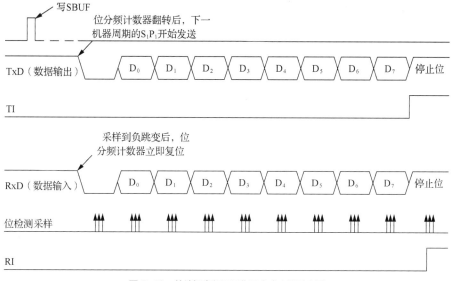

图 5-19 单片机串行口工作于方式 1 的时序图

在进行最后一次移位时，能将数据送入接收 SBUF 和 RB8，并置位 RI 的条件如下。

（1）RI=0，即上一帧数据接收完成时发出的中断请求已被响应，SBUF 中的数据已取走。

（2）SM2=0 或接收到的停止位为 1。

若以上两个条件中有一个不满足，则不会更新 SBUF、RB8 及 RI，即不可恢复地丢失接收的这一帧信息；如果满足上述两个条件，则数据位装入 SBUF，停止位装入 RB8 且置位 RI。接收这一帧之后，无论上述两个条件是否满足，即不管接收到的信息是否丢失，串行口将继续检测 RxD 引脚上"1"至"0"的负跳变，准备接收新的信息。

3. 串行口工作于方式 2 和方式 3——9 位 UART

当串行口控制寄存器 SCON 中 SM0SM1=10 时，串行口工作在方式 2；当 SM0SM1 = 11 时，串行口工作在方式 3。这两种工作方式下，串行口均为 9 位异步通信接口，每帧的数据为 11 位，即 1 位起始位（固定为低电平）、8 位数据位（D_0 在先）、1 位可编程位（第 9 个数据位）和 1 位停止位（固定为高电平）。发送时，可编程位（TB8）可设置为 0 或 1；接收时，可编程位送入 SCON 中的 RB8。TxD（P3.1）为数据发送端，RxD（P3.0）为数据接收端。

方式 2、方式 3 的区别仅在于波特率的不同：方式 2 的波特率为晶振频率的 1/32 或 1/64，而方式 3 的波特率可变，取决于定时器/计数器 1 的溢出率，可通过软件设置。

图 5-20 为单片机串行口工作于方式 2、方式 3 的时序图。

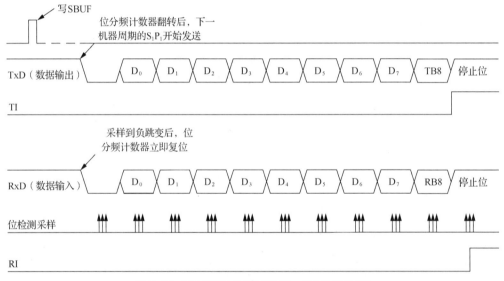

图 5-20　单片机串行口工作于方式 2、方式 3 的时序图

串行口以方式 2、方式 3 发送数据时，数据由 TxD 引脚输出，附加的第 9 个数据位为 SCON 中的 TB8。在分频计数器完成 16 次计数回零后下一个机器周期的 S_1P_1 启用串行接口发送数据。发送每位数据的定时由位分频计数器进行同步，分频计数器的溢出率即为设置的波特率。在最后一个数据位发送完成且停止位尚未发送时，硬件自动置发送中断请求标志位 TI 为 1，向 CPU 请求中断。

串行口以方式 2、方式 3 接收数据时，与方式 1 类似。当 REN=1 时，接收器便以波特率的 16 倍速率采样 RxD 引脚的电平，检测到负跳变后启动接收器，后续采样及判别过程与方式 1 完全相同，但接收的总数据位比方式 1 多一位。当采样至停止位并判别有效时，将 8 位数据装入 SBUF，第 9 位数据装入 RB8，并置接收中断请求标志位 RI 为 1，向 CPU 请求中断。

同样，当 RI=0、SM2=0 或接收到的第 9 位数据为 1 这两类条件中的任何一个条件不满足时，所接收的数据帧无效，不会置 RI 为 1。

方式 2 和方式 3 仅在波特率上有区别,方式 2 的波特率只有两种选择,当用软件设置 PCON 寄存器中的 SMOD 位为 0 或 1 时,分别对应两种波特率。

$$方式 2 的波特率=(2^{SMOD}×晶振频率 f_{osc})/64$$

方式 3 的波特率则与定时器/计数器 1 的溢出率有关,即

$$方式 3 的波特率=(2^{SMOD}×T1 的溢出率)/32$$

可见方式 3 和方式 1 一样,可以通过软件对定时器/计数器的设置进行波特率的选择,所以波特率都是可变的。

串行口工作于方式 2 和方式 3 可以用于实现主从式多机串行通信,或者用于实现 8 位有效数据附加奇偶校验位的点对点串行通信。

5.3.4 串行通信数据传输速率

1. 传输速率的表示方法

串行通信中有一个重要的参数:波特率。它用于衡量数据传输的快慢。在串行通信中,波特率表示每秒传送的二进制位数,单位是波特(Baud),即

1 波特=1bit/s

串行通信常用的标准波特率在 RS-232C 标准中已有规定,如 600 波特、1200 波特、2400 波特、4800 波特、9600 波特、19200 波特等。例如,若串行通信每秒传输 480 个字符,每个字符帧由 1 个起始位、8 个数据位、1 个停止位构成,则传输速率为 480×10=4800bit/s,即为 4800 波特。每一位数据传送的时间为波特率的倒数:$T=1÷4800≈0.208ms$,即传输 1 位数据约需 0.208ms。

2. MCS51 串行口波特率设置

MCS51 单片机中由 T1 及内部的一些控制开关和预分频器构成了波特率发生器,如图 5-21 所示,它为串行口提供时钟信号 TXCLK(发送时钟)和 RXCLK(接收时钟),相应的控制波特率发生器的特殊功能寄存器有 TMOD、TCON、PCON、TL1、TH1 等。

80C51 单片机串行口有 4 种工作方式,其波特率的设置如下。

方式 0:波特率固定,即

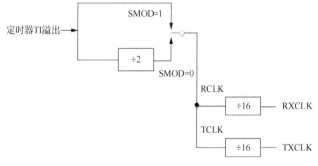

图 5-21 串行口的波特率发生器

$$方式 0 的波特率=f_{osc}/12$$

方式 2:波特率基本固定。根据软件对 PCON 寄存器中 SMOD 位(PCON.7)的设置,有两种选择:当 SMOD 为 0 时,波特率为 $f_{osc}/64$;当 SMOD 为 1 时,波特率为 $f_{osc}/32$。即

$$方式 2 的波特率=(2^{SMOD}×f_{osc})/64$$

方式 1、方式 3:波特率可变,通过对 SMOD 和定时器/计数器的设置,获得符合要求的波特率。这两种方式下,串行收发器都以波特率的 16 倍速率扫描线路,这个扫描频率是通过定时器/计数器 T1 的溢出信号产生的。因此,当需要设置串行口方式 1 和方式 3 的波特率时,可通过软件将定时器/计数器 T1 的溢出率设置为所要求的波特率的 16 倍。由于 T1 是可编程的,可选择的波特率范围比较大,因此,串行口的方式 1 和方式 3 是常用的工作方式。

定时器/计数器 T1 仅在实现定时功能时,才可作为串行口的波特率发生器。T1 的溢出率与

它的工作方式有关，T1 定时功能共有 4 种工作方式，其中只有方式 2 具有自动重装功能。这种方式下，定时器/计数器在计数溢出时会通过硬件控制自动将存放在 TH1 寄存器中的初值重新装入 TL1，实现连续不间断的计数，从而产生准确的波特率。因此，定时器方式 2 最适合作为串行口波特率发生器。

定时器的溢出率指单位时间内计数溢出的次数，即定时时长的倒数。当定时器/计数器 T1 工作于定时功能、方式 2 下，且初值为 N 时，溢出率为

$$\text{T1 溢出率} = f_{osc}/[12 \times (2^8 - N)]$$

由于在方式 1 和方式 3 下，串行收发器都以波特率的 16 倍速率扫描线路，并且这个扫描频率是通过定时器/计数器 T1 的溢出信号产生的，因此将 T1 溢出率除以 16（SMOD=1）或 32（SMOD=0）就是串行口的波特率，由此可得到：

$$\text{方式 1、方式 3 的波特率} = (2^{SMOD} \times \text{T1 溢出率})/32$$

在实际应用中，往往是在给定晶振频率 f_{osc} 和要设置的波特率的情况下，需要求出定时器的计数初值 N。将 T1 溢出率的算式代入上式，可求出：

$$N = 256 - \frac{2^{SMOD} \times f_{osc}}{\text{波特率} \times 32 \times 12}$$

从上式可以看出，在确定 f_{osc} 的情况下求定时器的计数初值，有可能会因为不能整除而产生一定的误差。如果对波特率的要求较高，建议选用频率是常用波特率整数倍的晶振，如振荡频率为 11.0592MHz、18.432MHz 或 22.1184MHz 等的晶振，以产生精确的波特率。

5.3.5　串行通信应用

1．近程通信

近程通信又称本地通信。近程通信采用数字信号直接传送形式，在传送过程中不改变原数据编码的波形和频率，这种数据传送方式称为基带传送方式。图 5-22 为单片机近程通信示意图。

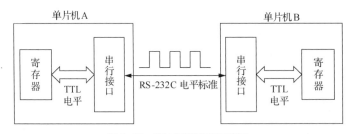

图 5-22　单片机近程通信示意图

2．双机通信

双机通信也称为点对点通信，常用于单片机与单片机之间交换信息，也常用于单片机与微机之间的信息交换。为确保数据的正确传输，通信双方需遵循相同的帧格式和数据传输率。

两个单片机间采用 TTL 电平直接传输信息，其距离一般不超过 5m，所以实际应用中通常采用 RS-232C 标准电平进行点对点通信，电平转换芯片采用 MAX232 芯片。

【例 5-11】甲、乙两个单片机应用系统通过串行口进行数据传输，数据传输率为 1200bit/s，甲系统将片内 RAM 中以 20H 为首地址的 32 个 ASCII 码数据取出，加奇校验后通过串行口发出，乙系统通过串行口接收数据并将数据存放至片内 RAM 中以 20H 为首地址的区域，系统晶振频率 f_{osc}=11.0592MHz。

分析：

（1）ASCII 码是 7 位二进制数，加上奇校验位，共 8 位数据，因此可以使用串行口工作方式 1。

（2）PSW 中的 P（校验位）是对累加器 ACC 中数据的偶校验，因此可以利用这一特点得到奇校验位。

（3）通信双方收发的是 32 个数据，使用循环结构实现数据传输。

（4）串行口工作方式 1 使用 T1 作为波特率发生器，T1 工作在定时功能、方式 2，其波特率为

$$T1\ 波特率 = \frac{2^{SMOD}}{32} \times \frac{f_{osc}}{12 \times \left[2^8 - (TH1)\right]} = 1200\ 波特$$

设 SMOD=0，则 TH1=232=0E8H。

甲系统程序：

```
        ORG     0000H
        SJMP    START
        ORG     0030H
START:  MOV     PCON,#0         ;使 SMOD=0
        MOV     TMOD,#20H       ;T1 工作在定时功能、方式 2
        MOV     TH1,#0E8H
        MOV     TL1,#0E8H       ;设置波特率为 1200 波特
        SETB    TR1
        MOV     SCON,#01000000B ;串行口工作在方式 1，禁止接收
        MOV     R0,#20H         ;被发送数据的首地址
        MOV     R3,#20H         ;发送数据的个数
LOOP:   MOV     A,@R0
        LCALL   SEND            ;调用发送子程序
        INC     R0
        DJNZ    R3,LOOP
        LJMP    LAST
SEND:   MOV     C,  P           ;PSW 中是偶校验
        CPL     C               ;将 P 改为奇校验
        MOV     ACC.7,C         ;校验位加入发送数据
        MOV     SBUF,A
        JNB     TI,$
        CLR     TI
        RET
LAST:   NOP
        END
```

乙系统程序：

```
        ORG     0000H
        SJMP    MAIN
        ORG     0030H
MAIN:   MOV     PCON,#0         ;置 SMOD=0
        MOV     TMOD,#20H       ;设 T1 为定时器，方式 2
        MOV     TH1,#0E8H       ;设时间常数
        MOV     TL1,#0E8H
        SETB    TR1             ;启动 T1
        MOV     SCON,#01010000B ;方式 1，允许接收
        MOV     R0,#20H         ;接收缓冲区首地址
        MOV     R3,#20H         ;接收数据个数
LOOP:   LCALL   RECEP           ;调用接收子程序
        MOV     @R0,A
        INC     R0
```

```
            DJNZ      R3,LOOP
            LJMP      LAST
RECEP:      JNB       RI,$          ;等待一帧数据接收完
            CLR       RI            ;为下次做准备
            MOV       A,SBUF        ;接收的数据装入 A，其中 ACC.7 为奇校验位
            JNB       P,ERR         ;P 应为 1，若为 0，转向出错处理 ERR
            ANL       A,#7FH        ;去除校验位后的 ASCII 码数据
            AJMP      L1
ERR:        SETB      F             ;出错，则将 PSW 中的用户标志位 F 置位
L1:         RET
LAST:       NOP
            END
```

3. 多机通信

当串行口工作在方式 2 或方式 3 接收数据时，串行口控制寄存器 SCON 中的 SM2 位可作为多机通信控制位。

当 SM2=1 时，单片机串行口从串行总线上接收到 1 字节的数据后，只有紧跟该字节的第 9 位数据 RB8 为 1，该字节数据才会被装入 SBUF，并置 RI 为 1，表明接收数据有效，向 CPU 申请中断。如果接收到的第 9 位数据为 0，则认为该数据无效，不置位 RI，CPU 也不会做任何处理。

当 SM2=0 时，单片机串行口在接收到 1 字节的数据后，不管紧随其后的第 9 位数据 RB8 是 0 还是 1，均会将该字节数据装入 SBUF，并置 RI 为 1，表明接收数据有效，向 CPU 申请中断。

利用单片机串行口的上述特性，就可以实现主从式多机通信。图 5-23 为多机通信系统连接示意图，系统由 1 台主机和 n 台从机构成，每台从机有唯一的编号。

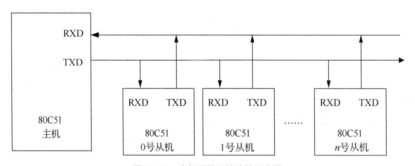

图 5-23　多机通信系统连接示意图

系统初始化时，所有从机中的 SM2 位均被置为 1，并处于允许串行口中断、接收数据状态。主机欲与某从机通信，先向所有从机发出所选从机的地址，从机地址匹配后，主机才发送命令或数据。

主机在发地址时，置第 9 位数据（TB8）为 1，表示主机发送的是地址帧；在呼叫某从机联络正确后，主机发送命令或数据时，将第 9 位数据（TB8）清 0。各从机由于 SM2 置 1，因此会响应主机发来的第 9 位数据（RB8）为 1 的地址信息。从机响应中断后，有以下两种操作。

（1）若从机的地址与主机"点名"的地址不相同，则该从机将继续维持 SM2 为 1，从而拒绝接收主机后面发来的命令或数据信息，不会产生中断，而等待主机的下一次"点名"。

（2）若从机的地址与主机"点名"的地址相同，该从机将本机的 SM2 清 0，继续接收主机发来的命令或数据，响应中断。

这样可以保证实现主机与从机一对一的通信。

因此，多机通信的规则可以总结为以下几点。

（1）主机：从机的串行口均初始化为 9 位异步通信方式（方式 2 或方式 3）。

（2）从机：置位 SM2，允许接收和串行口中断。

（3）主机：发送的前 8 位数据为地址，并且第 9 位为"1"（表示地址帧）。

（4）从机：接收到地址帧时串行口中断，中断服务程序将接收到的地址与本身地址相比较。若相同，表明主机要与本机通信，SM2 清 0，并回应从机已准备好通信。若不同，等待下一次地址帧。

（5）主机：收到从机应答后，就可以开始与从机正式通信。在通信过程中，发送信息的第 9 位数据均为 0（数据帧、控制帧），这样其他从机不会误收。

（6）通信结束：从机置位 SM2，主机又可以发新的联络信息（地址帧）。

多机通信的主机程序、从机程序流程图如图 5-24、图 5-25 所示，其中命令帧 00H 要求从机接收数据，01H 要求从机发送数据。

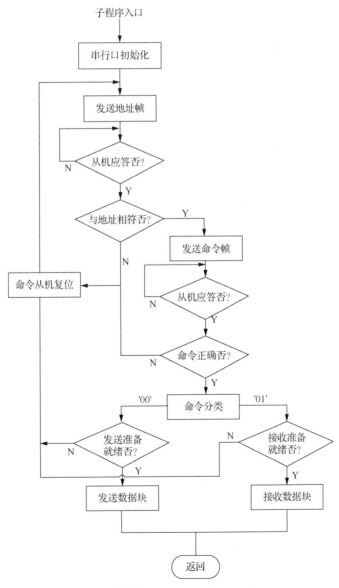

图 5-24　多机通信的主机程序流程图

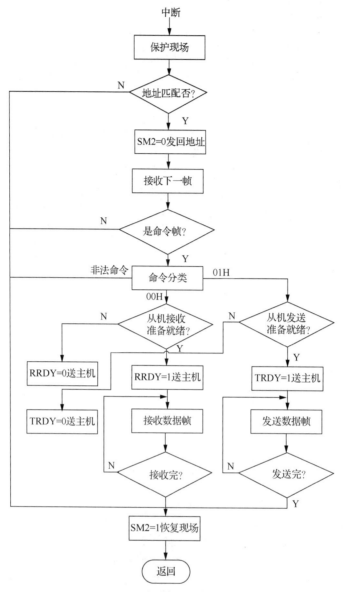

中断

保护现场

地址匹配否？　N

SM2=0发回地址　Y

接收下一帧

是命令帧？　N

命令分类　非法命令　01H

00H

从机接收准备就绪？　N　　从机发送准备就绪？　N

Y　　　　　Y

RRDY=0送主机　　RRDY=1送主机　　TRDY=1送主机

TRDY=0送主机　　接收数据帧　　发送数据帧

接收完？　N　　发送完？　N

Y

SM2=1恢复现场

返回

图5-25　多机通信的从机程序流程图

1号从机对串行口控制寄存器SCON的初始化为

MOV	SCON,#10110000B	;方式2，SM2=1，允许接收

主机对串行口控制寄存器SCON的初始化为

MOV	SCON,#10010000B	;方式2，SM2=0，允许接收

假设1号从机的地址码为01H,则主机向1号从机发送一个数据的程序段如下(忽略应答信息)：

JNB	TI, $	;等待上一个数据发送完成
CLR	TI	
SETB	TB8	;置位第9位数据TB8，接着发送地址码
MOV	SBUF,#01H	;发送1号从机的地址码，该数据各从机都可收到
JNB	TI, $	;若数据未发送完，则等待
CLR	TI	
CLR	TB8	;清零TB8，接着发送数据
MOV	SBUF,DATA1	;数据1发给从机1，其他从机（SM2=1）收不到

若从机采用查询方式接收数据，则接收一个数据的程序段如下（忽略应答信息）：

```
NEXT:    JNB RI, $          ;此时 SM2=1, 等待接收地址码
         CLR RI
         MOV A,SBUF         ;取地址码
         CJNE A,#01H,LOP    ;地址码不符, 则转向 LOP 处
         CLR SM2            ;地址码相符, 则 SM2=0, 开始接收数据
         JNB RI,$           ;等待接收一帧数据结束
         CLR RI
         MOV @R0,SBUF       ;接收的数据送 R0
         INC R0
    LOP: NEXT              ;地址码不符, SM2 仍为 1, 不接收数据
```

习题与思考

一、填空题

1. 80C51 单片机内部有____个定时器/计数器，它们具有_____功能和_____功能，分别对_____和_____进行计数。

2. 对于串行口的工作方式 1，当波特率为 9600 波特时，每分钟可以传送 _____个字符。

二、简答题

1. 80C51 中断响应时间是否为固定值？为什么？

2. 80C51 单片机各中断请求标志位是如何置位的？如何清除各中断请求标志位？CPU 响应中断时，它们的中断向量分别是什么？

3. 80C51 单片机能提供几个中断源？几个中断优先级？各中断源的优先级如何设置？同级中断源如何确定响应次序？

4. 定时器/计数器使用定时功能时，定时时间与哪些因素有关？使用计数功能时，外接计数频率最高为多少？

5. 定时器/计数器 T0 已预置初值 156，且选定用于方式 2、计数功能，现在 T0 引脚上输入周期固定为 1ms 的脉冲，试回答以下问题。

（1）此时定时器 T0 的实际用途可能是什么？

（2）在什么情况下，T0 溢出？

6. 什么是波特率、溢出率？如何计算和设置 80C51 串行通信的波特率？

7. 某异步通信接口，其帧格式由 1 个起始位、7 个数据位、1 个奇校验位和 1 个停止位构成。当该接口每分钟传送 1800 个字符时，计算其波特率。

8. 设串行口串行发送的字符格式为 1 个起始位、8 个数据位、1 个奇校验位、1 个停止位，请画出传送字符"A"的帧格式。

9. 设 MCS51 单片机系统的晶振频率为 11.0592MHz，串行口工作于方式 1，波特率为 9600 波特，试计算用 T1 作为波特率发生器时各控制字的值。

三、操作题

1. 编程实现定时器/计数器 T1 对外部事件计数，每计数 1000 个脉冲后，T1 转为定时功能，定时 10ms 后，又转为计数功能，如此循环不止。单片机晶振频率为 6MHz。

2. 编程实现 80C51 单片机通过串行口发送存放在片内 RAM20H～2FH 的数据，串口波特率为 1200 波特，工作在方式 3，第 9 位数据作奇校验位，以中断方式传送数据（单片机晶振频率为 11.0592MHz）。

第 6 章
80C51 功能扩展

本章简单介绍 80C51 的系统扩展技术，包括通过系统总线扩展外部程序存储器、外部数据存储器，并通过两种 LCD 屏的扩展实例来演示 80C51 扩展外部输入输出接口的实现过程，使读者对 80C51 的功能扩展有更为直观的认识。

6.1 80C51 系统扩展

单片机与扩展设备或芯片之间的接口通常分为基于总线扩展的操作接口和基于 GPIO 读写的操作接口两种。基于总线扩展的操作接口是将扩展设备视为单片机的外扩存储器，将外扩设备的数据总线、地址总线以及控制总线与单片机的总线对应相连，通过外部数据存储器寻址指令对扩展设备进行读写操作。基于 GPIO 读写的操作接口则通常是将扩展设备直接连接到单片机的并行 I/O 端口（P0～P3）或某些引脚上，通过读写端口或读写 GPIO 引脚来实现单片机与扩展设备之间的数据交互。

微课视频

目前常用的基于 GPIO 的扩展接口包括异步串行通信接口、I2C 总线接口、1-Wire 总线接口、SPI 串行总线接口及移位寄存器等。一般的单片机出于成本的考虑不可能将所有串行接口都集成到芯片内部，例如，MCS51 单片机片内仅集成了异步串行通信接口，上述其他各种串行接口均未提供。在实际应用中需要使用其他的串行接口时，通常直接使用 GPIO 接口与串行接口设备连接，通过程序控制引脚模拟相关总线的时序来对串行接口设备进行操作和控制。

基于 GPIO 的扩展接口将在 6.2.2 小节的实例中讲解，下面着重介绍单片机总线扩展的基本原理。

6.1.1 单片机总线扩展的基本原理

单片机的内部集成了组成计算机的基本功能部件。从一定意义上讲，一块单片机就相当于一个基本的微机系统。智能仪器、仪表、小型测控等系统可以直接应用单片机而不必扩展外围芯片，极为方便。但对于一些较大的应用系统，单片机片内集成的资源往往就显得不足，这时就要在其外围扩展一些器件，以适应特定应用的需要。

单片机应用系统中扩展的器件必须从属于单片机，受单片机支配和指挥，可实现单片机与扩展器件之间的连接及信息交换。用于连接各扩展器件的公用信息通路称为总线。

可供多个器件公用的地址线路称为地址总线，连接在地址总线上的每个器件必须被赋予相应的地址。MCS51 单片机提供由 P0 和 P2 端口构成的 16 位地址总线。P0 端口既是低 8 位地址总线，又是 8 位的数据总线，是双功能的地址/数据复用总线。

外部扩展的各功能器件均从属于主机，受主机支配与指挥，需通过选通、控制总线来实现其功能。P3 端口的部分引脚复用为选通、控制总线，此外还设有专用外部程序存储器选通线 $\overline{PSEN}$。通过数据总线、地址总线和控制总线的三总线结构进行系统扩展，整体结构灵活、规范，设计简单、方便。

图 6-1 所示为 MCS51/52 单片机扩展三总线结构图。

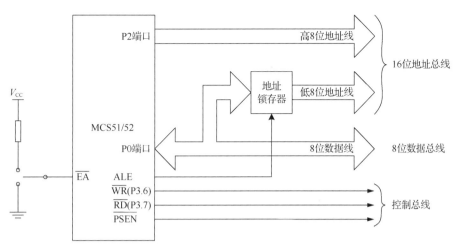

图 6-1　MCS51/52 单片机扩展三总线结构图

为了实现 P0 端口地址/数据总线分时复用的功能，系统扩展时采用地址锁存器。在 ALE（地址锁存允许）信号有效时，P0 端口输出的内容为低 8 位地址，在 ALE 的下降沿，P0 端口上的低 8 位地址被推入地址锁存器，到下一次 ALE 有效前都保持不变，为访问外部功能部件/器件提供低 8 位地址码，此后 P0 端口就可进行数据的输入输出。这就是 P0 端口地址/数据分时复用的基本原理。

常用的地址锁存器有 74LS373 和 74LS573，它们都是带有三态输出控制的 8D 锁存器，其引脚分布图如图 6-2 所示。实际应用中选用 74LS573 更方便，这主要是因为它的输入输出引脚排列规整，有利于电路板的布线。

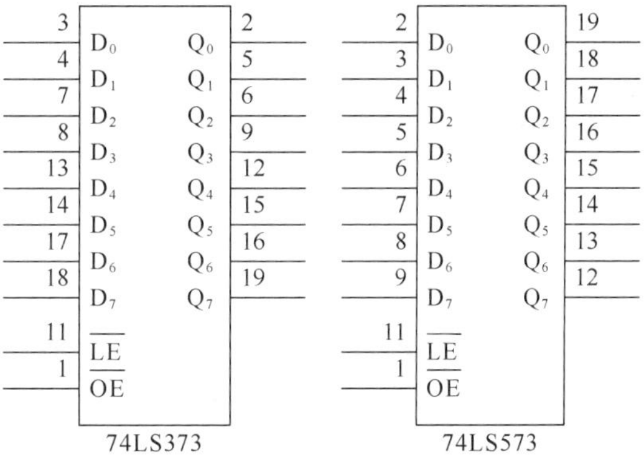

$\overline{\text{PSEN}}$ 是访问外部程序存储器（ROM）的专用选通信号引脚，低电平有效。$\overline{\text{RD}}$、$\overline{\text{WR}}$ 是专门用于访问外部数据存储器（RAM）或扩展器件的读/写数据选通信号引脚，均为低电平有效。由此可见，不仅程序存储器和数据存储器的存储单元及地址空间是完全分开的，而且进

图 6-2　74LS373 和 74LS573 引脚分布图

行读/写的选通线也是各自独立的，所以说 MCS51/52 单片机是典型的哈佛结构的嵌入式处理器。另外，扩展器件必须挂接到单片机的数据总线上，作为外部数据存储器的一部分来实现与 CPU 的数据交换。

图 6-1 中 $\overline{\text{EA}}$ 引脚应根据程序存储器的不同配置选择是接高电平还是接低电平。如果单片机没有内部程序存储器，那么程序只能全部存放在外部程序存储器中，此时 $\overline{\text{EA}}$ 必须接地，指示 CPU 通过 $\overline{\text{PSEN}}$ 引脚选通外部程序存储器取指令。而当单片机内部配置有程序存储器时，如果 $\overline{\text{EA}}$ 接高电平，CPU 首先从内部程序存储器取指令，只要指令的地址不超出内部程序存储器的地址范围，$\overline{\text{PSEN}}$ 引脚处信号就不会有效。当取指令的地址超出内部程序存储器的地址范围时，$\overline{\text{PSEN}}$ 引脚处信号有效，自动转向访问外部程序存储器。目前绝大多数主流的单片机都配置有容量不等（1～64KB）的内部程序存储器，而且多是 Flash，擦写数据、更新程序都很方便，所以现在绝大多数的单片机应用系统，从可维护性及性价比的角度出发，只要最终产品的产量不是非常大，一般都会首选带有内部 Flash 程序存储器的单片机，仅在需要控制外部器件时进行系统总线扩展。

6.1.2 扩展总线的地址空间分配及译码

MCS51 单片机内部程序存储器从工艺上分有掩膜 ROM 型、OTP 型、EPROM 型和 Flash 型。其容量也从最初的 1KB、2KB、4KB 逐渐增加到了 8KB、16KB，直至 64KB，能满足各种规模的应用系统的要求，所以现在一般的应用系统很少需要扩充程序存储器。

MCS51/52 单片机的内部数据存储器的容量分别为 128Byte 和 256Byte，有些类型的单片机还在片内集成了 1～2KB 的外部 RAM，对于数据量不大的应用系统来说，已能满足要求；如果不够，还可扩展外部数据存储器片外 RAM。外部 RAM 的总容量为 64KB。程序存储器和数据存储器各有自己的 64KB 地址空间，而且寻址方式各不相同。单片机通过控制总线中的 $\overline{\text{PSEN}}$、$\overline{\text{RD}}$ 和 $\overline{\text{WR}}$ 来区分所访问的存储空间。

地址空间分配是在 16 位地址线所决定的 64KB 可寻址范围内，给外部扩展的可编程或可寻址的器件划分地址空间范围的过程，也是单片机应用系统外部功能扩展硬件设计中至关重要的问题。它与外部扩展的功能器件的数量及每个器件所占用的地址空间多少有关，必须综合考虑，统一分配。特别是外部数据存储器与其他需寻址的器件同时存在的情况下，它们各自的寻址范围在 64KB 的范围内不能重叠，否则 CPU 访问时可能发生数据信息的冲突。

当外部扩展了存储器和多片需寻址的器件时，主机是通过地址总线来选择并确定某一个被寻址的器件（芯片）及访问某一个存储单元的。要完成这一操作需进行两方面的寻址：一方面是选择并确定被寻址的器件（芯片），称为片选；另一方面是在片选信号有效的情况下，寻址该器件（芯片）内部的某个存储单元或功能寄存器，称为字选。通常，地址空间的分配有两种方法：线选法和地址译码法。在实际应用设计中应根据情况进行选择。

1. 线选法

线选法（线性选择法）是将多余的地址线（除去存储器容量所需占用的地址线）用于片选信号线的地址分配。某根地址线有效，则对应的某个器件（芯片）被选中并激活，处于工作状态。因此，每一块用线选法选通的芯片均需占用一根地址线，作为该芯片的片选信号线。例如，使用线选法扩展一片数据存储器（RAM）6264，其容量为 8KB，寻址这 8KB 的空间需占用 13 位地址线 A0～A12，另外还需再占用一根地址线作为片选信号线，假设使用 A13，这样单片机就只余两根高位地址线，用线选法只能扩展 2 片其他的器件，而且各自占用了较大的地址空间；如果是使用线选法扩展一片串行通信接口芯片 16C550，它的片内有 12 个功能寄存器，只占用 8 个地址单元，所以它只需占用 4 位地址线，3 位用于内部地址单元寻址，1 位作为片选信号线，剩余的 12 根地址线可以扩展其他芯片使用。

线选法中用于器件（芯片）片选信号的地址线确定了该器件（芯片）的寻址空间。例如，单片机地址总线的第 14 位（A13）与外部扩展器件（芯片）的 $\overline{\text{CS}}$（片选信号引脚，低电平有效）相连接，地址总线的 A0～A12 与 6264 地址线相连，那么 CPU 对这片 6264 寻址时地址线 A15～A0 的有效排列应为 1100 0000 0000 0000～1101 1111 1111 1111，即这片 6264 的地址空间为 0C000H～0DFFFH，共占用 8KB 地址空间。假设该系统中还扩展了一片 16C550，使用地址线 A14 作为片选信号线，则 CPU 对 16C550 寻址时地址线 A15～A0 的有效排列应为 1010 0000 0000 0000～1011 1111 1111 1111，即这片 16C550 的地址空间为 0A000H～0BFFFH，总共也占用 8KB 地址单元。要注意的是，虽然总线上可以挂接很多器件，但同一时刻只能有一个器件使用总线，因此当 16C550 片选有效时，6264 的片选必须无效，也就是说每根地址线只能用于选通一个器件，极大限制了扩展外部器件的数量，这也正是线选法的主要缺点。其优点是不需附加其他器件（如译码器等），可减小硬件成本。

线选法较适合不需外部扩展容量较大的存储器、需寻址的器件数量不多，以及应用系统功能不太复杂的场合，硬件设计较简单，成本低。

2．地址译码法

线选法中一根地址线只能扩展（选通）一个器件，特别是当使用高位地址线时，每根地址线占用地址空间较大，从而限制了外部扩展器件的数量，直接影响到单片机在更广泛的、功能要求更复杂的应用场合使用。

采用地址译码法则可以只占用少量的高位地址线，经译码逻辑生成多根片选信号线，从而减少了每个扩展器件占用的地址空间范围，增加了扩展器件的数量。例如，选用最高 3 位地址线（A15、A14、A13），通过 3-8 译码器共可生成 8 根片选信号线，这样就可以由原来的只能扩展 3 个器件变为可扩展 8 个器件。如前所述，扩展一个数据存储器 6264 和一个 16C550，8KB 的 RAM 需用 13 根地址线进行寻址，余下最高 3 位地址线进行 3-8 地址译码，可得到 8 个译码输出，每个译码输出占用 8KB 地址空间。我们可以将第 0 号输出接 6264 的片选信号，第 1 号输出接 16C550 的片选信号，还剩 6 根片选信号线，可再扩展 6 个器件，比线选法增加了 5 个，这是地址译码法的主要优点，但需增用一个译码器件，增加一定的硬件成本。

常用的 3-8 译码器有 74LS138，另外还有双 2-4 译码芯片 74LS139 以及更大规模的译码芯片，如 4-16 译码器等。74LS138 最为常用，它的引脚分布图如图 6-3 所示。

图 6-3 中 A、B、C 为译码输入，C 为高位，A 为低位。其译码真值表如表 6-1 所示。

74LS138 有 G1、$\overline{G2A}$、$\overline{G2B}$ 共 3 条片选信号引脚，G1 为高电平有效，$\overline{G2A}$ 和 $\overline{G2B}$ 为低电平有效，只有当这 3 个片选信号输入电平的组合为 100 时，74LS138 才处于工作状态。一般常将 G1接高电平，将 $\overline{G2A}$、$\overline{G2B}$ 均接低电平，这样，74LS138 就一直处于工作状态。我们也可以将这 3 根线连接到其他的译码输入线上，使它们也参与译码控制。

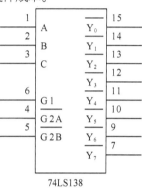

图 6-3　74LS138 引脚分布图

如果 3-8 译码器不够用，除了采用多片 74LS138 或者更大规模的组合译码芯片外，建议改用 GAL 或 CPLD 等可编程逻辑器件进行译码，从而极大简化译码电路、降低功耗、增强系统的保密性。具体使用方法请参阅相关资料，在此不再赘述。

表 6-1　74LS138 译码真值表

译码器输入						译码器输出
控制端			地址端			
G1	$\overline{G2A}$	$\overline{G2B}$	C	B	A	
1	0	0	0	0	0	$\overline{Y_0}$ =0，其余均为 1
			0	0	1	$\overline{Y_1}$ =0，其余均为 1
			0	1	0	$\overline{Y_2}$ =0，其余均为 1
			0	1	1	$\overline{Y_3}$ =0，其余均为 1
			1	0	0	$\overline{Y_4}$ =0，其余均为 1
			1	0	1	$\overline{Y_5}$ =0，其余均为 1
			1	1	0	$\overline{Y_6}$ =0，其余均为 1
			1	1	1	$\overline{Y_7}$ =0，其余均为 1
0	×	×	×	×	×	$\overline{Y_0}$ ～ $\overline{Y_7}$ 均为 1
×	1	×				
×	×	1				

综上所述，采用地址译码法可将原地址空间更合理地划分成符合需要的若干区域地址块。其设计方法多种多样，我们应根据应用系统的实际要求选择不同的设计方案。

6.1.3 扩展外部程序存储器的电路设计

随着带内部程序存储器的单片机不断普及，特别是内部程序存储器的容量在 1～64KB 范围内都有相应的产品供应，现在一般情况下应用系统都不需要扩展外部程序存储器。但是对于早期的产品，如 MCS51 系列中的 8031，由于没有内部程序存储器，必须全部通过外部扩展总线的方式连接外部 EPROM，方可存储程序。

假设选用无内部程序存储器的 8031 为主机，扩展外部 8KB 的 EPROM 芯片 2764，暂不考虑外扩其他设备，该系统的电路原理图如图 6-4 所示。

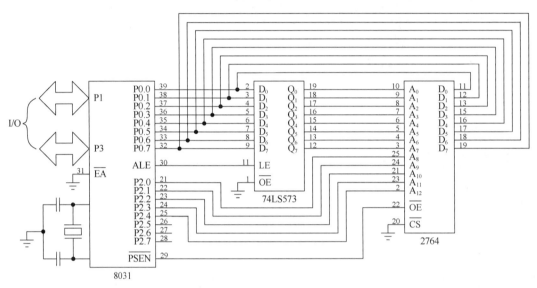

图 6-4 单片机扩展外部 EPROM 电路原理图

在图 6-4 中，因为 CPU 没有内部程序存储器，所以其 $\overline{\text{EA}}$ 引脚直接接地，要求 CPU 从外部程序存储器取指令。EPROM 的 $\overline{\text{CS}}$ 引脚也直接接地，始终处于片选有效状态，其数据输出引脚 $\overline{\text{OE}}$ 则与 CPU 的 $\overline{\text{PSEN}}$ 引脚相连，当 CPU 准备好指令地址并产生有效的 $\overline{\text{PSEN}}$ 信号进行取指操作时，EPROM 送出该地址存储的程序代码。指令地址通过 P0 端口和 P2 端口送出，P0 端口首先送出低 8 位指令地址，通过 ALE 信号锁存到 74LS573 中，由于 74LS573 的 $\overline{\text{OE}}$ 信号是直接接地（有效）的，因此低 8 位地址在指令周期的第一个 ALE 出现后就一直保持在 74LS573 的输出端（$Q_0 \sim Q_7$），同时也送到 2764 芯片的 $A_0 \sim A_7$；而高 8 位地址则同时出现在 P2 端口，送到 2764 的 $A_8 \sim A_{12}$。随后 $\overline{\text{PSEN}}$ 有效，即 2764 的 $\overline{\text{OE}}$ 信号有效，P0 端口此时作为数据总线，读入 2764 送出的其内部存储的程序代码。注意体会 P0 端口在地址总线（输出 PCL 内容）和数据总线（输入指令）之间的转换过程。

由于 2764 的片选端一直有效，任何情况下只要取指令都会从该芯片中读出数据，因此这片 2764 在整个外部程序存储器的 64KB 寻址空间中都可以被访问，但是只有低 8KB 地址有效，例如，程序从 1F00H、3F00H、5F00H 等地址取指令，实际读出的都是 1F00H 这个地址位置存储的程序代码，这是因为地址总线的高 3 位没有使用。为了避免这种情况的发生，我们可以使用空闲的高 3 位地址线，通过线选法或译码法产生片选信号来选中 2764。另外，除非单片机配置了内部程序存储器，否则在外部只扩展一个程序存储器的情况下，一定要把其地址安排在

0000H 开始的位置，因为单片机系统复位后将首先从 0000H 开始执行程序。

在图 6-4 中，没有使用到的 P1 端口和 P3 端口可以作为普通 I/O 端口使用。

6.1.4　扩展外部数据存储器的电路设计

MCS51/52 单片机分别有 128Byte 和 256Byte 的内部 RAM，对于一般数据量不大的应用已基本够用了，不必外部扩展。但是随着嵌入式技术的不断发展，单片机所面对的应用也越来越复杂，有时就需要进行外部数据存储器扩展。一般在以下两种情况下需要进行外部数据存储器的扩展：第一种情况是数据处理量较大，内部 RAM 不够用；第二种情况是单片机需要扩展可读写的外部器件或设备。MCS51 单片机总是将这些扩展出来的可读写器件或设备当作外部 RAM 的存储单元，通过扩展外部数据存储器的方式对这些器件、设备进行读写。

MCS51 单片机具有独立的外部扩展 64KB 数据存储器寻址空间，在该空间内可安排数据存储器以及其他需要寻址的可读写外部扩展器件、设备。数据存储器及这些外部扩展器件、设备需要在 64KB 地址范围内统一编址，相互之间地址不可重叠。

单片机的扩展总线逻辑只能控制静态 RAM（SRAM）。与扩展外部 EPROM 相同，在扩展外部 SRAM 时，只要将 SRAM 芯片的地址线、数据线分别与扩展总线的地址总线和数据总线相连即可，此时控制总线使用 $\overline{RD}$ 和 $\overline{WR}$ 控制 SRAM 的读/写操作。SRAM 的片选信号则需要根据其地址区间通过译码电路来决定。

图 6-5 为单片机扩展外部 SRAM 电路原理图。该系统只扩展了一片外部 SRAM，未扩展外部程序存储器。SRAM 芯片的型号为 62256，存储容量为 32KB，其 15 条地址线与同名的地址总线的 $A_0 \sim A_{14}$ 相连；数据线 $D_0 \sim D_7$ 直接与单片机的数据总线（P0 端口）相连；8D 锁存器 74LS573 作为地址锁存器，在 ALE 信号的控制下锁存低 8 位地址；62256 的 $\overline{OE}$（数据输出允许）和 $\overline{WE}$（数据写入允许）信号分别与单片机控制总线中的 $\overline{RD}$ 和 $\overline{WR}$ 相连，控制着 SRAM 数据的读出和写入；62256 的片选信号与 A_{15} 直接相连，即只有当 A_{15} 为低电平时才能选中扩展的 SRAM，因此可以得到这片 62256 的存储地址范围是 0000H～7FFFH。

在图 6-5 中，没有使用到的 P1 端口以及 P3 端口（除 P3.6 和 P3.7 以外的端口）仍可作为普通 I/O 端口使用。

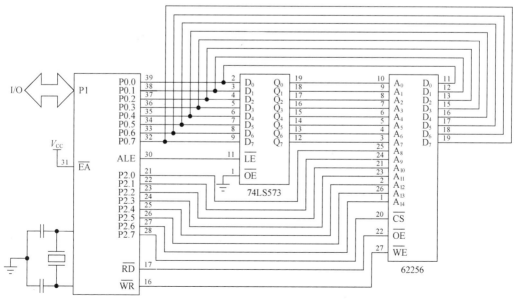

图 6-5　单片机扩展外部 SRAM 电路原理图

需要注意的是，单片机除了可以通过这种方式扩展外部数据存储器，也可以通过这种方式扩展外部 I/O 设备，即将外部 I/O 设备当作外部数据存储器的存储单元进行访问。当单片机的系统总线扩展了多个外部器件、设备时，各设备的选通信号一般都需要通过线选法或地址译码法来产生。图 6-5 中 SRAM 实际上是通过线选法（A_{15}）选通的。如果该系统中另外又扩展了其他设备，由于地址总线只有 A_{15} 空闲且 $A_{15}=0$ 时选通 SRAM，这时就只能增加一片 74LS138 这样的译码芯片来完成译码工作了，并要求只有当 $A_{15}=1$ 时译码电路才能有效。另外，当采用这种方式进行译码时，如果扩展的外部设备没有读写控制总线，则单片机的 $\overline{RD}$ 和 $\overline{WR}$ 必须参与译码，其具体原因分析如下。

单片机扩展外部数据存储器进行读写的时序请参阅图 3-8。通过该图可以看出，地址总线在从程序存储器取指令和指令执行过程中会有两次有效的地址输出，第一次是输出指令代码所在的地址（第一次 ALE 有效后），第二次是在读写外部数据存储器时输出该存储单元的地址（第二次 ALE 有效后）。而单片机的程序存储器和数据存储器是两个独立的寻址空间，因此这两次输出的地址就有可能落在同一个寻址空间内；如果扩展外部数据存储器的译码电路不引入 $\overline{RD}$ 和 $\overline{WR}$ 控制译码输出，就有可能在输出指令地址的时候同时选通外部器件或设备，从而导致总线冲突。而 $\overline{RD}$ 和 $\overline{WR}$ 也参与译码后，就可以保证只有在读写外部数据存储器时，才会输出有效的选通信号。

在实际电路设计过程中，我们可根据扩展外部器件或设备的特点来选择 $\overline{RD}$ 和 $\overline{WR}$ 参与译码的方式。例如，如果扩展的外部器件是只读的，那么就可以只引入 $\overline{RD}$ 信号控制译码输出；如果扩展的外部器件是只写的，则只需要引入 $\overline{WR}$ 信号参与译码；而如果扩展的外部器件是可读写的，由于 $\overline{RD}$ 和 $\overline{WR}$ 信号都是低电平有效的，且不会同时有效，因此应该把 $\overline{RD}$ 和 $\overline{WR}$ 相与后参与译码，控制译码输出。

6.2 系统扩展实例：显示接口的扩展及应用

单片机应用系统中常用的显示器件包括发光二极管（LED）、数码管、液晶显示（LCD）模块等。本节将以 LCD 为例，介绍单片机显示接口的扩展及应用。

6.2.1 LCD 屏简介

LCD 屏是一种用液晶材料制成的液晶显示器，它具有体积小、功耗低、字迹清晰、无电磁辐射、使用寿命长等优点，因此广泛应用于各种手持式仪器、仪表及消费类电子产品等低功耗应用场合。

LCD 屏的种类很多，通常可分为字符点阵 LCD 和图形点阵 LCD 两大类。字符点阵 LCD 在其控制器内设有字符发生器，可提供若干常用字符及符号的 5×7 或 5×10 的点阵，用户程序只要输入字符或符号的 ASCII 码即可将其显示出来。用户也可以自己设计少量的点阵图形送入 LCD 屏进行显示。图形点阵 LCD 则在其控制器内设置了图形缓冲区，缓冲区内每字节的每个位都与图形点阵 LCD 上的点相对应，用户输入的数据中为 1 的位对应的点在 LCD 屏上显示为黑色，为 0 的位对应的点不显示，LCD 屏显示效果的更新由内部的控制器自动完成，用户只需要根据要显示的内容操作图形缓冲区即可。

单片机应用系统一般倾向于直接选用专用的 LCD 显示驱动模块。LCD 显示驱动模块是一种将液晶显示器件、连接器、驱动电路、PCB 线路板、背光光源及驱动等装配在一起的组件，称为 LCM（Liquid Crystal Display Module，液晶显示模组）。LCM 作为独立的部件使用，可以挂接到 CPU 的总线上，且根据驱动器的不同有不同的操作时序。单片机只要按照 LCM 操作时

嵌入式系统及应用——从 MCS51 到 STM32（微课版）

序的要求向其输出相应的命令和数据就可显示内容，具有接口简单、易于控制、显示内容丰富、通用性强等特点。

LCM 可以通过单片机的外部总线进行控制，也可以通过单片机的 I/O 接口模拟总线时序的方式进行驱动。在这种方式下，单片机的 I/O 接口在程序的控制下按 LCM 总线接口时序的要求依次送出不同的电平，模拟总线的操作过程来控制 LCM。这种方法对很多没有外扩总线接口的单片机如 AT89C2051 等非常适用。

6.2.2 字符点阵 LCD 显示驱动模块的控制——模拟总线时序驱动

1. LCM1602 的内部结构

字符点阵式的 LCM1602 共有两个显示行，每行可显示 16 个字符，为常用的一种字符点阵式 LCM，其中的显示控制器为 HD44780，通过 HD44100 进行显示规模的扩展。LCM1602 的内部结构框图如图 6-6 所示。

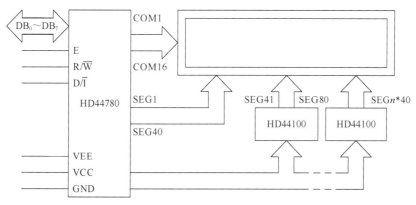

图 6-6　LCM1602 的内部结构框图

LCD 显示控制器 HD44780 和 CPU 的接口符合 Motorola 公司的 68K 系列单片机的总线接口标准。$DB_0 \sim DB_7$ 为双向数据总线；E 为总线周期有效指示，高电平有效；$R/\overline{W}$ 为读写选择线，CPU 送高电平表示对 HD44780 进行读操作，送低电平表示对 HD44780 进行写操作；$D/\overline{I}$ 为寄存器选择线，CPU 送高电平表示对 HD44780 的数据寄存器进行操作，送低电平表示对 HD44780 的指令寄存器进行操作。

VEE 为对比度调节端。通过改变该引脚上的电压值可控制显示内容的对比度。

VCC 和 GND 为电源端。目前 LCM 的供电电压主要有 5V 和 3.3V 两大类，以适应各种嵌入式应用的需要。

HD44780 主要包括指令寄存器、数据寄存器、忙标志、地址计数器、数据显示存储器和字符点阵存储器，功能描述如下。

（1）指令寄存器

指令寄存器（IR）用于存储 CPU 送达的指令代码，主要包括写入控制器的清屏及移动光标指令、设置显示地址指令、设置字形码指令等。指令寄存器是一个只写寄存器。

（2）数据寄存器

数据寄存器（DR）用于暂存 CPU 对控制器内 DDRAM 和 CGRAM 进行读写的数据。CPU 写入 DR 的数据由控制器通过内部操作转存至 DDRAM 或 CGRAM。CPU 读 DDRAM 或 CGRAM 时，首先要将被读数据的地址写入 IR，然后进行读操作，此时 DDRAM 或 CGRAM 中该地址的数据将被转存到 DR，再由 CPU 读出。CPU 读操作结束后，控制器会将下一地址的数据自动送入 DR 供 CPU 下次读取。

（3）忙标志

当忙标志 BF=1 时，HD44780 处于内部操作阶段，除了读忙标志指令，不接收任何其他指令。CPU 在向 HD44780 发送指令前一定要先判断 BF=0。

（4）地址计数器

地址计数器（AC）用于指定被操作的 DDRAM 或 CGRAM 的地址。地址包含在指令里，首先由 CPU 写入 IR，然后转存到 AC。指令写入控制器的同时指明该地址是用于 DDRAM 还是用于 CGRAM。CPU 对 DDRAM 或 CGRAM 的读写操作完成后，AC 将根据自动增量或减量设置自动加 1 或减 1。

CPU 通过控制 D/$\overline{\text{I}}$ 和 R/$\overline{\text{W}}$ 选择要操作的寄存器，如表 6-2 所示。

表 6-2　HD44780 的寄存器选择

D/$\overline{\text{I}}$	R/$\overline{\text{W}}$	操作
0	0	选择指令寄存器，进行写入操作
0	1	读出忙标志和地址计数器
1	0	选择数据寄存器，进行写入操作
1	1	选择数据寄存器，进行读出操作

（5）数据显示存储器

HD44780 内部的数据显示存储器（DDRAM）中存放的是对应位置要显示的数据的 ASCII 码或字形码。对于 1602 LCD 显示驱动模块，第 1 行 16 个显示字符的 ASCII 码或字形码存放在 DDRAM 中以地址 0 开始的 16 个单元中，第 2 行 16 个显示字符的 ASCII 码和字形码则存放在 DDRAM 中以地址 0x40 开始的 16 个单元中。

（6）字符点阵存储器

字符点阵存储器（CGRAM）用于存放用户自行设计的字符点阵数据。CGRAM 可存储 8 个 5×8 点阵字符的字形点阵数据，或者 4 个 5×10 点阵字符的字符点阵数据。这些字符在 HD44780 内部的编码从 0x00 开始。

LCM 掉电后字符点阵数据不保存，下次上电后必须重新写入。显示时只要将相应的编码写入显示位置对应的 DDRAM 即可。

2. LCM1602 的控制指令

CPU 通过 HD44780 的 R/$\overline{\text{W}}$ 和 D/$\overline{\text{I}}$ 引脚以及数据总线 $D_0 \sim D_7$ 来控制 LCM 的显示。LCM1602 的具体控制指令及指令代码如表 6-3 所示。

表 6-3　LCM1602 的具体控制指令及指令代码

控制指令	指令代码									说明
	D/$\overline{\text{I}}$	R/$\overline{\text{W}}$	D_7	D_6	D_5	D_4	D_3	D_2	D_1	D_0	
清屏	L	L	0	0	0	0	0	0	0	1	清除屏幕，置 AC 为 0
返回	L	L	0	0	0	0	0	0	1	×	设置 DDRAM 地址为 0，显示回原位，DDRAM 内容不变
输入方式设置	L	L	0	0	0	0	0	1	D/I	S	设置光标移动方向，并指定整体是否移动
显示开关控制	L	L	0	0	0	0	1	D	C	B	设置整体显示的开关（D），光标的开关（C），光标位置的字符是否闪烁（B）
移位	L	L	0	0	0	1	S/C	R/L	×	×	移动光标或显示区，不改变 DDRAM 内容
功能设置	L	L	0	0	1	DL	N	F	×	×	设置接口数据位数（DL）、显示行数（N）及字形（F）

续表

控制指令	指令代码										说明
	D/Ī	R/W̄	D$_7$	D$_6$	D$_5$	D$_4$	D$_3$	D$_2$	D$_1$	D$_0$	
CGRAM 地址设置	L	L	0	1	6 位 CGRAM 地址						设置 CGRAM 地址，此后 CPU 对 DR 的读写将影响 CGRAM
DDRAM 地址设置	L	L	1	7 位 DDRAM 地址							设置 DDRAM 地址，此后 CPU 对 DR 的读写将影响 DDRAM
读忙标志及地址计数器	L	H	BF	7 位 AC							判断忙标志位（BF），并读地址计数器（AC）的内容
写数据：CGRAM/DDRAM	H	L	数据								向 CGRAM 或 DDRAM 写数据
读数据：CGRAM/DDRAM	H	H	数据								从 CGRAM 或 DDRAM 读数据

注：

D/I 取值为 1 表示增量方式，取值为 0 表示减量方式。

S 取值为 1 表示移位。

S/C 取值为 1 表示显示移位，取值为 0 表示光标移位。

R/L 取值为 1 表示右移，取值为 0 表示左移。

DL 取值为 1 表示 8 位数据总线，取值为 0 表示 4 位数据总线；F 取值为 1 表示 5×10 点阵，取值为 0 表示 5×7 点阵。

N 取值为 1 表示 2 行，取值为 0 表示 1 行；BF 取值为 1 表示内部操作（忙），取值为 0 表示可接收命令（闲）。

3. LCM1602 的操作时序

CPU 对 LCM1602 中的显示控制器 HD44780 进行一次总线读操作及总线写操作的操作时序如图 6-7 所示。

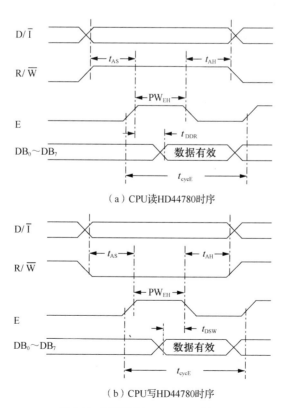

（a）CPU 读 HD44780 时序

（b）CPU 写 HD44780 时序

图 6-7 CPU 读写 HD44780 时序图

这里所说的时序指的是对设备或接口芯片进行一次读或写操作时，各种接口信号电平变化的先后顺序。图 6-7 中给出了一系列时间宽度限制，如 t_{AS}、t_{AH} 等，具体时间值如表 6-4 所示。CPU 在对 HD44780 进行操作时，各接口控制线上电平变化的先后顺序必须符合这些时间宽度的要求，才能正确地操作 LCM。

例如，t_{DDR} 为数据延迟时间，是读时序中的一个时间参数，指 CPU 输出 R/$\overline{W}$、D/$\overline{I}$ 和 E 要求读 HD44780 的信号有效后，HD44780 从内部将数据读出并送到数据总线上所需要的时间。表 6-4 中给出这个参数的最大值为 360ns，即 CPU 从发出读指令到被读数据送到数据总线上，最多只需要 360ns。t_{DSW} 为数据准备时间，是写时序中的一个时间参数。表 6-4 中只给出了其最小值为 195ns，即 CPU 将数据写入 HD44780 时，从 CPU 写入数据在数据线上稳定到 E 信号无效（即结束写指令周期），必须至少保证有 195ns 的时间供 HD44780 将数据从总线上写入 DR 并最终转移到内部 RAM 中。

表 6-4　HD44780 读写时间参数及信号含义

时间段	最小值	典型值	最大值	单位	信号含义
t_{cycE}	1000	—	—		E 信号周期
PW_{EH}	450	—	—		E 信号周期中高电平保持时间
t_{AS}	60	—	—	ns	地址建立时间（D/$\overline{I}$ 及 R/$\overline{W}$ 有效到 E 有效）
t_{AH}	20	—	—		地址保持时间
t_{DDR}	—	—	360		数据延迟时间（控制有效到读数据有效）
t_{DSW}	195	—	—		数据准备时间（数据有效到 E 无效）

4．LCM1602 与单片机的接口（模拟总线时序驱动）

MCS51 单片机通过 GPIO 模拟总线时序驱动 LCM1602 的接口电路如图 6-8 所示。这种控制方式对于某些没有外扩总线接口的单片机如 AT89C2051 等非常适用。LCM 的数据总线 D_0～D_7 和单片机的某个并行 I/O 接口相连（图 6-8 中为 P0），完成数据的输入输出。LCM 的 LED+ 和 LED−引脚为背光 LED 的电源端，单片机通过 P1.3 引脚控制三极管，当程序控制 P1.3 输出低电平时三极管导通，LCM 的背光点亮；当程序控制 P1.3 输出高电平或者单片机复位后，三极管不导通，LCM 的背光熄灭。VO 为 LCM 对比度调节端，连接到一个跨接在 VCC 和 GND 之间的可变电阻的可调端，通过调节可变电阻可改变 VO 端的电压，从而改变 LCM 显示字符的对比度。

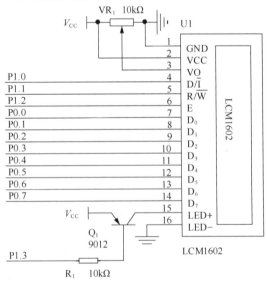

图 6-8　LCM1602 与单片机的接口电路

【例6-1】根据图6-8，设计单片机对LCM1602进行读写的接口函数。

解：由于单片机采用 I/O 接口模拟总线时序的方法控制 LCM，接口程序只要通过代码按照图 6-7 所示的时序控制 I/O 引脚输出不同的电平即可。MCS51 每执行一条 I/O 引脚输出指令需要一个机器周期，即使在单片机晶振频率为 24MHz 的情况下也能够满足 HD44780 时间参数的要求。程序设计如下：

```c
#include <reg51.h>
#include <intrins.h>
#define LCM_DI    P10
#define LCM_RW    P11
#define LCM_E     P12
#define LCM_DB    P0
/*************************************************************
函数名: LCMReadState
功  能: 查询 LCM 的忙标志和当前 AC 地址
参  数:
返  回: unsigned char, 最高 bit 为 1 表示忙, 为 0 表示闲
*************************************************************/
unsigned char LCMReadState(void)
{
    unsigned char state;

    LCM_DB = 0xff;                  // MCS51 的并行端口必须先置 1 再读
    LCM_E = 0;
    LCM_DI = 0;
    LCM_RW = 1;
    LCM_E = 1;                      // 模拟总线时序, 读指令寄存器
    _nop_();                        // 延时一个机器周期, 等待 LCM 准备好数据
    state = LCM_DB;                 // 读数据总线
    LCM_E = 0;                      // 将 E 清零, 结束总线操作周期
    return state;
}
/*************************************************************
函数名: LCMWriteCmd
功  能: 向 LCM 写入控制字
参  数: unsigned char, 命令字节
返  回:
*************************************************************/
void LCMWriteCmd(unsigned char cmd)
{
    // 等待 LCM 空闲
    while(LCMReadState() & 0x80);
    LCM_E = 0;
    LCM_DI = 0;
    LCM_RW = 0;
    LCM_DB = cmd;
    LCM_E = 1;                      // 模拟写指令总线周期
    _nop_();                        // 延时一个机器周期
    LCM_E = 0;                      // 将 E 清零, 结束总线操作周期
}

/*************************************************************
函数名: LCMWriteData
功  能: 向 LCM 写入数据
参  数: unsigned char, 将要写入的数据
返  回:
*************************************************************/
void LCMWriteData(unsigned char dc)
{
    // 等待 LCM 空闲
    while(LCMReadState() & 0x80);
```

```
            LCM_DI = 1;
            LCM_RW = 0;
            LCM_DB = dc;
            LCM_E = 1;                          // 模拟写数据总线周期
            _nop_();                            // 延时一个机器周期
            LCM_E = 0;                          // 将 E 清零，结束总线操作周期
}
```

限于篇幅，这里只给出几个基本的接口函数。其余功能读者可根据表 6-3 所列的指令及控制引脚与数据总线的关系自行实现。

在实际应用中要注意，LCM 上电后，至少需要几十毫秒来完成初始化过程，此后才能对其进行控制。另外，例 6-1 中每个函数在操作前都循环读 LCM 状态，等待 LCM 空闲后再继续操作。正常情况下，这样处理没有任何问题。但如果 LCM 发生故障或者根本就没有安装，而使读出的 LCM 状态位一直为 1，程序就会在此处陷入死循环。为了避免这种问题，很多场合下设计者都会使用一小段延时代替循环判断状态，这样既照顾到了 LCM 响应速度较 CPU 慢的特性，又避免了系统因 LCM 无反应而陷入死锁。

6.2.3 图形点阵 LCD 显示驱动模块的控制——扩展总线驱动

与字符点阵 LCD 不同，图形点阵 LCD 的显示受控于存储在其控制器内图形缓冲区中的点阵数据，点阵数据中每字节的每位都与图形点阵 LCD 上的点相对应，为 1 时该位对应的点为黑色，为 0 时对应的点不显示。图形点阵 LCD 能显示各种点阵式的字符及图形，与字符点阵式 LCD 相比，能表达的信息更丰富，但所有的点阵数据都必须由 CPU 处理，CPU 的负担较重。

目前，应用系统较常用的图形点阵 LCD 的点阵规模有 122×32、128×64、192×64 等几种。图形点阵 LCD 内部通常使用 HD61202U 作为列（段）驱动器，它将 8 位微处理器送来的显示信息保存在其内部存储器中并产生相应的驱动信号，且与行驱动器 HD61203U 相配合构成更大规模的显示驱动。本节主要介绍 LCM12864 图形点阵 LCD 显示驱动模块的结构、功能及驱动。

1. LCM12864 的内部结构

LCM12864 采用两片 HD61202U 和一片 HD61203U 相配合驱动 128×64 点阵 LCD 屏。其内部结构框图如图 6-9 所示。其中箭头上的"64"表示 64 根控制线。

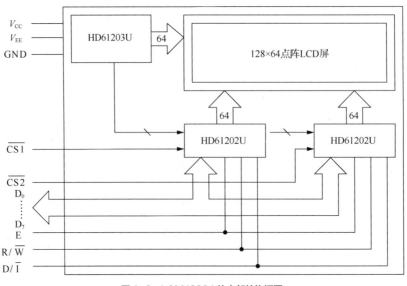

图 6-9 LCM12864 的内部结构框图

LCM12864 的 CPU 接口与 LCM1602 相比多了两根信号线 $\overline{CS1}$ 和 $\overline{CS2}$，用于对 LCM 内部的两片 HD61202U 进行片选，$\overline{CS1}$ 有效表示当前操作针对的是左半屏的控制器，$\overline{CS2}$ 有效表示当前操作针对的是右半屏的控制器；除此之外，其余的信号线完全一样；接口操作的方式、时序和时间参数等也基本相同。LCM12864 的寄存器选择如表 6-5 所示，接口操作时序参见图 6-7，时间参数参见表 6-4。

表 6-5　LCM12864 的寄存器选择

D/$\overline{I}$	R/$\overline{W}$	操作
0	0	选择指令寄存器，进行写入操作
0	1	读出忙标志
1	0	选择输入寄存器，写数据至显示 RAM
1	1	选择输出寄存器，从显示 RAM 中读数据

（1）输入寄存器和输出寄存器

输入寄存器和输出寄存器为 CPU 与 LCM 内部显示 RAM 之间数据传送的暂存器。CPU 写入显示 RAM 的数据首先送到输入寄存器，然后由芯片内部操作过程自动将数据送入显示 RAM。当 $\overline{CS1}$ 或 $\overline{CS2}$ 有效且 R/$\overline{W}$、D/$\overline{I}$ 的组合选择了输入寄存器时，数据总线上的数据将在 E 信号的下降沿锁存。

输出寄存器用来暂存从显示 RAM 中读出的数据。为了读出输出寄存器中的数据，$\overline{CS1}$ 或 $\overline{CS2}$ 必须有效且 R/$\overline{W}$=1、D/$\overline{I}$=1。当执行读显示数据指令时，存放在输出寄存器中的数据在 E 为高电平时输出。在 E 的下降沿，指定地址的数据被锁存在输出寄存器中，同时地址加 1。

读显示数据指令会改写输出寄存器的内容，但在执行设置地址等指令时，输出寄存器的内容保持不变。因此，紧跟地址设置指令的读显示数据指令并不能输出指定地址的数据，必须再执行一次读显示数据指令，即必须"空读"一次。

（2）忙标志

忙标志为 1 时表示 HD61202U 正在进行内部操作，除了读状态指令，其余指令都不接收。忙标志在读出数据的 D_7 位。在输入任何指令前，应确认此位为 0。

（3）显示 RAM

每一片 HD61202U 负责驱动 64×64 点阵的 LCD 屏，其内部显示 RAM 的地址结构如图 6-10 所示。

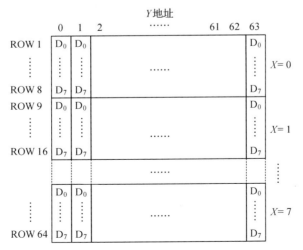

图 6-10　HD61202U 内部显示 RAM 的地址结构

HD61202U 所驱动的 64×64 点阵 LCD 显示屏中的每个点都与内部显示 RAM 的 1 位相对应。显示 RAM 按字节存储，每字节并行驱动 8 行，LCD 屏每行有 64 列，共需 64 字节进行驱动，这 64 字节构成了显示 RAM 中的一页。64 行 64 列的 LCD 屏共需要 8 页即 512 字节 RAM 进行驱动。HD61202U 内部设置了 X 地址寄存器和 Y 地址寄存器，X 地址取值范围为 0～7，用于选择某个页；Y 地址的取值范围为 0～63，用于选择每页内 64 列中的某列。

① X 地址寄存器和 Y 地址寄存器

X 地址寄存器和 Y 地址寄存器是与内部 512 字节的显示 RAM 相对应的 9 位寄存器。高 3 位为 X 地址寄存器，低 6 位为 Y 地址寄存器。X 地址寄存器只能作为普通的无计数功能的寄存器使用，而 Y 地址寄存器则在 CPU 对显示数据进行读写操作后自动加 1，并在 0～63 范围内循环。

② 起始显示行寄存器

起始显示行寄存器指定与 LCD 屏的第 1 行相对应的显示 RAM 的行号，用于显示屏的卷屏操作。通过设置起始显示行指令可以将 6 位的起始显示行信息写入此寄存器。

③ 显示开关及翻转

显示开关通过选择 Y_1～Y_{64} 的开关状态来实现。在开状态，显示 RAM 中的数据会输出到相应的段上。在关状态，无论显示 RAM 中有什么内容，所有的段都不显示。此功能通过显示开关指令控制。RST=0 将显示屏设置为关状态，显示屏状态通过读指令在 D_5 位输出，显示开关指令不影响显示 RAM 中的数据。

④ 复位

在 LCM 加电时将复位引脚（RST）接低电平可初始化 LCM 系统。初始化是指关闭 LCD 屏并将起始显示地址寄存器置 0。当 RST=0 时，只能对 LCM 进行读状态操作。正常工作状态下，只有判断状态字的 D_4=0（RESET 完成）和 D_7=0（就绪）时方可执行其他指令。

2. LCM12864 的控制指令

CPU 通过 HD61202U 的 R/$\overline{W}$ 和 D/$\overline{I}$ 引脚以及数据总线 D_0～D_7 来控制 LCM 的显示。LCM12864 的具体控制指令及指令代码如表 6-6 所示。

表 6-6　LCM12864 的具体控制指令及指令代码

控制指令	指令代码									说明
	R/$\overline{W}$	D/$\overline{I}$	D_7	D_6	D_5	D_4	D_3	D_2	D_1	D_0	
显示开/关	0	0	0	0	1	1	1	1	1	1/0	1: 显示开，0: 显示关
设置起始显示行	0	0	1	1	起始显示行（0～63）					设置起始显示行寄存器
设置页（X）地址	0	0	1	0	1	1	1	页号（0～7）			设置 X 地址寄存器
设置 Y 地址	0	0	0	1	Y 地址（0～63）					设置 Y 地址寄存器
读状态	1	0	Busy	0	On/Off	RST	0	0	0	0	RST　1: 复位 　　　0: 正常 On/Off　1: 显示关闭 　　　0: 显示打开 Busy　1: 内部操作 　　　0: 就绪
写显示数据	0	1	写入数据							
读显示数据	1	1	读出数据							

3. LCM12864 与单片机的接口（扩展总线驱动）

MCS51 单片机通过扩展总线驱动 LCM12864 的接口电路如图 6-11 所示。

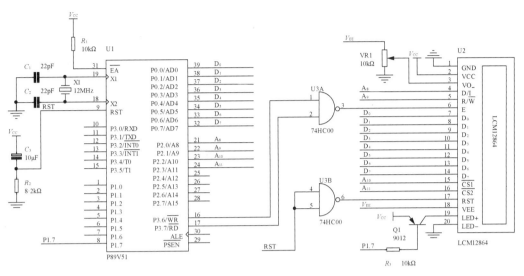

图 6-11 LCM12864 与单片机的接口电路

图 6-11 为一个单片机最小系统控制 LCM12864 的实例。CPU 选用了 NXP 公司的 P89V51 系列单片机。该系列单片机内部有程序存储器，并具有 IAP 功能，可通过串行口下载代码到单片机内部，实验及调试都非常方便。LCM 的显示对比度由可变电阻器 VR_1 进行调节，注意 VR_1 的连接方式与 LCM1602 略有不同，不再是跨接在 VCC 和 GND 之间，而是使用 LCM 提供的 VEE 取代了 VCC。LCM 的背光通过单片机的 P1.7 进行控制，P1.7 输出低电平则开启背光。LCM 的复位信号为低电平有效，图 6-11 中将单片机的复位信号反相后供 LCM 使用。

【例 6-2】根据图 6-11，设计单片机对 LCM12864 进行读写的接口函数。

解：本例中单片机采用存储器映像方式通过扩展总线操作对 LCM12864 进行控制。单片机的数据总线（P0.0～P0.7）与 LCM 的数据总线（D_0～D_7）直接相连，LCM 的控制信号 R/$\overline{W}$、D/$\overline{I}$、$\overline{CS1}$ 和 $\overline{CS2}$ 直接与单片机地址总线中的 A_8、A_9、A_{10} 和 A_{11} 相连。单片机的读、写控制信号经与非门 U3A 后与 LCM12864 的 E 相连，保证只有在单片机进行外部 RAM 读写操作时才选通 LCM。因未用到低 8 位地址，电路中没有对单片机的低 8 位地址进行锁存，则根据表 6-6，可得 LCM12864 内部各寄存器在单片机外部存储器空间中的访问地址如表 6-7 所示。

表 6-7 LCM12864 内部寄存器编址表

A_{15}～A_{12}	A_{11}	A_{10}	A_9	A_8	A_7～A_0	操作地址	说明
	$\overline{CS2}$	$\overline{CS1}$	R/$\overline{W}$	D/$\overline{I}$			
未参与控制，0、1均可，假设全为0	1	0	0	0	未参与控制，0、1均可，假设全为0	0x0800	写 LCM 左半屏指令寄存器
	1	0	0	1		0x0900	写 LCM 左半屏显示存储器
	1	0	1	0		0x0A00	读 LCM 左半屏状态寄存器
	1	0	1	1		0x0B00	读 LCM 左半屏显示存储器
	0	1	0	0		0x0400	写 LCM 右半屏指令寄存器
	0	1	0	1		0x0500	写 LCM 右半屏显示存储器
	0	1	1	0		0x0600	读 LCM 右半屏状态寄存器
	0	1	1	1		0x0700	读 LCM 右半屏显示存储器

根据表 6-7，操作 LCM 时只要使用外部 RAM 操作指令 MOVX 进行数据传送即可，相应的时序由单片机自动产生。C51 编译器提供了预先定义好的宏 XBYTE、XWORD 用于按字节或按字（双字节）操作外部存储器，例如，XBYTE[0x200]=0x80 表示向单片机外部数据存储器中地址为 0x200 的单元写入 0x80；而 c=XBYTE[0x200]则是从外部数据存储器中地址为 0x200 的单元读入 1 字节，存入变量 c。这些宏在 absacc.h 中定义。

考虑到 LCM 总线时序的要求，程序在进行每次总线操作后都插入两个 NOP 指令，将前后的总线操作周期分隔开。C51 编译器提供了内联函数_nop_()专门用于插入 NOP 指令，该函数在头文件 intrins.h 中定义。综上所述，结合表 6-6 所示的控制器指令代码，可编写单片机控制 LCM12864 代码如下：

```c
#include <absacc.h>
#include <intrins.h>
// 定义 LCD 数据端口及控制端口
// CS2=A11,CS1=A10,R/W=A9,D/I=A8
#define CWADD1 XBYTE[0x0800]
#define CRADD1 XBYTE[0x0A00]
#define DWADD1 XBYTE[0x0900]
#define DRADD1 XBYTE[0x0B00]
#define CWADD2 XBYTE[0x0400]
#define CRADD2 XBYTE[0x0600]
#define DWADD2 XBYTE[0x0500]
#define DRADD2 XBYTE[0x0700]
#define NOP _nop_();_nop_()                    // 延时两个机器周期
/*********************************************
功能：读控制器状态函数
参数：chip 为 0 表示第一个控制器，为非 0 表示第二个控制器
返回：状态字
*********************************************/
unsigned char LCD_Status(unsigned char chip)
{
    unsigned char c;
    if(chip == 0)                             // 如果是控制第一个控制器
        c = CRADD1;                           // 数据送第一个控制器写命令地址
    else
        c = CRADD2;                           // 否则数据送第二个控制器写命令地址
    NOP;
    return c;
}


/*********************************************
功能：控制显示屏开关函数
参数：onoff 为 0 表示关，为 1 表示开，不可取其他值
*********************************************/
void LCD_OnOff(unsigned char onoff)
{
    while( LCD_Status(0) & 0x90 );            // 判断第一个控制器是否空闲
    NOP;
    CWADD1 = 0x3E | (onoff & 0x01);           // 写入控制代码
    NOP;
    while( LCD_Status(1) & 0x90 );            // 判断第二个控制器是否空闲
    NOP;
    CWADD2 = 0x3E | (onoff & 0x01);           // 写入控制代码
```

```
        NOP;
}


/*********************************************************
功能：设置起始显示行函数
参数：line 表示起始显示行，取值范围为 0～63
*********************************************************/
void LCD_SetStartLine(unsigned char line)
{
        while( LCD_Status(0) & 0x90 );
        NOP;
        CWADD1 = 0xC0 | (line & 0x3F);
        NOP;

        while( LCD_Status(1) & 0x90 );
        NOP;
        CWADD2 = 0xC0 | (line & 0x3F);
        NOP;
}


/*********************************************************
功能：设置 X 地址（页地址，对应显示屏的行，8 行一组）函数
参数：chip 表示控制器芯片号，取值为 0 或 1；　x 表示页地址，取值范围为 0～7
*********************************************************/
void LCD_SetXAddress(unsigned char chip, unsigned char x)
{
        if( chip == 0 )
        {
                while( LCD_Status(0) & 0x90 );
                NOP;
                CWADD1 = 0xB8 | (x & 0x07);
                NOP;
        }
        else
        {
                while( LCD_Status(1) & 0x90 );
                NOP;
                CWADD2 = 0xB8 | (x & 0x07);
                NOP;
        }
}


/*********************************************************
功能：设置 Y 地址（列地址，对应显示屏的列）函数
参数：chip 表示控制器芯片号，取值为 0 或 1；　y 表示该 chip 内的列地址，取值范围为 0～64
*********************************************************/
void LCD_SetYAddress(unsigned char chip, unsigned char y)
{
        if(chip == 0)
        {
                while( LCD_Status(0) & 0x90 );
                NOP;
                CWADD1 = 0x40 | (y & 0x3F);
                NOP;
        }
```

```
        else
        {
                while( LCD_Status(1) & 0x90 );
                NOP;
                CWADD2 = 0x40 | (y & 0x3F);
                NOP;
        }
}


/**********************************************************
功能：向显示存储器写数据函数
参数：c 表示待写入显示存储器的数据；x、y 表示 x 方向和 y 方向的地址
**********************************************************/
void LCD_WriteData(unsigned char c, unsigned char x, unsigned char y)
{
        if(x<64)                            // 判断 x 方向（列）地址是否超出范围
        {                                   // 未超出写入左半屏显示存储器，否则写入右半屏显示存储器
                LCD_SetXAddress(0,y);
                NOP;
                LCD_SetYAddress(0,x);
                NOP;
                DWADD1 = c;
                NOP;
        }
        else
        {
                LCD_SetXAddress(1,y);
                NOP;
                LCD_SetYAddress(1,x-64);
                NOP;
                DWADD2 = c;
                NOP;
        }
}


/**********************************************************
功能：读 LCD 显示存储器数据函数
参数：x、y 分别表示对应的 x 方向、y 方向（列、行）地址
返回：读出的数据
**********************************************************/
unsigned char LCD_ReadData(unsigned char x, unsigned char y)
{
        unsigned char c;
        if(x<64)
        {
                LCD_SetXAddress(0,y);
                NOP;
                LCD_SetYAddress(0,x);
                NOP;
                c = DRADD1;
                NOP;
        }
        else
        {
                LCD_SetXAddress(1,y);
```

```
            NOP;
            LCD_SetYAddress(1,x-64);
            NOP;
            c = DRADD2;
            NOP;
        }
        return c;
}


/*******************************************************
功能：显示屏复位
*******************************************************/
void LCD_Reset(void)
{
LCD_OnOff(1);
LCD_SetStartLine(0);
}


/*******************************************************
功能：显示屏清屏并填充字符
参数：c 表示填充字符的 ASCII 码
*******************************************************/
void LCD_ClrScr(unsigned char c)
{
        unsigned char x,y;
        for(y=0;y<=7;y++)
        {
                for(x=0;x<=127;x++)
                {
                        LCD_WriteData(c,x,y);
                }
        }
}
```

　　上述程序包含了控制 LCM12864 的所有底层接口函数，实际使用时只需直接调用 LCD_WriteData 即可将点阵数据写入 LCM12864 的显示存储器，实现显示功能。需要注意的是，程序中是使用 while 循环读入 LCM 状态来判断其是否空闲的，在 LCM 出现故障或没有安装的情况下这会引起程序陷入死循环，最好加入超时控制机制以避免这种情况的发生。例如，在 while 循环中增加一个计数器，以累计读状态的次数，如果超过规定次数 LCM 仍未空闲，则可认为 LCM 出现故障，此时可设置状态、退出操作。

　　图形点阵 LCD 多用来显示汉字和图形。显示汉字时要注意汉字库中汉字点阵信息的存放顺序和 LCM 的显示存储器中点阵信息的存放顺序是不同的。对于 16×16 点阵的汉字，如图 6-12 所示，每个汉字字形的点阵数据为 32 字节，在汉字库中是按行（图 6-12 中的横向）存储的，而在 LCM 中则是按列（图 6-12 中的纵向）存储的。

　　图 6-12 画出了 16×16 点阵汉字"欢"的字形。在汉字库中，点阵数据是按行存储的，每行自左至右分两字节，整个汉字字形数据共 16 行，32 字节，自上而下逐行存储。对于 LCM 的显示数据，一个汉字的字形数据分成上下两部分，每部分都包括 8 行，共 16 列，每列构成 1 字节，自左至右逐列存储。上半部分的 16 字节存储完后再存储下半部分的 16 字节。因此，汉字库中的数据只有经过转换才可用于 LCM 的显示。读者可以根据上述分析自行设计程序进行转换，网上也有很多液晶显示取字模程序供下载。

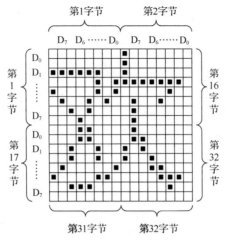

图 6-12   汉字点阵信息的存储方式

习题与思考

1. 查阅资料，设计电路，通过 MCS51 单片机的 GPIO 引脚驱动数码管，并完成在数码管上轮流显示 0～9 的程序。

2. 修改本章中 MCS51 通过扩展总线驱动 LCM12864 的地址译码电路，其余总线连接方式不变，要求增加一个控制条件，当 $A_{15}=1$ 时方可选通 LCM12864，并给出修改后的 LCM12864 内部寄存器编址表。（提示：使用 U3 剩余的两个门电路参与地址译码。）

STM32 技术篇

第 7 章
基于 Cortex-M3 的 STM32 基本结构

前几章我们介绍的 MCS51 单片机主要适合于对性能要求不是很高的嵌入式系统。当前 ARM 处理器拥有更强大的处理能力和更快的运行速度，适用于复杂的控制系统和高精度的嵌入式应用。基于 Cortex-M3 的 STM32 超出了传统的单片机定义，一般被称为嵌入式微控制器。

本章首先介绍 Cortex-M3 内核和 ARM 处理器，并以 STM32F10x 系列的 STM32F103 微控制器为例，介绍其基本架构，然后介绍 STM32F103 微控制器的最小系统、时钟电路、低功耗模式、安全特性等，最后介绍 STM32F103 微控制器的启动过程。通过本章的学习，读者可以了解 STM32 微控制器内核及其体系结构，掌握 STM32 微控制器的系统知识，为后续章节 ARM 指令系统及编程技术的学习打下基础。

7.1 STM32F10x 系列微控制器

本节将主要介绍与 STM32F10x 有关的基础知识，包括对 Cortex-M3 内核和 ARM 处理器的介绍，以及 STM32F10x 系列微控制器的基本架构。

7.1.1 Cortex-M3 介绍

Cortex-M3 是一个 32 位处理器内核，其各部分与 ARM 的关系如图 7-1 所示。

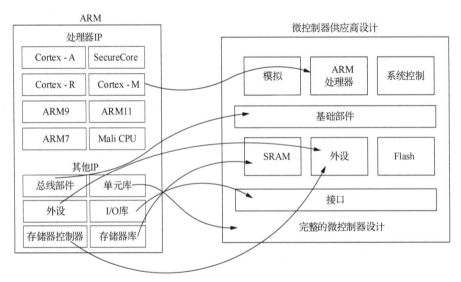

图 7-1 Cortex-M3 各部分与 ARM 的关系

Cortex-M3 内核具有以下特性。

（1）内部的数据路径、寄存器和存储器接口都是 32 位的。

（2）采用哈佛结构，拥有独立的指令总线和数据总线，可以保证取指令与数据访问同时进行，这样一来数据访问将不再占用指令总线，从而提升性能。为实现这个特性，Cortex-M3 内部有多个总线接口，每个接口都有自己的应用场合，并且它们可以并行工作；但是指令总线和数据总线共享同一个存储器空间（一个统一的存储器系统）。

（3）内部附赠了很多调试组件，用于在硬件水平上进行调试操作，如指令断点、数据观察点等。另外，为支持更高级的调试，Cortex-M3 还有其他可选组件，包括指令跟踪和多种类型的调试接口。

Cortex-M 内部架构如图 7-2 所示。

Cortex-M3 的优点包括以下几个。

（1）性能丰富、成本低。专门针对微控制器应用特点开发的 32 位 MCU，具有高性能、低成本、易应用等优点。

（2）低功耗。把睡眠模式与状态保留功能结合到一起，确保 Cortex-M3 处理器既可提供低能耗支撑，又能达到很高的运行性能。

（3）可配置性强。Cortex-M3 的 NVIC（Nested Vectored Interrupt Controller，嵌套向量中断控制器）功能提高了设计的可配置性，提供了多达 240 个具有单独优先级、动态重设优先级功能和集成系统时钟的系统中断。

（4）丰富的连接。功能和性能兼顾的良好组合，使基于 Cortex-M3 的设备可以有效处理多个 I/O 通道和协议标准。

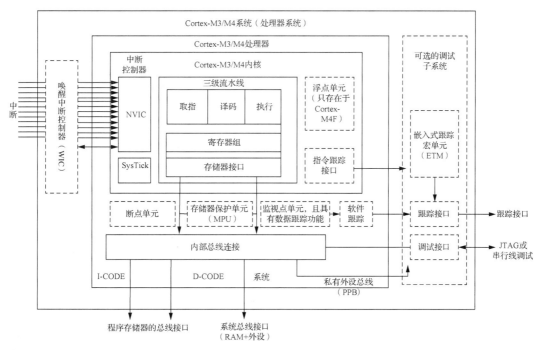

图 7-2 Cortex-M3 内部架构

7.1.2 ARM 处理器

目前的嵌入式系统绝大多数采用了以 ARM 处理器为内核架构的微处理器或微控制器。ARM 公司自 1990 年成立以来，在 32 位 RISC 的 CPU 开发设计上不断突破，其设计的微处理器架构已经从 v1 发展到了 v7，ARM 处理器的主流架构分类及应用领域如表 7-1 所示。

表 7-1　ARM 处理器的主流架构分类及应用领域

系列	架构	核心	应用领域
ARM7	ARMv4T	ARM7TDMI、ARM7TDMI-S	对价格和功耗要求较高的应用,如便携式手持设备、工业控制、网络设备、消费类电子产品等
ARM9	ARMv4T	ARM9TDMI、ARM920T、ARM922T、ARM940T	下一代无线设备、仪器、仪表、安全系统、机顶盒、高端打印机、数码相机、数字摄像机、音/视频多媒体设备等
ARM9E	ARMv5TE	ARM926EJ-S、ARM946E-S、ARM966E	需要高速数字信号处理、大量浮点运算、高速运算的场合
ARM10E	ARMv5TE	ARM1020E、ARM1022E、ARM1026EJ-S	工业控制、通信和信息系统等高端应用领域,包括高端的无线设备、基站设备、视频游戏机、高清成像系统
Xscale	ARMv5TE	PXA270、PXA271、PXA272	高端手持设备、多媒体设备、网络设备、存储设备、远程接入服务器等领域
ARM11	ARMv6、ARMv6T2	ARM1136J、ARM176、ARM11、MPCore、ARM1156T2	高端领域的应用,如数字电视、机顶盒、游戏机、智能手机、音/视频多媒体设备、无线通信基站设备、汽车电子产品
Cortex	ARMv7	Cortex-M0/M3、Cortex-M4 Cortex-R4、Cortex-A8/A9	M 是针对当前 8 位和 16 位单片机的换代产品;R 针对需要运行实时操作系统来控制应用的产品;A 针对日益增长的,运行包括 Linux、Windows Embedded Compact 和 Android 在内的操作系统的消费类电子和无线产品

注:T 表示 Thumb 状态,支持 16 位压缩指令集;M 表示内嵌硬件乘法器,支持长乘法运算;D 表示支持片上 Debug;I 表示嵌入式的 ICE(In Circuit Emulation,在线仿真),支持片上断点和调试点;E 表示支持 DSP 指令集;J 表示支持 Java 指令集。

7.1.3　STM32F10x 系列微控制器的优点

STM32F10x 系列微控制器基于 Cortex-M3 内核,按性能分为 4 个不同系列:基本型 STM32F101 系列、USB 基本型 STM32F102 系列、增强型 STM32F103 系列、互联网型 STM32F105 和 STM32F107 系列,统称为 STM32F10x。

STM32F103 系列基于 32 位 Cortex-M3 内核,是主要面向工业控制领域推出的微控制器芯片,集成度高,外部电路简单。若配合 ST 公司提供的标准库,开发者可以基于 STM32F103 快速开发出具备高可靠性的工业级产品。其自推出以来就受到广泛重视并得到广泛应用。

STM32F103 系列内核工作频率高达 72MHz,内置高速存储器(高达 512KB 的 Flash 和 64KB 的 SRAM)、丰富的 I/O 接口和大量连接到内部两条 APB 总线的外设,两个 12 位模数转换器、两个通用 16 位定时器、两条 I2C 总线、两个 SPI 接口、3 个通用同步异步收发器、1 个控制器局域网络(Controller Area Network,CAN)等。STM32F103 系列工作于 -40℃~105℃的工业级温度范围,供电电压为 2~3.6V,一系列的省电模式保证其满足低功耗应用的要求。STM32F103 系列微控制器片上资源丰富,应用广泛、易于学习。

STM32F10x 系列微控制器优点如下。

1.　先进的内核结构

(1)哈佛结构使其在处理器整数运算性能测试(Dhrystone Benchmark)上有着出色的表现,可以达到 1.25dMIPS/MHz,而功耗仅为 0.19mW/MHz。

(2)Thumb-2 指令集以 16 位的代码密度带来了 32 位的性能。

（3）内置了快速中断控制器，提供了优越的实时特性，中断的延迟时间降到仅 6 个 CPU 周期，从低功耗模式唤醒也只需 6 个 CPU 周期。

（4）支持单周期乘法指令和硬件除法指令。

2．3 种功耗控制

STM32F10x 经过特殊处理，针对应用中的 3 种主要的能耗进行了优化，这 3 种能耗分别是运行模式下的高效率动态耗电、待机状态时极低的电能消耗和电池供电时的低电压工作能耗。为此，STM32F10x 提供了 3 种低功耗和灵活的时钟控制机制，用户可以根据自己的需求进行合理的优化。

3．最大程度整合

（1）内嵌电源监控器，包括上电复位、低电压检测、掉电检测和自带时钟的看门狗定时器，减少了对外部器件的需求。

（2）使用一个主晶振可以驱动整个系统。低成本的 4～16MHz 晶振即可驱动 CPU、USB 以及所有外设。使用内嵌锁相环（Phase Locked Loop，PLL）产生多种频率，可以为内部实时时钟提供 32kHz 的晶振频率。

（3）内嵌出厂前调校的 8MHz RC 振荡电路可以作为主时钟源。

（4）针对 RTC（Real Time Clock，实时时钟）或看门狗定时器的低频率 RC 电路。

（5）LQFP100 封装芯片的最小系统只需要 7 个外部无源器件。

因此，开发者使用 STM32F10x 可以很轻松地完成产品的研发，并且 ST 公司提供了完整、高效的开发工具和库函数，可以有效缩短系统开发的时间。

7.2　STM32F103 微控制器的基本架构

STM32F10x 系列微控制器的突出优点是内部高度集成，且提供了高质量的固件库，方便用户开发。本节主要介绍 STM32F103 微控制器的外部结构、内部结构、存储器的结构和映射，让读者对 STM32F103 控制器有更清晰的认识。

7.2.1　外部结构

STM32F103 芯片从 36 脚到 144 脚有不同的封装形式，不同的封装形式和丰富的资源使得 STM32F103 适用于多种场合。

STM32 系列芯片命名遵循一定的规则，通过名称可以确定该芯片的引脚数、封装、闪存容量等信息。STM32 系列芯片命名规则如图 7-3 所示。

（1）芯片系列：STM32 代表 ST 公司 Cortex-Mx 系列内核（ARM）的 32 位 MCU。

（2）芯片类型：F 表示通用快闪；L 表示低电压（1.65～3.6V）；W 表无线系统芯片。

（3）芯片子系列：050 表示 Cortex-M0 内核；051 表示 Cortex-M0 内核，与 050 在集成功能上稍有差异；100 表示 Cortex-M3 内核，超值型；101 表示 Cortex-M3 内核，基本型；102 表示 Cortex-M3 内核，USB 基本型；103 表示 Cortex-M3 内核，增强型；105 表示 Cortex-M3 内核，USB 互联网型；107 表示 Cortex-M3 内核，USB 互联网型、以太网型；108 表示 Cortex-M3 内核，IEEE 802.15.4 标准；151 表示 Cortex-M3 内核，不带 LCD 屏；152/162 表示 Cortex-M3 内核，带 LCD 屏；205/207 表示 Cortex-M3 内核，不加密模块；215/217 表示 Cortex-M3 内核，加密模块；405/407 表示 Cortex-M4 内核，不加密模块；415/417 表示 Cortex-M4 内核，加密模块。

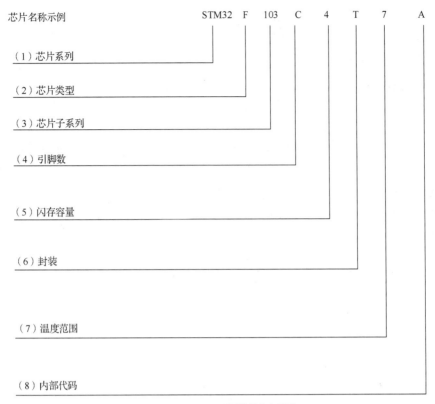

芯片名称示例　　　　　　　　STM32　F　103　C　4　T　7　A

（1）芯片系列

（2）芯片类型

（3）芯片子系列

（4）引脚数

（5）闪存容量

（6）封装

（7）温度范围

（8）内部代码

图 7-3　STM32 系列芯片命名规则

（4）引脚数：F 表示 20 脚；G 表示 28 脚；K 表示 32 脚；T 表示 36 脚；H 表示 40 脚；C 表示 48 脚；U 表示 63 脚；R 表示 64 脚；O 表示 90 脚；V 表示 100 脚；Q 表示 132 脚；Z 表示 144 脚；I 表示 176 脚。

（5）闪存容量：4 表示 16KB 闪存（小容量）；6 表示 32KB 闪存（小容量）；8 表示 64KB 闪存（中容量）；B 表示 128KB 闪存（中容量）；C 表示 256KB 闪存（大容量）；D 表示 384KB 闪存（大容量）；E 表示 512KB 闪存（大容量）；F 表示 768KB 闪存（大容量）；G 表示 1024KB 闪存（大容量）。

（6）封装：T 表示 LQFP 封装；H 表示 BGA 封装；U 表示 VFQFPN 封装；Y 表示 WLCSP/WLCSP64 封装。

（7）温度范围：6 表示-40℃～85℃（工业级）；7 表示-40℃～105℃（工业级）。

（8）内部代码：A 表示 48/32 脚封装；Blank 表示 28/20 脚封装。

以图 7-4 所示芯片为例，其外部结构包含以下部分。

（1）电源：VDD_x（x=1,2,3,4）、VSS_x（x=1,2,3,4）、VBAT、VDDA、VSSA。STM32F103 微控制器的工作电压为 2～3.6V，整个系统由 VDD_x（接电源）和 VSS_x（接地）提供稳定的电源。此外，还需要注意以下几点。

① 如果 ADC 被使用，V_{DD_x} 的范围必须控制在 2.4～3.6V；如果 ADC 未被使用，V_{DD_x} 的范围在 2～3.6V。VDD_x 引脚必须连接带外部稳定电容器的电压。

② VBAT 引脚给 RTC 单元供电，允许 RTC 在 VDD_x 关闭时正常运行，需接外部电池；如果没有外部电池，VBAT 引脚需接到 VDD_x 电压上。

③ VDDA 和 VSSA 可为 ADC 单独提供电源以避免电路板的噪声干扰，VDDA 和 VSSA 引脚必须连接两个外部稳定电容器。

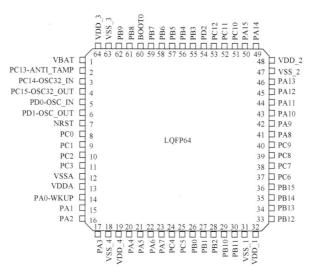

图 7-4 LQFP64 封装的 STM32F103 芯片

（2）复位：NRST 引脚接入低电平将导致系统复位，通常通过一个按键连接低电平。

（3）时钟控制：OSC_IN、OSC_OUT、OSC32_IN、OSC32_OUT。其中 OSC_IN 和 OSC_OUT 接 4～16MHz 的晶振，为系统提供稳定的高速外部时钟；OSC32_IN 和 OSC32_OUT 接 32.768kHz 的晶振，为 RTC 提供稳定的低速外部时钟。

（4）启动配置：BOOT0、BOOT1（PB2）。通过 BOOT0 和 BOOT1 的高低电平配置 STM32F10x 的启动模式时，为便于设置可通过跳线连接高低电平。

（5）输入输出端口：PAx（x=1,2,…,15）、PBx（x=1,2,…,15）、PCx（x=1,2,…,15）、PD2。4 个输入输出端口可作为通用的输入输出端口，有的引脚还具有第二功能（需要配置）。

7.2.2 内部结构

通过图 7-5 可以看到 STM32F103 的组成部分包括 ICode 总线、驱动单元、被动单元、总线矩阵等。

1. ICode 总线

ICode 总线将 Cortex-M3 内核的指令总线与闪存指令接口相连接。指令预取在此总线上完成。

2. 驱动单元

DCode 总线：该总线将 Cortex-M3 内核的 DCode 总线与闪存的数据接口相连接（常量加载和调试访问）。DCode 中的 D 表示 Data，即数据，说明这条总线是用来取数的。编写程序的时候，数据有常量和变量两种，常量就是固定不变的，用 C 语言中的 const 关键字修饰，是放到内部的 Flash 当中的；变量是可变的，不管是全局变量还是局部变量都放在内部的 SRAM。

系统总线：此总线连接 Cortex-M3 内核的系统总线（外设总线）到总线矩阵，总线矩阵协调着内核和 DMA 控制器间的访问。系统总线主要是访问外设的寄存器。通常说的寄存器编程即读写寄存器都是通过这根系统总线来完成的。

DMA 总线：DMA 总线主要用来传输数据，数据可以在某个外设的数据寄存器或 SRAM 中，也可以在内部的 Flash 中。因为数据可以被 DCode 总线和 DMA 总线访问，所以为了避免访问冲突，在取数的时候需要经过总线矩阵"仲裁"，以决定哪个总线取数。

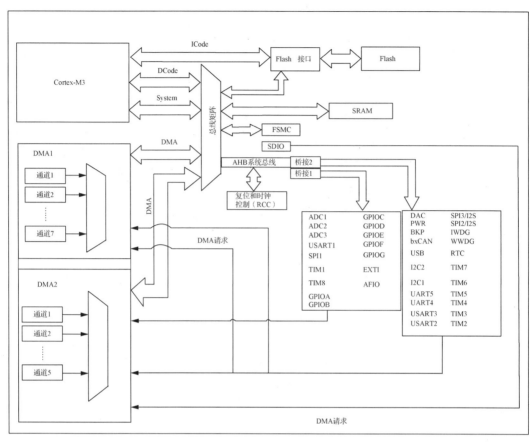

图 7-5　STM32F103 内部结构

3．被动单元

内部的 Flash：用于存放指令和只读数据，也包括未加载的程序和用户自由存储的数据。

内部的 SRAM：用于全局变量和栈的开销。

FSMC：FSMC（Flexible Static Memory Controller，灵活的静态内存控制器）可用于扩展设备。

AHB 到 APB 的桥：APB1 和 APB2 上挂载着各种外设，它们的速度相对较慢，因此使用 AHB 到 APB 的桥来衔接。

4．总线矩阵

总线矩阵协调各个总线之间的访问，"仲裁"利用轮换算法。

5．寄存器组

Cortex-M3 拥有 R0～R15 的寄存器组，如图 7-6 所示。其中 R13 作为栈指针 SP，栈指针有两个，但在同一时刻只能有一个可以看到，这也就是所谓的"banked"寄存器。另外，通过读写 Cortex-M3 内部单元，如 NVIC、MPU、TPIU、ITM、ETM 等的寄存器，可以实现对处理器系统的控制。这些系统控制寄存器的地址是固定分配的。

STM32 引脚定义和具体引脚分布可以查看具体芯片手册。

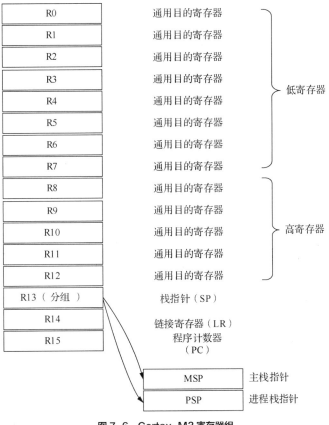

图 7-6　Cortex-M3 寄存器组

7.2.3　存储器的结构和映射

Cortex-M3 的存储系统与从传统 ARM 架构相比，已经发生了很大的改变。

（1）它的存储器映射是预定义的，并且规定好了哪个位置使用哪条总线。

（2）Cortex-M3 的存储系统支持所谓的"位带"（bit-band）操作，通过它实现了对单一位的原子操作。位带操作仅适用于一些特殊的存储器区域。

（3）Cortex-M3 的存储系统支持非对齐访问和互斥访问。这两个特性是直到 ARM-v7M 才出现的。

（4）Cortex-M3 的存储系统支持小端配置和大端配置。

Cortex-M3 只有单一固定的存储器映射。这一点极大地方便了软件在各种基于 Cortex-M3 的微控制器间的移植。举个简单的例子，各款基于 Cortex-M3 的微控制器的 NVIC 和 MPU 都在相同的位置布设寄存器，使得它们变得通用。尽管如此，Cortex-M3 定出的条条框框是粗线条的，它依然允许芯片制造商灵活地分配存储空间，以制造出各具特色的产品。存储空间的一些位置用于调试组件等私有外设，这个地址段被称为"私有外设区"。私有外设区的组件包括：①闪存地址重载及断点单元（FPB）；②数据观察点单元（DWT）；③指令跟踪宏单元（ITM）；④嵌入式跟踪宏单元（ETM）；⑤跟踪端口接口单元（TPIU）；⑥ROM 表。

Cortex-M3 的地址空间是 4GB，程序可以在代码区、内部 SRAM 区以及外部 RAM 区中执行，它的存储器映射图如图 7-7 所示，图中灰色表示保留。但是因为指令总线与数据总线是分开的，最理想的是把程序放到代码区，从而使取指令和数据访问各自使用自己的总线。

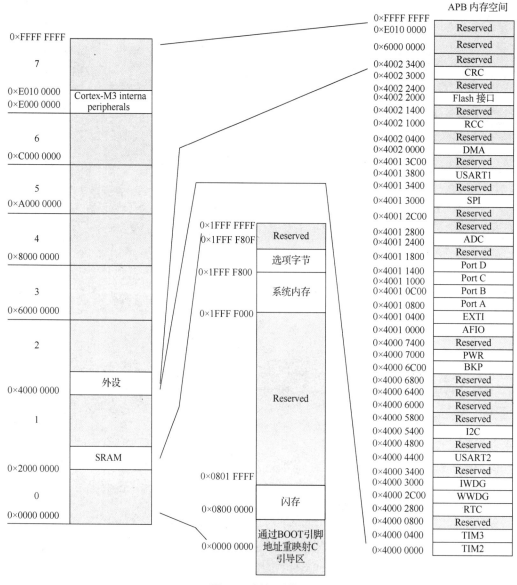

图 7-7 存储器映射图

内部 SRAM 区的容量是 512MB，这个区通过系统总线来访问。在这个区的下部，有一个 1MB 的位带区，该位带区还有一个对应的 32MB 的"位带别名（alias）区"，容纳了 $8×10^6$ 个"位变量"（对比 MCS51 只有 128 位）。位带区对应的是最低的 1MB 地址范围，而位带别名区里面的每个字对应位带区的 1 位。位带操作只适用于数据访问，不适用于取指。通过位带操作可以把多个布尔型数据打包在单一的字中，同时依然可以在位带别名区中像访问普通内存一样使用它们。

地址空间的另一个 512MB 范围由片上外设的寄存器使用。这个区中也有一个 32MB 的位带别名区，以便快捷地访问外设寄存器。例如，可以方便地访问各种控制位和状态位。要注意的是，外设区不允许执行指令。

另外，还有两个 1GB 的范围分别用于连接外部 RAM 和外设，它们之中没有位带区。两者的区别在于外部 RAM 区允许执行指令，而外设区不允许。

最后还剩下 0.5GB 的隐秘地带，Cortex-M3 内核的"闺房"就在这里面，其中有系统级组件、内部私有外设总线、外部私有外设总线以及由提供者定义的系统外设。私有外设总线有两条：AHB 私有外设总线，只用于 Cortex-M3 内部的 AHB 外设，它们是 NVIC、FPB、DWT 和 ITM；APB 私有外设总线，既用于 Cortex-M3 内部的 APB 设备，也用于外部设备（这里的"外部"是对内核而言的）。Cortex-M3 允许器件制造商再添加一些片上 APB 外设到 APB 私有外设总线上，通过 APB 接口来访问。

7.3　STM32F103 微控制器的最小系统

最小系统是指仅包含必需的元器件，可运行最基本软件的简化系统。无论多么复杂的嵌入式系统，都可以认为是由最小系统和扩展功能组成的，STM32F103 的最小系统亦是如此。最小系统是嵌入式系统硬件设计中复用率最高，也是最基本的功能单元。典型的最小系统主要由微控制器芯片、电源电路、时钟电路、复位电路、调试和下载电路等构成。

7.3.1　电源电路

STM32F103 微控制器的工作电压为 2～3.6V，由于常用电源电压为 5V，因此必须采用转换电路将 5V 电压转换为 2～3.6V。一般采用电源转换芯片 LM1117 进行电源转换，它是一个低压差三端可调稳压集成电路，由其构成的 3.3V 稳压电路如图 7-8 所示。

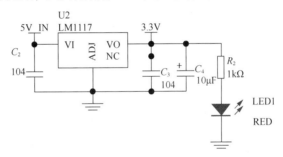

图 7-8　LM1117 构成的 3.3V 稳压电路

7.3.2　时钟电路

时钟电路为整个硬件系统的各个模块提供时钟信号。由于系统的复杂性，各个硬件模块很可能对时钟信号有自己的要求，这时就要求在系统中设置多个振荡器，分别提供时钟信号，或者从一个主振荡器开始，经过倍频、分频、锁相环等电路，生成各个模块的独立时钟信号。

从主振荡器到各个模块的时钟信号通路称为时钟树。一些传统的低端 8 位单片机，诸如 51、AVR、PIC 等单片机也具备自身的时钟树系统，但其中的绝大部分是不受用户控制的，即在单片机上电后，时钟树就固定在某种不可更改的状态（假设单片机处于正常工作的状态）。例如，51 单片机使用典型的 12MHz 晶振作为时钟源，则外设如 I/O 接口、定时器、串行口等设备的驱动时钟频率便已经是固定的，用户无法更改此时钟频率，除非更换晶振。而 STM32F103 微控制器的时钟树则是可以配置的，其时钟输入源与最终到达外设处的时钟频率之间不再有固定的关系。STM32F103 微控制器的时钟树如图 7-9 所示。

STM32F103 有 5 个时钟源：HSI、HSE、LSI、LSE、PLL。

（1）HSI 是高速内部时钟源，RC 振荡器，频率为 8MHz，精度不高。

（2）HSE 是高速外部时钟源，可接石英/陶瓷谐振器或接外部时钟源，频率范围为 4MHz～

16MHz。

（3）LSI 是低速内部时钟源，RC 振荡器，频率为 40kHz，提供低功耗时钟。

（4）LSE 是低速外部时钟源，接频率为 32.768kHz 的石英晶体。

（5）PLL 为锁相环倍频输出，其时钟输入源可选择为 HSI/2、HSE 或 HSE/2，倍频可选择 2～16 倍，但是其输出频率最大不得超过 72MHz。

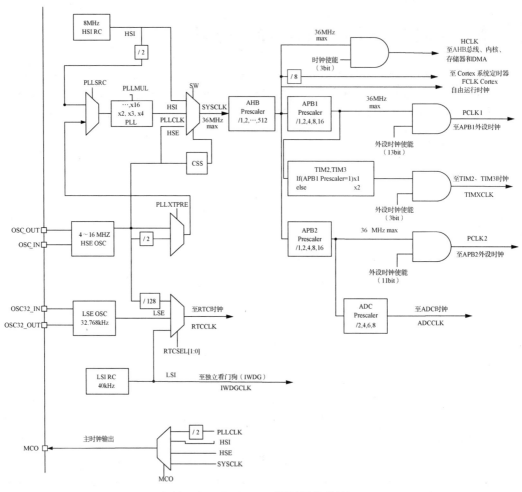

图 7-9　STM32F103 微控制器的时钟树

系统时钟 SYSCLK 可来源于 3 个时钟源：HSI、HSE、PLL。STM32F103 可以选择一个时钟信号输出到 MCO 脚（PA8）上，如选择 PLL 输出的 2 分频、HSI、HSE 或系统时钟。使用任何一个外设之前，必须使能其相应的时钟。时钟电路如图 7-10 所示。

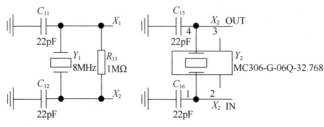

图 7-10　时钟电路

时钟通常由晶振产生，图 7-10 中时钟部分提供了两个时钟源，Y_2 是 32.768kHz 晶振，为 RTC 提供时钟。Y_1 是 8MHz 晶振，为整个系统提供时钟。

7.3.3 复位电路

STM32F10x 支持电源复位、系统复位和备份区域复位 3 种复位形式。

1. 电源复位

当 NRST 引脚被拉低产生外部复位时，将产生复位脉冲。在复位过程中，芯片内部的复位信号会在 NRST 引脚上输出，脉冲发生器保证每一个复位源都能保持至少 20μs 的脉冲延时。当以下事件发生时将产生电源复位。

（1）上电/掉电复位（POR/PDR 复位）。

（2）从待机模式中返回。

电源复位将复位除备份区域外的所有寄存器。发生电源复位后，系统的复位入口向量被固定在地址 0x0000:0004，即系统会从该地址重新运行用户程序。

2. 系统复位

当发生以下任一事件时，可以产生一个系统复位。通过查看时钟控制器的 RCC_CSR 控制状态寄存器中的复位状态标志位可以识别复位事件来源。

（1）NRST 引脚上低电平（外部复位）。

（2）窗口看门狗（WWDG）计数终止复位。

（3）独立看门狗（IWDG）计数终止复位。

（4）软件复位。

（5）低功耗管理复位。

除了时钟控制器的 RCC_CSR 控制状态寄存器中的复位状态标志位和备份区域的寄存器，系统复位会将其他所有寄存器复位。

3. 备份区域复位

备份区域复位只影响备份区域的寄存器，STM32 备份区域支持两个专门的复位操作。通过以下两种方式可以产生备份区域复位。

（1）软件方式：设置备份区域控制寄存器 RCC_BDCR 中的 BDRST 位。

（2）在 VDD 和 VBAT 两者均掉电的情况下，VDD 和 VBAT 上电。

复位电路由按键和保护电阻、电容构成，按下按键将触发系统复位，具体电路如图 7-11 所示。

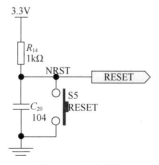

图 7-11 复位电路

7.3.4　调试和下载电路

调试和下载电路如图 7-12 所示。

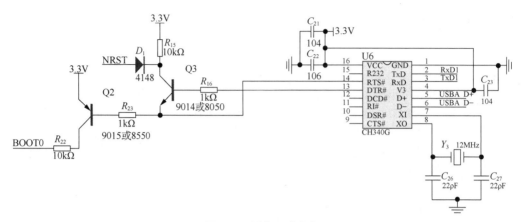

图 7-12　调试和下载电路

JTAG 协议是一种国际标准测试协议（与 IEEE 1149.1 兼容），主要用于芯片内部测试。多数高级器件都支持 JTAG 协议，如 ARM、DSP、FPGA 器件等。标准 20 芯 JTAG 接口电路如图 7-13 所示。

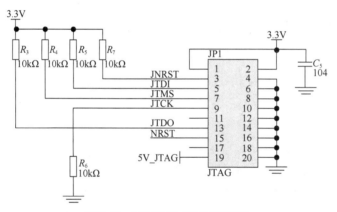

图 7-13　标准 20 芯 JTAG 接口电路

7.3.5　启动存储器选择电路

启动存储器选择电路如图 7-14 所示。

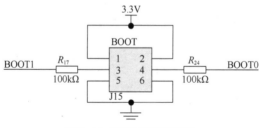

图 7-14　启动存储器选择电路

图 7-14 所示的 BOOT0 和 BOOT1 用于设置 STM32 的启动模式，如表 7-2 所示。

表 7-2 BOOT0、BOOT1 设置启动模式

BOOT0	BOOT1	启动模式	说明
0	×	用户闪存	用户闪存（Flash）启动
1	0	系统存储器	系统存储器启动，用于串行口下载
1	1	SRAM 启动	SRAM 启动，用于 SRAM 中调试代码

7.4 STM32F103 微控制器的时钟电路

7.4.1 输入时钟

51 单片机一般会外接一个 11.0592MHz 的晶振。注意，这里提供时钟的不是晶振，而是 RC 时钟电路，而晶振只是时钟电路的元器件之一。同理，在 STM32F103 中，时钟源也是由 RC 时钟电路产生的，与 51 单片机的区别在于 RC 时钟电路的位置。根据 RC 时钟电路的位置，STM32F103 的时钟源分为内部时钟电路、外部时钟电路、内外部时钟电路。STM32 的时钟树如图 7-15 所示。

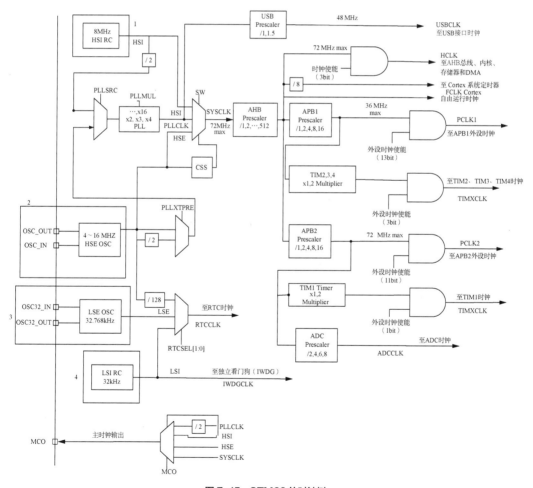

图 7-15 STM32 的时钟树

1. 内部时钟电路

内部时钟电路下，晶振和RC时钟电路都在STM32芯片内部，如图7-15中标注框1、标注框4所示。标注框1处是产生8MHz的时钟源，称为HSI；标注框4处是产生32kHz的时钟源，称为LSI。

2. 外部时钟电路

外部时钟电路下，晶振在STM32芯片外部，RC时钟电路在STM32芯片内部，如图7-15中标注框2、标注框3所示。标注框2处是产生4~16MHz的时钟源，称为HSE；标注框3处是产生32.768kHz的时钟源，称为LSE。

OSC_OUT和OSC_IN、OSC32_OUT和OS32_IN分别接晶振的两个引脚。前者一般接8MHz晶振；后者一定接32.768kHz，因为这个时钟源是供RTC实时时钟使用的。51单片机中没有集成RTC模块，制作电子时钟用到DS1302集成芯片时，我们为其提供的是32.768kHz的晶振。

3. 内外部时钟电路

内外部时钟电路下，晶振和RC时钟电路都在STM32芯片外部。如图7-15中标注框2、标注框3，OSC_OUT和OSC_IN、OSC32_OUT和OS32_IN除了分别接晶振的两个引脚，OSC_IN和OSC32_IN还可以接入外部的RC时钟电路，其时钟源直接由外部提供，不过这种方案不常用。

HSI时钟源是由STM32在内部用RC振荡电路实现的高速内部时钟源。HSI RC能够在没有任何外部器件的条件下提供系统时钟，它的启动时间比HSE短，但是不精准，即使在校准之后，它的时钟频率精度仍较差。当HSI被用作PLL时钟输入时，系统时钟能得到的最大频率是61MHz，这显然不能发挥STM32的最佳性能。

虽然HSI不精准，但是考虑到启动速度，STM32上电复位默认采用HSI时钟源。当然，开发者可以不修改这个时钟源，那么系统将一直工作在时钟源不稳定、不精准的环境下。因此一般做法是改变时钟源，将时钟源改为HSE。改变时钟源的通道是在相关寄存器上设置的，图7-15中的PLLSRC可以实现对这两个频率的切换。时钟信号通道选择电路如图7-16所示。

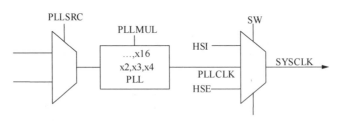

图7-16　时钟信号通道选择电路

STM32的CPU工作常规频率是72MHz（超过72MHz工作称为超频工作，CPU耗电加剧，且会发烫），但是正常接入的晶振是8MHz，这时就需要一个对频率加倍的操作，即倍频。预分频器中的PLLMUL便可实现对接入时钟源的倍频，如x2、x3、x4……倍频后的时钟源为PLLCLK。

预分频器对频率起到削减的作用，其原理图如图7-17所示。倍频器将HSE倍频之后提供给CPU，但是除CPU之外，其他片上外设（如SPI控制模块、I2C控制模块等）的工作同样需要时钟源，这些外设的时钟频率肯定是低于CPU运行时钟的，如USB通信只需要48MHz，所以需要对倍频后的时钟源进行分频。一般芯片的分频做法是对一个时钟源倍频后供给某些部件，其他低于该频率的时钟都基于此时钟源来分频。用户可通过多个预分频器配置AHB、高速APB

（APB2）和低速 APB（APB1）域的频率。AHB 和 APB2 域的最大频率是 72MHz，APB1 域的最大允许频率是 36MHz。SDIO 接口的时钟频率固定在 HCLK/2。

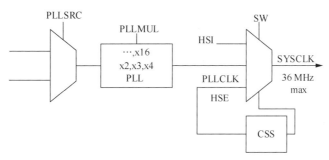

图 7-17　锁相环倍频器/预分频器

经过时钟源的选择、分频/倍频，就可以得到 HCLK（高性能总线 AHB 用）、FCLK（CPU 内核用，即常说的 CPU 主频）、PCLK（高性能外设总线 APB）、USBCLK、TIMXCLK、TIM1CLK、RTCCLK 等。外设是挂在 STM32 的总线上的，具体分布如图 7-18 所示。

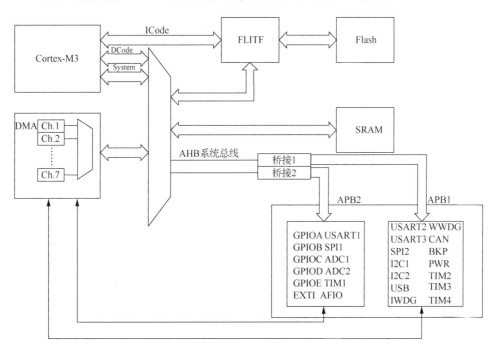

图 7-18　外设时钟结构图

在软件开发中，开发者要做的就是设置门电路以选择时钟输入源、倍频/分频系数和打开/关闭对应外设所在总线的时钟。

7.4.2　系统时钟

系统时钟（SysTick）实质上是一个定时器，只是它放在了 NVIC 中，其主要的目的是给操作系统提供一个硬件上的中断，这种中断称为滴答中断。操作系统运转的时候，也会有时间节拍。它会根据节拍来工作，把整个时间段分成很多小小的时间片，而每个任务每次只能运行一个时间片的时间长度，超时就退出并让别的任务运行，这样可以确保任何一个任务都不会"霸占"操作系统提供的各种定时功能，这些步骤都与这个系统时钟有关。操作系统需要系统时钟来产生周期性的中断，而且最好还要让用户程序不能随意访问它的寄存器，以维持操作系统的节拍。只要不把它在 SysTick 控制与状态寄存器中的使能位清除，它就可以一直工作。

RCC（复位与时钟控制）信号通过 AHB 时钟（HCLK）8 分频后作为 Cortex 系统定时器的外部时钟。通过对 SysTick 控制与状态寄存器的设置，可选择 RCC 时钟或 HCLK 作为系统时钟。另外，还有其他时钟，如 USB 时钟、ADC 时钟、独立看门狗时钟等，它们各自的时钟源也可以轻易分析出来，这里不赘述。系统时钟结构图如图 7-19 所示。

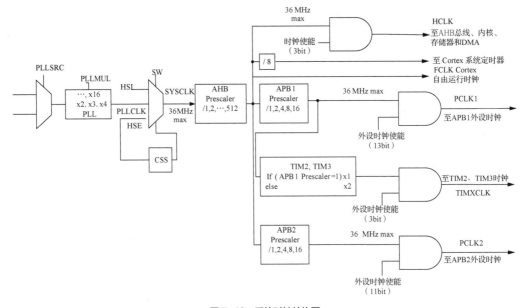

图 7-19　系统时钟结构图

7.4.3　由系统时钟分频得到的其他时钟

由不同的分频数可得不同的时钟，如图 7-20 所示。

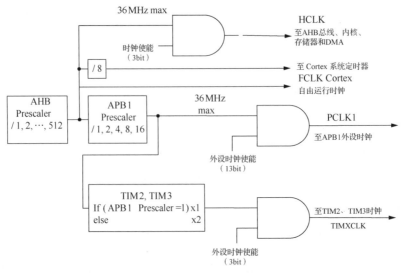

图 7-20　分频得到其他时钟

举例如下。

SYSCLK：72MHz

HCLK：72MHz

PCLK1：36MHz

PCLK2：72MHz

ADCCLK：36MHz

可推测几个预分频值为

AHB Prescaler=1

APB1 Prescaler=2

APB2 Prescaler=1

ADC Prescaler=2

例如，已知 APB1 Prescaler=2，故 TIM2CLK=PCLK1×2=72MHz，所以被 TIM2 分频的时钟频率为 72MHz。

7.5 STM32F103 微控制器的低功耗模式

在系统或电源复位以后，微控制器处于运行状态。当微控制器不需继续运行时，可以利用多种低功耗模式来节省功耗，例如，等待某个外部事件时，用户需要根据最低电源消耗、最快启动时间和可用的唤醒源等条件，选定一个理想的低功耗模式。

STM32F103 有 3 种低功耗模式，如表 7-3 所示，分别为睡眠模式、停止模式和待机模式。

表 7-3　低功耗模式

模式	进入	唤醒	对 1.8V 区域时钟的影响	对 V_{DD} 区域时钟的影响	电压调节器
睡眠（SLEEP-NOW 或 SLEEP-ON-EXIT）	WFI	任一中断	CPU 时钟关，对其他时钟和 ADC 时钟无影响	无	开
	WFE	唤醒事件			
停止	PDDS 和 LPDS 位+SLEEP DEEP 位+WFI 或 WFE	任一外部中断（在外部中断寄存器中设置）	关闭所有 1.8V 区域的时钟	HSI 和 HSE 的振荡器开关	开启或处于低功耗模式（依据电源控制寄存器（PWR_CR）的设置）
待机	PDDS 位+SLEEP DEEP 位+WFI 或 WFE	WKUP 引脚的上升沿、RTC 事件、NRST 引脚上的外部复位、IWDG 复位			关

（1）睡眠模式（Cortex-M3 内核停止，所有外设，包括 Cortex-M3 核心的外设，如 NVIC、SysTick 等仍在运行）。

（2）停止模式（所有的时钟都已停止）。

（3）待机模式（1.8V 电源关闭）。

此外，在运行模式下，也可以通过以下方式中的一种来降低功耗。

（1）降低系统时钟频率。

（2）关闭 APB 和 AHB 总线上未被使用的外设时钟。

7.6 STM32F103 微控制器的安全特性

STM32F103 内置了两个看门狗定时器（独立看门狗和窗口看门狗），可提供更高的安全性、时间的精确性和使用的灵活性。两个看门狗定时器可用来检测和解决由软件错误引起的故障：当计数器达到给定的超时值时，触发一个中断（仅适用于窗口看门狗）或产生系统复位。

独立看门狗由专用的低速时钟（LSI）驱动，即使主时钟发生故障，它也仍然有效。窗口看门狗由从 APB1 时钟分频后得到的时钟驱动，通过可配置的时间窗口来检测应用程序非正常的过迟或过早的操作。独立看门狗适合应用于那些需要看门狗定时器在主程序之外能够完全独立工作，并且对时间精度要求较低的场合。窗口看门狗适合那些要求看门狗定时器在精确时间窗口起作用的应用程序。

窗口看门狗通常被用来监测由外部干扰或不可预见的逻辑条件造成的应用程序背离正常的运行序列而产生的软件故障。当递减计数器值小于窗口寄存器值，看门狗电路在达到预置的时间周期时会产生一个 MCU 复位。在递减计数器值达到窗口寄存器值之前，如果 7 位的递减计数器值（在控制寄存器中）被刷新，那么也将产生一个 MCU 复位。这表明递减计数器需要在一个有限的时间窗口中被刷新。

7.7 STM32F103 微控制器的启动过程

近年来，Cortex-M 阵营各厂商（如 ST、NXP、ATMEL、Freescale 等公司）发布新产品的节奏越来越快，随着微控制器应用普及程度的加深，越来越多的开发者把更多精力投注在应用层开发上，用在底层技术上的时间越来越少。尽管如此，我们依然有必要对 STM32F103 的启动过程有更好的理解和认识。

微控制器（单片机）上电后，如何寻找到并执行基于 C 语言的嵌入式程序的 main 函数呢？很显然，微控制器无法从硬件上定位 main 函数的入口地址，因为使用 C 语言作为开发语言后，变量/函数的地址便由编译器在编译时自行分配，这样一来 main 函数的入口地址在微控制器的内部存储空间中不再是绝对不变的。在嵌入式系统程序中，真正的入口地址是通过启动文件"Bootloader"来引导的。

每一种微控制器（处理器）都必须有启动文件来负责执行微控制器从"复位"到"开始执行 main 函数"这段时间（称为启动过程）所必须进行的工作。通常情况下，开发环境自动、完整地提供了这个启动文件，开发人员不需要干预启动过程，只需要从 main 函数开始进行应用程序的设计。ST 公司也已经提供了 STM32 微控制器直接可用的启动文件，开发人员可以在引用启动文件后直接进行 C 应用程序的开发。

相对于上一代的主流 ARM7/ARM9 内核架构，新一代 Cortex 内核架构的启动方式有了比较大的变化。ARM7/ARM9 内核的控制器在复位后，CPU 会从存储空间的绝对地址 0x000000 取出第一条指令以执行复位中断服务程序的方式启动，即固定了复位后的起始地址为 0x000000（PC=0x000000），同时中断向量表的位置并不是固定的。而 Cortex-M3 内核则正好与之相反，有以下 3 种情况。

（1）通过 BOOT 引脚设置可以将中断向量表定位于 SRAM 区，即起始地址为 0x2000000，同时复位后 PC 指针位于 0x2000000 处。

（2）通过 BOOT 引脚设置可以将中断向量表定位于 Flash 区，即起始地址为 0x8000000，同时复位后 PC 指针位于 0x8000000 处。

（3）通过 BOOT 引脚设置可以将中断向量表定位于内置 Bootloader 区。

Cortex-M3 内核规定，起始地址必须存放栈顶指针，而第二个地址则必须存放复位中断入口向量，这样 Cortex-M3 内核在复位后，会自动从起始地址的下一个 32 位空间取出复位中断入口向量，跳转执行复位中断服务程序。对比 ARM7/ARM9 内核，Cortex-M3 内核固定了中断向量表的位置，而起始地址是可变化的。

以 STM32 的 2.02 固件库提供的启动文件 "stm32f10x_vector.s" 为例，程序如下，其中注释为行号。

```
DATA_IN_ExtSRAM EQU 0 ;1                IMPORT TIM1_TRG_COM_IRQHandler ;48
Stack_Size EQU 0x00000400 ;2            IMPORT TIM1_CC_IRQHandler ;49
AREA STACK, NOINIT, READWRITE, ALIGN = 3 ;3  IMPORT TIM2_IRQHandler ;50
Stack_Mem SPACE Stack_Size ;4           IMPORT TIM3_IRQHandler ;51
__initial_sp ;5                         IMPORT TIM4_IRQHandler ;52
Heap_Size EQU 0x00000400 ;6             IMPORT I2C1_EV_IRQHandler ;53
AREA HEAP, NOINIT, READWRITE, ALIGN = 3 ;7   IMPORT I2C1_ER_IRQHandler ;54
__heap_base ;8                          IMPORT I2C2_EV_IRQHandler ;55
Heap_Mem SPACE Heap_Size ;9             IMPORT I2C2_ER_IRQHandler ;56
__heap_limit ;10                        IMPORT SPI1_IRQHandler ;57
THUMB ;11                               IMPORT SPI2_IRQHandler ;58
PRESERVE8 ;12                           IMPORT USART1_IRQHandler ;59
IMPORT NMIException ;13                 IMPORT USART2_IRQHandler ;60
IMPORT HardFaultException ;14           IMPORT USART3_IRQHandler ;61
IMPORT MemManageException ;15           IMPORT EXTI15_10_IRQHandler ;62
IMPORT BusFaultException ;16            IMPORT RTCAlarm_IRQHandler ;63
IMPORT UsageFaultException ;17          IMPORT USBWakeUp_IRQHandler ;64
IMPORT SVCHandler ;18                   IMPORT TIM8_BRK_IRQHandler ;65
IMPORT DebugMonitor ;19                 IMPORT TIM8_UP_IRQHandler ;66
IMPORT PendSVC ;20                      IMPORT TIM8_TRG_COM_IRQHandler ;67
IMPORT SysTickHandler ;21               IMPORT TIM8_CC_IRQHandler ;68
IMPORT WWDG_IRQHandler ;22              IMPORT ADC3_IRQHandler ;69
IMPORT PVD_IRQHandler ;23               IMPORT FSMC_IRQHandler ;70
IMPORT TAMPER_IRQHandler ;24            IMPORT SDIO_IRQHandler ;71
IMPORT RTC_IRQHandler ;25               IMPORT TIM5_IRQHandler ;72
IMPORT FLASH_IRQHandler ;26             IMPORT SPI3_IRQHandler ;73
IMPORT RCC_IRQHandler ;27               IMPORT UART4_IRQHandler ;74
IMPORT EXTI0_IRQHandler ;28             IMPORT UART5_IRQHandler ;75
IMPORT EXTI1_IRQHandler ;29             IMPORT TIM6_IRQHandler ;76
IMPORT EXTI2_IRQHandler ;30             IMPORT TIM7_IRQHandler ;77
IMPORT EXTI3_IRQHandler ;31             IMPORT DMA2_Channel1_IRQHandler ;78
IMPORT EXTI4_IRQHandler ;32             IMPORT DMA2_Channel2_IRQHandler ;79
IMPORT DMA1_Channel1_IRQHandler ;33     IMPORT DMA2_Channel3_IRQHandler ;80
IMPORT DMA1_Channel2_IRQHandler ;34     IMPORT DMA2_Channel4_5_IRQHandler ;81
IMPORT DMA1_Channel3_IRQHandler ;35     AREA RESET, DATA, READONLY ;82
IMPORT DMA1_Channel4_IRQHandler ;36     EXPORT __Vectors ;83
IMPORT DMA1_Channel5_IRQHandler ;37     __Vectors ;84
IMPORT DMA1_Channel6_IRQHandler ;38     DCD __initial_sp ;85
IMPORT DMA1_Channel7_IRQHandler ;39     DCD Reset_Handler ;86
IMPORT ADC1_2_IRQHandler ;40            DCD NMIException ;87
IMPORT USB_HP_CAN_TX_IRQHandler ;41     DCD HardFaultException ;88
IMPORT USB_LP_CAN_RX0_IRQHandler ;42    DCD MemManageException ;89
IMPORT CAN_RX1_IRQHandler ;43           DCD BusFaultException ;90
IMPORT CAN_SCE_IRQHandler ;44           DCD UsageFaultException ;91
IMPORT EXTI9_5_IRQHandler ;45           DCD 0 ; 92
IMPORT TIM1_BRK_IRQHandler ;46          DCD 0 ;93
IMPORT TIM1_UP_IRQHandler ;47           DCD 0 ;94
```

```
DCD 0 ;95                                     DCD SPI3_IRQHandler ;152
DCD SVCHandler ;96                            DCD UART4_IRQHandler ;153
DCD DebugMonitor ;97                          DCD UART5_IRQHandler ;154
DCD 0 ;98                                     DCD TIM6_IRQHandler ;155
DCD PendSVC ;99                               DCD TIM7_IRQHandler ;156
DCD SysTickHandler ;100                       DCD DMA2_Channel1_IRQHandler ;157
DCD WWDG_IRQHandler ;101                      DCD DMA2_Channel2_IRQHandler ;158
DCD PVD_IRQHandler ;102                       DCD DMA2_Channel3_IRQHandler ;159
DCD TAMPER_IRQHandler ;103                    DCD DMA2_Channel4_5_IRQHandler ;160
DCD RTC_IRQHandler ;104                       AREA |.text|, CODE, READONLY ;161
DCD FLASH_IRQHandler ;105                     Reset_Handler PROC ;162
DCD RCC_IRQHandler ;106                       EXPORT Reset_Handler ;163
DCD EXTI0_IRQHandler ;107                     IF DATA_IN_ExtSRAM == 1 ;164
DCD EXTI1_IRQHandler ;108                     LDR R0,= 0x00000114 ;165
DCD EXTI2_IRQHandler ;109                     LDR R1,= 0x40021014 ;166
DCD EXTI3_IRQHandler ;110                     STR R0,[R1] ;167
DCD EXTI4_IRQHandler ;111                     LDR R0,= 0x000001E0 ;168
DCD DMA1_Channel1_IRQHandler ;112             LDR R1,= 0x40021018 ;169
DCD DMA1_Channel2_IRQHandler ;113             STR R0,[R1] ;170
DCD DMA1_Channel3_IRQHandler ;114             LDR R0,= 0x44BB44BB ;171
DCD DMA1_Channel4_IRQHandler ;115             LDR R1,= 0x40011400 ;172
DCD DMA1_Channel5_IRQHandler ;116             STR R0,[R1] ;173
DCD DMA1_Channel6_IRQHandler ;117             LDR R0,= 0xBBBBBBBB ;174
DCD DMA1_Channel7_IRQHandler ;118             LDR R1,= 0x40011404 ;175
DCD ADC1_2_IRQHandler ;119                    STR R0,[R1] ;176
DCD USB_HP_CAN_TX_IRQHandler ;120             LDR R0,= 0xB44444BB;177
DCD USB_LP_CAN_RX0_IRQHandler ;121            LDR R1,= 0x40011800 ;178
DCD CAN_RX1_IRQHandler ;122                   STR R0,[R1] ;179
DCD CAN_SCE_IRQHandler ;123                   LDR R0,= 0xBBBBBBBB ;180
DCD EXTI9_5_IRQHandler ;124                   LDR R1,= 0x40011804 ;181
DCD TIM1_BRK_IRQHandler ;125                  STR R0,[R1] ;182
DCD TIM1_UP_IRQHandler ;126                   LDR R0,= 0x44BBBBBB ;183
DCD TIM1_TRG_COM_IRQHandler ;127              LDR R1,= 0x40011C00 ;184
DCD TIM1_CC_IRQHandler ;128                   STR R0,[R1] ;185
DCD TIM2_IRQHandler ;129                      LDR R0,= 0xBBBB4444 ;186
DCD TIM3_IRQHandler ;130                      LDR R1,= 0x40011C04 ;187
DCD TIM4_IRQHandler ;131                      STR R0,[R1] ;188
DCD I2C1_EV_IRQHandler ;132                   LDR R0,= 0x44BBBBBB ;189
DCD I2C1_ER_IRQHandler ;133                   LDR R1,= 0x40012000 ;190
DCD I2C2_EV_IRQHandler ;134                   STR R0,[R1] ;191
DCD I2C2_ER_IRQHandler ;135                   LDR R0,= 0x44444B44 ;192
DCD SPI1_IRQHandler ;136                      LDR R1,= 0x40012004 ;193
DCD SPI2_IRQHandler ;137                      STR R0,[R1] ;194
DCD USART1_IRQHandler ;138                    LDR R0,= 0x00001011 ;195
DCD USART2_IRQHandler ;139                    LDR R1,= 0xA0000010 ;196
DCD USART3_IRQHandler ;140                    STR R0,[R1] ;197
DCD EXTI15_10_IRQHandler ;141                 LDR R0,= 0x00000200 ;198
DCD RTCAlarm_IRQHandler ;142                  LDR R1,= 0xA0000014 ;199
DCD USBWakeUp_IRQHandler ;143                 STR R0,[R1] ;200
DCD TIM8_BRK_IRQHandler ;144                  ENDIF ;201
DCD TIM8_UP_IRQHandler ;145                   IMPORT __main ;202
DCD TIM8_TRG_COM_IRQHandler ;146              LDR R0, =__main ;203
DCD TIM8_CC_IRQHandler ;147                   BX R0 ;204
DCD ADC3_IRQHandler ;148                      ENDP ;205
DCD FSMC_IRQHandler ;149                      ALIGN ;206
DCD SDIO_IRQHandler ;150                      IF :DEF: __MICROLIB ;207
DCD TIM5_IRQHandler ;151                      EXPORT __initial_sp ;208
```

```
EXPORT __heap_base ;209
EXPORT __heap_limit ;210
ELSE ;211
IMPORT __use_two_region_memory ;212
EXPORT __user_initial_stackheap ;213
__user_initial_stackheap ;214
LDR R0, = Heap_Mem ;215
LDR R1, = (Stack_Mem + Stack_Size) ;216
```

```
LDR R2, = (Heap_Mem + Heap_Size) ;217
LDR R3, = Stack_Mem ;218
BX LR ;219
ALIGN ;220
ENDIF ;221
END ;222
ENDIF ;223
END ;224
```

STM32 的启动代码一共 224 行，其中各项说明如下。

（1）AREA 指令：伪指令，用于定义代码段或数据段，后跟属性标号。比较重要的标号为"READONLY"或"READWRITE"。其中"READONLY"表示该段为只读属性，联系到 STM32 的内部存储介质，可知具有只读属性的段保存于 Flash 区，即 0x8000000 地址后。而"READWRITE"表示该段为"可读写"属性，可知"可读写"段保存于 SRAM 区，即 0x2000000 地址后。由此可以从第 3 行、第 7 行代码知道，栈段位于 SRAM 空间。从第 82 行可知，中断向量表放置于 Flash 区，而这也是整片启动代码中最先被放进 Flash 区的数据，因此可以得到一条重要的信息：0x8000000 地址存放的是栈顶地址__initial_sp，0x8000004 地址存放的是复位中断向量 Reset_Handler（STM32 使用 32 位总线，因此存储空间为 4 字节对齐）。

（2）DCD 指令：该指令的作用是开辟一段空间，其等价于 C 语言中的地址符"&"。因此从第 84 行开始建立的中断向量表则类似于使用 C 语言定义的一个指针数组，其每一个成员都是一个函数指针，分别指向各个中断服务函数。

（3）标号：标号主要用于表示一片内存空间的某个位置，其等价于 C 语言中的"地址"。地址仅仅表示存储空间中的一个位置，从 C 语言的角度来看，变量的地址、数组的地址和函数的入口地址在本质上并无区别。第 202 行中的__main 标号并不表示 C 程序中的 main 函数入口地址，因此第 204 行也并不是跳转至 main 函数开始执行 C 程序。__main 标号表示 C/C++标准实时库函数里的一个初始化子程序__main 的入口地址。该程序的一个主要作用是初始化栈（跳转至__user_initial_stackheap 标号进行栈初始化），并初始化映像文件，最后跳转至 C 程序中的 main 函数。这就解释了为何所有的 C 程序必须有一个 main 函数作为程序的起点——这是由 C/C++标准实时库规定的，并且不能更改，因为 C/C++标准实时库并不对外界开发源代码。因此，实际上在用户可见的前提下，程序在第 204 行后就跳转至.c 文件中的 main 函数，开始执行 C 程序。

至此可以总结一下 STM32 的启动文件和启动过程。首先对栈和堆的大小进行定义，并在代码区的起始处建立中断向量表，其第一个表项是栈顶地址，第二个表项是复位中断服务入口地址。然后在复位中断服务程序中跳转至 C/C++标准实时库的__main 函数，完成用户栈等的初始化后，跳转至.c 文件中的 main 函数，开始执行 C 程序。假设 STM32 被设置为从内部 Flash 启动，中断向量表起始地址为 0x8000000，则栈顶地址存放于 0x8000000 处，而复位中断服务入口地址存放于 0x8000004 处。STM32 遇到复位信号后，从 0x8000004 处取出复位中断服务入口地址，继而执行复位中断服务程序，最后进入 main 函数。

习题与思考

1. ARM、STM32F10x、Cortex-M3，这三者的关系是什么？
2. Cortex-M3 内核是如何在储存器中分布的？
3. STM32F10x 最小系统包括哪些部分，这些部分是如何发挥作用的？
4. STM32F103 的时钟源有哪些？各时钟源频率是多少？与 51 单片机的区别是什么？
5. 简述 STM32F10x 三种低功耗模式的区别。
6. STM32F10x 系统运行的安全性如何被保证？

第 8 章
Cortex-M3 指令系统与编程技术

本章主要介绍 Cortex-M3 指令的编程模型、Cortex-M3 指令集分类以及基于 Cortex-M3 的 ARM 汇编语言程序设计。通过本章的学习，读者可以掌握 Cortex-M3 编程的一些基本指令和编程方法，为后续章节嵌入式系统的学习和软件设计打下基础。

8.1　Cortex-M3 编程模型

8.1.1　处理器工作模式及状态

Cortex-M3 处理器有 Thread 和 Handler 两种工作模式：重启时，处理器进入 Thread 模式，从异常返回时也可进入 Thread 模式，Thread 模式下代码可以为特权代码和用户代码；当系统产生异常时，处理器进入 Handler 模式，Handler 模式下所有代码必须都是特权代码。

Cortex-M3 处理器可以在 Thumb 和 Debug 两种操作状态下工作，Thumb 状态是正常执行 16 位和 32 位半字对齐的 Thumb 指令和 Thumb-2 指令时所处的状态；Debug 状态是调试时的状态。

8.1.2　特权访问和用户访问

代码可以以特权方式和非特权方式执行。

当系统发生异常，处理器进入 Handler 模式时，代码以特权方式执行；而当处理器在 Thread 模式下时，代码可以以特权方式执行，也可以以非特权方式执行。但处理器复位进入 Thread 模式后，代码均以特权方式执行。

处理器在 Thread 模式下可以从特权方式切换到用户方式，但不能从用户方式返回特权方式。在 Thread 模式下，只有进行异常处理时，处理器进入 Handler 模式，才能由用户方式切换到特权方式。

8.1.3　双栈机制

Cortex-M3 处理器可以使用两个栈：主（main）栈和进程（process）栈。在系统复位之后，所有代码都使用主栈。

栈指针寄存器 M3 为 banked 寄存器，可用于 SP_main 与 SP_process 之间的切换，任何时候仅有一个栈可见。有些异常处理如 SVC 可通过在返回时修改 EXC-RETURN 值来将 Thread 模式下所使用的栈从主栈切换到进程栈，其他异常则继续使用主栈。

8.1.4　数据类型

Cortex-M3 既可使用大端模式也可使用小端模式访问存储器。Cortex-M3 处理器有一个可配置引脚 BIGEND，用来选择小端模式或大端模式。访问代码通常用小端模式，小端模式是 ARM 处理器的默认存储模式。小端模式和大端模式分别如图 8-1 和图 8-2 所示。

31　　　24	23　　　16	15　　　8	7　　　0	
字节 3 在地址 F	字节 2 在地址 E	字节 1 在地址 D	字节 0 在地址 C	地址 C 字
半字 1 在地址 E		半字 0 在地址 C		
字节 3 在地址 B	字节 2 在地址 A	字节 1 在地址 9	字节 0 在地址 8	地址 8 字
半字 1 在地址 A		半字 0 在地址 8		
字节 3 在地址 7	字节 2 在地址 6	字节 1 在地址 5	字节 0 在地址 4	地址 4 字
半字 1 在地址 6		半字 0 在地址 4		
字节 3 在地址 3	字节 2 在地址 2	字节 1 在地址 1	字节 0 在地址 0	地址 0 字
半字 1 在地址 2		半字 0 在地址 0		

图 8-1　小端模式

31　　　24	23　　　16	15　　　8	7　　　0	
字节 0 在地址 F	字节 1 在地址 E	字节 2 在地址 D	字节 3 在地址 C	地址 C 字
半字 0 在地址 E		半字 1 在地址 C		
字节 0 在地址 B	字节 1 在地址 A	字节 2 在地址 9	字节 3 在地址 8	地址 8 字
半字 0 在地址 A		半字 1 在地址 8		
字节 0 在地址 7	字节 1 在地址 6	字节 2 在地址 5	字节 3 在地址 4	地址 4 字
半字 0 在地址 6		半字 1 在地址 4		
字节 0 在地址 3	字节 1 在地址 2	字节 2 在地址 1	字节 3 在地址 0	地址 0 字
半字 0 在地址 2		半字 1 在地址 0		

图 8-2　大端模式

▌注意▐

- 对系统控制区域的访问通常是小端模式。
- 在系统复位处理之后更改大小端模式是无效的。
- 专用外设总线（PPB）区域必须为小端模式，与 BIGEND 引脚的设置无关。

8.1.5　异常及中断

常见中断指令与其格式和功能如表 8-1 所示。

表 8-1　常见中断指令与其格式和功能

中断指令	格式	功能
SWI 软件中断指令	SWI{条件} 24 位的立即数	用于产生软件中断，以使用户程序调用操作系统的系统例程
BKPT 断点中断指令	BKPT 16 位的立即数	用于产生软件断点中断，供软件调试时使用

8.2　Cortex-M3 指令集分类

8.2.1　数据传送指令

Cortex-M3 中的数据传送类型包括以下几种。

（1）寄存器间数据传送。

（2）寄存器与存储器间数据传送。

（3）栈操作指令实现数据传送。

（4）寄存器与特殊功能寄存器间数据传送。

（5）立即数加载到寄存器。

1. 寄存器间数据传送

用于寄存器间传送数据的指令是 MOV。例如，"MOV R8,R3"会将 R3 的数据传送到 R8。MOV 的一个"衍生物"是 MVN，它把寄存器的内容取反后再传送。

（1）MOV 指令

汇编格式：MOV {<cond>} {S} Rd,operand2

功能：MOV 指令用于将源操作数 operand2 传送到目的寄存器 Rd 中。通常 operand2 是一个立即数、寄存器 Rm 或被移位的寄存器。S 选项决定指令的操作是否影响 CPSR（Current Program Status Register，当前程序状态寄存器）中条件标志位的值，有 S 时指令执行后的结果影响 CPSR 中条件标志位 N 和 Z 的值，计算第 2 个操作数时更新标志位 C，不影响标志位 V。

MOV 指令示例如下。

```
MOV R1,R0            ;将寄存器 R0 的值传送到寄存器 R1
MOV PC,R14           ;将寄存器 R14 的值传送到 PC，常用于子程序返回
MOV R1,R0, LSL#3     ;将寄存器 R0 的值左移 3 位后传送到 R1
MOV R0,#5            ;将立即数 5 传送到寄存器 R0
```

（2）MVN 指令

汇编格式：MVN {<cond>} {S} Rd,operand2

功能：MVN 指令用于将另一个寄存器、被移位的寄存器中的数据或一个立即数取反并传送到目的寄存器 Rd。与 MOV 指令不同之处是，数据在传送之前被按位取反了，即 MVN 指令把一个被取反的值传送到目的寄存器中。其 S 选项及对标志位的影响同 MOV 指令。

MVN 指令示例如下。

```
MVN R0,#0            ;将立即数 0 取反并传送到寄存器 R0 中，完成指令后 R0=-1
MVN R1,R2            ;将 R2 取反，结果存放到 R1 中
```

2. 寄存器与存储器间数据传送

用于访问存储器的基本指令功能是"加载"（Load）和"存储"（Store）。加载指令 LDR 用于把存储器中的内容加载到寄存器中；存储指令 STR 用于把寄存器的内容存储至存储器中。传送过程中数据类型也可以变通，两类指令的寄存器与存储器间数据传送格式如表 8-2 所示。

表 8-2　寄存器与存储器间数据传送格式 1

格式	功能
LDRB Rd, [Rn, #offset]	从地址 Rn+offset 处读取 1 字节到 Rd
LDRH Rd, [Rn, #offset]	从地址 Rn+offset 处读取半字到 Rd
LDR Rd, [Rn, #offset]	从地址 Rn+offset 处读取 1 个字到 Rd
LDRD Rd1, Rd2, [Rn, #offset]	从地址 Rn+offset 处读取 1 个双字（64 位整数）到 Rd1（低 32 位）和 Rd2（高 32 位）中
STRB Rd, [Rn, #offset]	把 Rd 中的低字节存储到地址 Rn+offset 处
STRH Rd, [Rn, #offset]	把 Rd 中的低半字存储到地址 Rn+offset 处
STR Rd, [Rn, #offset]	把 Rd 中的低字存储到地址 Rn+offset 处
STRD Rd1, Rd2, [Rn, #offset]	把 Rd1（低 32 位）和 Rd2（高 32 位）组成的双字存储到地址 Rn+offset 处

使用 LDM*xy* 和 STM*xy* 可以一次传输更多数据。其中，*x* 可以为 I 或 D，I 表示自增，D 表示自减；*y* 可以为 A 或 B，A 表示自增/减的时机在每次访问后，B 表示自增/减的时机在每次访问前。两类指令的寄存器与存储器间数据传送格式如表 8-3 所示。

表 8-3　寄存器与存储器间数据传送格式 2

格式	功能描述
LDMIA R*d*!，{寄存器列表}	从 R*d* 处读取多个字，并依次送到寄存器列表的寄存器中。每读取一个字后 R*d* 自增一次，16 位宽度
STMIA R*d*!,{寄存器列表}	依次存储寄存器列表中各寄存器的值到 R*d* 给出的地址。每存储一个字后 R*d* 自增一次，16 位宽度
LDMIA.W R*d*!,{寄存器列表}	从 R*d* 处读取多个字，并依次送到寄存器列表的寄存器中。每读取一个字后 R*d* 自增一次，32 位宽度
LDMDB.W R*d*!,{寄存器列表}	从 R*d* 处读取多个字，并依次送到寄存器列表的寄存器中。每读取一个字后 R*d* 自减一次，32 位宽度
STMIA.W R*d*!,{寄存器列表}	依次存储寄存器列表中各寄存器的值到 R*d* 给出的地址。每存储一个字后 R*d* 自增一次，32 位宽度
STMDB.W R*d*!,{寄存器列表}	存储多个字到 R*d* 处。每存储一个字前 R*d* 自减一次，32 位宽度

自动索引数据传送指令如"LDR.W R0,[R1,#offset]!"，该指令先把地址 R1+offset 处的值加载到 R0，然后令 R1 等于 R1+offset（offset 可以是负数）。这里"!"的作用是在传送后更新基址寄存器 R1 的值。"!"是可选的。如果没有"!"，则该指令就是普通的带偏移量加载指令，不会自动调整 R1 的值。自动索引数据传送指令可以用在多种数据类型上，既可用于加载，又可用于存储，此类指令的寄存器与存储器间数据传送格式如表 8-4 所示。

表 8-4　寄存器与存储器间数据传送格式 3

格式	功能描述
LDR.W R*d*,[R*n*, #offset]! LDRB.W R*d*,[R*n*, #offset]! LDRH.W R*d*,[R*n*, #offset]! LDRD.W R*d*1,R*d*2,[R*n*, #offset]!	字、字节、半字、双字的自动索引加载（不做带符号扩展，没有用到的高位全清 0）
LDRSB.W R*d*,[R*n*, #offset]! LDRSH.W R*d*,[R*n*, #offset]!	字节、半字的自动索引加载，并且在加载后执行带符号扩展（扩展成 32 位整数）
STR.W *d*,[R*n*, #offset]! STRB.W R*d*,[R*n*, #offset]! STRH.W R*d*,[R*n*, #offset]! STRD.W R*d*1,R*d*2,[R*n*, #offset]!	字、字节、半字、双字的自动索引存储

后索引也要使用一个立即数 offset，但与自动索引不同的是，后索引忠实地使用基址寄存器 R*d* 的值，并把它作为传送的目的地址。待到数据传送后，再执行 R*d*+offset（offset 可以是负数）。

例如，"STR.W R0,[R1],#-12;"后索引指令，该指令用于把 R0 的值存储到地址 R1 处。在存储完后，R1 等于 R1+(-12)。注意，[R1]后面是没有"!"的，在后索引中，基址寄存器是无条件被更新的。此类指令的寄存器与存储器间数据传送格式如表 8-5 所示。

表 8-5　寄存器与存储器间数据传送格式 4

格式	功能描述
LDR.W R*d*,[R*n*],#offset LDRB.W R*d*,[R*n*],#offset LDRH.W R*d*,[R*n*],#offset LDRD.W R*d*1,R*d*2,[R*n*],#offset	字、字节、半字、双字的后索引加载（不做带符号扩展，没有用到的高位全清 0）
LDRSB.W R*d*,[R*n*],#offset LDRSH.W R*d*,[R*n*],#offset	字节、半字的后索引加载，并且在加载后执行带符号扩展（扩展成 32 位整数）
STR.W R*d*,[R*n*],#offset STRB.W R*d*,[R*n*],#offset STRH.W R*d*,[R*n*],#offset STRD.W R*d*1,R*d*2,[R*n*],#offset	字、字节、半字、双字的后索引存储

ARM 处理器是采用加载/存储体系结构的处理器，对存储器的访问只能通过加载和存储指令实现。

数据加载与存储指令用于存储器与处理器的寄存器之间传送数据。如图 8-3 所示，加载是指把内存中的数据装载到寄存器中，而存储是指把寄存器中的数据存入内存。

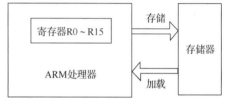

图 8-3　存储器与处理器间关系

（1）数据加载与存储指令的寻址

数据加载与存储指令的寻址基本格式为

```
opcode {<cond>} Rd,addr
```

其中，opcode 为指令代码，如 LDR 表示将存储器中的数据加载到寄存器中。addr 为存储器的地址表达式，也称为第 2 个操作数，可表示为[R*n*,offset],这里 R*n* 表示基址寄存器，offset 表示偏移量。addr 有如下几种表示形式。

① 立即数。立即数可以是一个无符号的数值，这个数值可以加到基址寄存器，此外也可以从基址寄存器中减去这个数值。例如：

```
LDR R5,[R6,#0x08]
STR R6,[R7],#0x08
```

② 寄存器。寄存器中的数值可以加到基址寄存器，此外也可以从基址寄存器中减去这个数值。例如：

```
LDR R5,[R6,R3]
STR R6,[R7],-R8
```

③ 寄存器移位。寄存器中的数值可以根据指令中的移位标志位和移位常数进行一定的移位，生成一个地址偏移量。这个地址偏移量可以加到基址寄存器，此外也可以从基址寄存器中减去这个数值。例如：

```
LDR R3,[R2,R4,LSL#2]
LDR R3,[R2],-R4,LSR#3            ;R2=R2-R4（右移 3 位），R2⇒R3
```

④ 标号。使用标号是一种简单的寻址方法。在这种方法中，PC 是隐含的基址寄存器，偏移量是语句标号所在的地址和 PC（当前正在执行的指令）之间的差值。例如：

```
LDR R4,START
```

（2）地址索引

ARM 指令中的地址索引也是指令的一个功能。索引作为指令的一部分，影响指令的执行结果。

地址索引分为前索引（Pre-indexed）、自动索引（Auto-indexed）、后索引（Post-indexed）。

① 前索引。前索引也称为前变址，这种索引是在指令执行前把偏移量和基址相加/减，得到的值作为寻址的地址。例如：

```
LDR R5,[R6,#0x04]
STR R0,[R5,-R8]
```

以上第 1 条指令在寻址前先把 R6 加上偏移量 4 来作为寻址的地址值；第 2 条指令在寻址前先把基址 R5 与偏移量 R8 相减，并以计算的结果作为地址值。在这两条指令中，指令执行后基址寄存器的地址值与指令执行前相同，并不发生变化。

② 自动索引。自动索引也称为自动变址。有时为了修改基址寄存器的内容，使之指向数据传送地址，可使用这种方法自动修改基址寄存器。例如：

```
LDR R5,[R6,#0x04]!
```

这条指令在寻址前先把 R6 加上偏移量 4 来作为寻址的地址值，通过可选后缀"!"完成基址寄存器的更新，执行完操作后 R6（基址寄存器）的内容加 4。

③ 后索引。后索引也称为后变址，该索引是用基址寄存器的地址值寻址，找出操作数进行操作，操作完成后，再把地址偏移量和基址相加/减，结果送到基址寄存器，作为下一次寻址的基址。例如：

```
LDR R5,[R6],#0x04
STR R6,[R7],#-0x08
```

以上第 1 条指令先把 R6 指向的地址单元的数据赋给 R5，再把偏移量 4 加到基址寄存器 R6 中；第 2 条指令先把 R6 的值存储到 R7 指向的地址单元中，再把偏移量-8 加到 R7 中。在后索引中，基址在指令执行的前后是不相同的。

不同索引方式的区别如下。

● 前索引和自动索引的区别：前索引利用对基址的计算进行寻址，但是基址寄存器在操作之后仍然保持原值；自动索引在计算出新的地址后要用新的地址更新基址寄存器的内容，然后利用新的基址寄存器进行寻址。

● 前索引和后索引的区别：前索引在指令执行完成后并没有改变基址寄存器的值；后索引在指令执行完成后改变了基址寄存器的地址值。

● 后索引和自动索引的区别：后索引和自动索引类似，也要更新基址寄存器的内容，但是后索引先利用基址寄存器的原值进行寻址操作，再更新基址寄存器。这两种方式在遍历数组时是很有用的。

（3）单寄存器加载与存储指令

单寄存器加载与存储指令用于把单一的数据传入或者传出一个寄存器，其支持的数据类型有字（32 位）、半字（16 位）和字节。常用的单寄存器加载与存储指令包括以下几个。

● LDR/STR：字数据加载/存储指令。

● LDRB/STRB：字节数据加载/存储指令。

● LDRH/STRH：半字数据加载/存储指令。

● LDRSB/LDRSH：有符号数字节/半字加载指令。

① 字数据加载/存储指令 LDR/STR。

LDR/STR 指令的机器编码格式如表 8-6 所示。

表 8-6　LDR/STR 指令的机器编码格式

31　28	27　26	25	24	23	22	21	20	19　16	15　12	11　　　　　　　　　0
cond	0　1	I	P	U	B	W	L	R*n*	R*d*	addr_mode

其中各项说明如下。

- cond：指令执行的条件编码。
- I、P、U、W：用于区别不同的地址模式（偏移量）。I 为 0 时，偏移量为 12 位立即数；I 为 1 时，偏移量为寄存器移位。P 表示前/后索引，U 表示加/减，W 表示回写。
- B：B 为 1 表示字节访问，B 为 0 表示字访问。
- L：L 为 1 表示加载，L 为 0 表示存储。
- Rn：基址寄存器。
- Rd：源/目标寄存器。
- addr_mode：addr_mode 表示偏移量（一个 12 位的无符号二进制数），其与 Rn 一起构成地址 addr。

汇编格式：LDR{<cond>}Rd,addr

功能：LDR 指令用于从存储器中将一个 32 位的字数据加载到目的寄存器 Rd 中。该指令通常用于从存储器中读取 32 位的字数据到通用寄存器，然后对数据进行处理。当 PC 作 为 目 的寄存器时，指令从存储器中读取的字数据被当作目的地址，从而可以实现程序流程的跳转。

LDR 指令示例如下。

```
;地址使用标号形式
LDR R4,START                ;将存储地址为 START 的字数据读入 R4
STR R5,DATA1                ;将 R5 存入存储地址为 DATA1 的单元
;前索引
LDR R0,[R1]                 ;将存储器地址为 R1 的字数据读入寄存器 R0
LDR R0,[R1,R2]              ;将存储器地址为 R1+R2 的字数据读入寄存器 R0
LDR R0,[R1,#8]             ;将存储器地址为 R1+8 的字数据读入寄存器 R0
LDR R0,[R1,R2,LSL #2]      ;将存储器地址为 R1+R2×4 的字数据读入寄存器 R0
;自动索引
STR R0,[R1,R2]!    ;将 R0 字数据存入存储器地址为 R1+R2 的存储单元，并将新地址 R1+R2 写入 R1
STR R0,[R1,#8]!    ;将 R0 字数据存入存储器地址为 R1+8 的存储单元，并将新地址 R1+8 写入 R1
STR R0,[R1,R2,LSL #2]!    ;将 R0 字数据存入存储器地址为 R1+R2×4 的存储单元，并将新地址 R1+R2×4 写入 R1
;后索引
LDR R0,[R1],#8    ;将存储器地址为 R1 的字数据读入 寄存器 R0，并将新地址 R1+8 写入 R1
LDR R0,[R1],R2              ;将存储器地址为 R1 的字数据读入寄存器 R0，并将新地址 R1+R2 写入 R1
LDR R0,[R1],R2,LSL #2      ;将存储器地址为 R1 的字数据读入寄存器 R0，并将新地址 R1+R2×4 写入 R1
```

注意事项如下。

- 立即数的规定。立即数为绝对值不大于 4095 的数，且可使用带符号数，即立即数可为 −4095～4095。
- 标号使用的限制。要注意语句标号不能指向程序存储器的程序存储区，而是指向程序存储器的数据存储区或数据存储器的数据存储区。另外，指向的区域是可修改的。
- 地址对齐。字传送时，偏移量必须保证偏移的结果能够使地址对齐。
- 使用寄存器移位的方法计算偏移量时，移位的位数不能超过规定的数值。各类移位指令的移位位数规定如下。

ASR #n：算术右移 n 位，$1 \leqslant n \leqslant 32$。

LSL #n：逻辑左移 n 位，$0 \leqslant n \leqslant 31$。

LSR #n：逻辑右移 n 位，$1 \leqslant n \leqslant 32$。

ROR #*n*：循环右移 *n* 位，1≤*n*≤31。

- 注意 R15。R15 作为基址寄存器 R*n* 时，不可以使用回写功能，即使用后缀 "!"。另外，R15 不可作为偏移寄存器使用。

指令的正误示例如下。

```
LDR R1,[R2,R5]!            ;正确
STR R2,[R3],#0xFFFF8       ;错误，超出了立即数的范围
STREQ R4,[R0,R4,LSL R5]    ;错误，不能用寄存器表示移位的位数
LDL R4,[R0,R1,LSL #32]     ;错误，超出了移位的范围
STREQ R3,[R6],#-0x08       ;正确
LDR R0,[R2]!,-R6           ;错误，后索引不使用 "!" 后缀
LDR R4,START               ;正确
LDR R1,[SP,#-0x04]         ;正确
STR R1,START               ;格式正确，但必须保证标号可以存储数据
LDR PC,R6                  ;错误，R6 不表示一个存储地址
LDR PC,[R6]                ;正确
LDR R1,[R3,R15]            ;错误，R15 不可作为偏移寄存器
```

② 字节数据加载/存储指令 LDRB/STRB。

汇编格式：LDRB/STRB {<cond>} R*d*,addr

功能：LDRB 指令用于从存储器中将一个 8 位的字节数据加载到目的寄存器中，同时将寄存器的高 24 位清 0。该指令通常用于从存储器中读取 8 位的字节数据到通用寄存器，然后对数据进行处理。当 PC 作为目的寄存器时，指令从存储器中读取的字数据被当作目的地址，从而可以实现程序流程的跳转。STRB 指令用于从源寄存器中将一个 8 位的字节数据存储到存储器中。该字节数据为源寄存器中的低 8 位。STRB 指令和 LDRB 指令的区别在于数据的传送方向。

必须明确：即使传送的是 8 位数据，地址总线仍然以 32 位的宽度工作，而数据总线也是以 32 位的宽度工作；传送 16 位的半字数据，地址总线和数据总线也是以 32 位的宽度工作。

a. 从寄存器存储到存储器的过程。寄存器中的数据是 32 位结构，在向存储器存储 8 位字节时，怎样去选择寄存器中 4 字节中的某一字节呢？在 ARM 指令中，从寄存器到存储器的 1 字节数据存储只能传送最低 8 位，即最低字节[7:0]。如果想要存储其他字节，此时可以采用移位的方法把要存储的字节移至低位。从寄存器到存储器的 8 位字节传送示意图如图 8-4 所示。

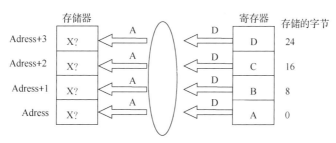

图 8-4 从寄存器到存储器的 8 位字节传送示意图

b. 从存储器到寄存器的加载过程。在实现从存储器到寄存器的加载过程时，可以选择任何一个存储器的地址单元，这时是不要求地址对齐的。也就是说，可以不加限制地选择任何存储器中的字节加载。从存储器到寄存器的 8 位字节传送示意图如图 8-5 所示。

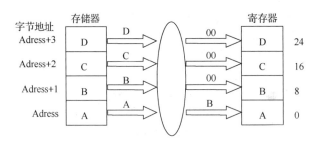

图 8-5 从存储器到寄存器的 8 位字节传送示意图

LDRB/STRB 指令示例如下。

```
LDRB R0,[R1]       ;将存储器地址为 R1 的字节数据读入寄存器 R0，并将 R0 的高 24 位清 0
LDRB R0,[R1, #8]   ;将存储器地址为 R1+8 的字节数据读入寄存器 R0，并将 R0 的高 24 位清 0
STRB R0,[R1]       ;将寄存器 R0 中的字节数据写入以 R1 为地址的存储器
STRB R0,[R1, #8]   ;将寄存器 R0 中的字节数据写入 R1+8 为地址的存储器
```

③ 半字数据加载/存储指令 LDRH/STRH。

汇编格式：LDRH/STRH{<cond>} R*d*,addr

功能：LDRH 指令用于从存储器中将一个 16 位的半字数据加载到目的寄存器 R*d* 中，同时将寄存器的高 16 位清 0。该指令通常用于从存储器中读取 16 位的半字数据到通用寄存器，然后对数据进行处理。当 PC 作为目的寄存器时，指令从存储器中读取的字数据被当作目的地址，从而可以实现程序流程的跳转。

LDRH/STRH 指令示例如下。

```
LDRH R0,[R1]       ;将存储器地址为 R1 的半字数据读入寄存器 R0，并将 R0 的高 16 位清 0
LDRH R0,[R1,#8]    ;将存储器地址为 R1+8 的半字数据读入寄存器 R0，并将 R0 的高 16 位清 0
LDRH R0,[R1,R2]    ;将存储器地址为 R1+R2 的半字数据读入寄存器 R0，并将 R0 的高 16 位清 0
STRH R0,[R1]       ;将寄存器 R0 中的半字数据写入以 R1 为地址的存储器
```

使用半字加载/存储指令需要注意如下事项。

- 必须半字地址对齐。
- 对 R15 的使用需要慎重，R15 作为基址寄存器 R*n* 时，不可以使用回写功能。
- 立即数偏移使用的是 8 位无符号数。
- 不能使用寄存器移位寻址。

④ 有符号数字节/半字加载指令 LDRSB/LDRSH。

汇编格式：LDRSB/LDRSH{<cond>} R*d*,addr

功能：LDRSB 指令用于从存储器中将一个 8 位的字节数据加载到目的寄存器中，同时将寄存器的高 24 位设置为该字节数据的符号位的值，即将该 8 位字节数据进行符号位扩展，生成 32 位数据。LDRSH 指令用于从存储器中将一个 16 位的半字数据加载到目的寄存器 R*d* 中，同时将寄存器的高 16 位设置为该字数据的符号位的值，即将该 16 位字数据进行符号位扩展，生成 32 位数据。

LDRSB/LDRSH 指令示例如下。

```
LDRSB R0,[R1,#4]  ;将存储地址为 R1+4 的有符号字节数据读入 R0,R0 中的高 24 位设置成该字节数
据的符号位
LDRSH R6,[R2],#2  ;将存储地址为 R2 的有符号半字数据读入 R6,R6 中的高 16 位设置成该字节数据
的符号位，R2=R2+2
```

（4）多寄存器加载与存储指令

多寄存器加载与存储指令也称为批量数据加载/存储指令，ARM 处理器所支持的批量数据加载/存储指令可以一次在一片连续的存储器单元和多个寄存器之间传送数据。批量数据加载指令用于将一片连续的存储器单元中的数据加载到多个寄存器；批量数据存储指令则完成相反的操作。批量数据加载/存储指令在数据块操作、上下文切换、栈操作等方面比单寄存器加载与存储指令会有更高的执行效率。常用的批量数据加载/存储指令有 LDM/STM 指令。

① 批量数据加载/存储指令 LDM/STM。

LDM/STM 指令的机器编码格式如表 8-7 所示。

表 8-7　LDM/STM 指令的机器编码格式

31　28	27　26　25	24	23	22	21	20	19　16	15　0
cond	1　0　0	P	U	S	W	L	Rn	regs

其中各项说明如下。

- cond：指令执行的条件编码。
- P、U、W：用于区别不同的地址模式（偏移量）。P 表示前/后变址，U 表示加/减，W 表示回写。
- S：用于区别有符号访问（S 为 1）和无符号访问（S 为 0）。
- L：L 为 1 表示加载，L 为 0 表示存储。
- Rn：基址寄存器。
- regs：表示寄存器列表。

汇编格式：LDM/STM{<cond>}{<type>}Rn{!},<regs>

功能：LDM 指令用于从基址寄存器所指示的一片连续存储器单元中读取数据到寄存器列表所指示的多个寄存器中，内存单元的起始地址为基址寄存器 Rn 的值，各个寄存器由寄存器列表 regs 表示。该指令一般用于多个寄存器数据的出栈操作。STM 指令用于将寄存器列表所指示的多个寄存器中的值存入由基址寄存器所指示的一片连续存储器单元，内存单元的起始地址为基址寄存器 Rn 的值，各个寄存器由寄存器列表 regs 表示。该指令的其他参数用法与 LDM 指令的其他参数用法是相同的。此外，该指令可用于多个寄存器数据的进栈操作。

指令格式中，type 表示指令后缀类型，用于数据的存储与读取时有以下几种情况。

IA 每次传送后地址值加。

IB 每次传送前地址值加。

DA 每次传送后地址值减。

DB 每次传送前地址值减。

{!}为可选后缀。若选用该后缀，则在数据加载与存储完后，要将最后的地址写入基址寄存器，否则基址寄存器的内容不改变。基址寄存器不允许为 R15，寄存器列表可以为 R0～R15 的任意组合。

② LDM/STM 指令寻址的区别。

图 8-6 所示为数据块操作方法，从图 8-6 中可以看出，每条指令是如何将 4 个寄存器的数据存入存储器的，以及在使用自动变址的情况下基址寄存器是如何变化的。执行指令之前基址寄存器为 R0，自动变址之后为 R0′。需要注意的是，在递增方式下（即图 8-6 中的 IA、IB 方式），寄存器存储的顺序是 R1、R2、R3、R4；而在递减方式下（即图 8-6 中的 DA、DB 方式），寄存器存储的顺序是 R4、R3、R2、R1。

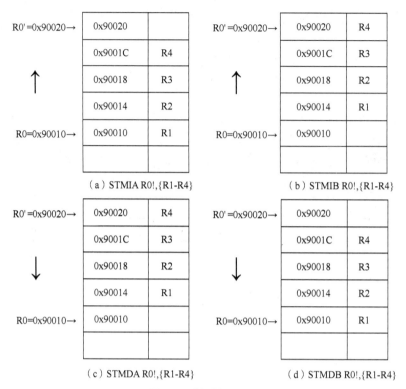

图 8-6 数据块操作方法

设执行前 R0=0x00090010，R6=R7=R8=0x00000000，存储器地址 0x00090010 的存储内容如图 8-7 所示，分别执行以下指令：

```
LDMIA R0!,{R6-R8}
LDMIB R0!,{R6-R8}
```

则各相关寄存器值的变化分别如何？

指令"LDMIA R0!,{R6-R8}"执行后，各寄存器的值如图 8-8 所示。

0x90020	0x00000005
0x9001C	0x00000004
0x90018	0x00000003
0x90014	0x00000002
R0=0x90010→ 0x90010	0x00000001
0x9000C	0x00000000

图 8-7 指令执行前

0x90020	0x00000005
R0=0x9001C→ 0x9001C	0x00000004
0x90018	0x00000003 R8
0x90014	0x00000002 R7
R0=0x90010→ 0x90010	0x00000001 R6
0x9000C	0x00000000

图 8-8 LDMIA 指令执行后

指令"LDMIB R0!,{R6-R8}"的执行过程如下：以 R0 的值加 4（0x00090014）为基址取出一个 32 位数据（0x00000002）放入寄存器 R6，然后将地址值（0x00090014）写回到 R0，继续取出一个 32 位数据放入 R7，依此类推，最后"LDMIB R0!,{R6-R8}"指令执行完后，各寄存器的值如图 8-9 所示。

通过以上例子可以比较出 IA 和 IB 的区别：IA

0x90020	0x00000005
R0=0x9001C→ 0x9001C	0x00000004 R8
0x90018	0x00000003 R7
0x90014	0x00000002 R6
R0=0x90010→ 0x90010	0x00000001
0x9000C	0x00000000

图 8-9 LDMIB 指令执行后

是每次取值后地址值增加，IB 是每次地址值增加后再取值。同理可以得出 DA 和 DB 的区别，只不过地址值不是做加法，而是做减法。

3. 栈操作指令实现数据传送

PUSH/POP 作为栈专用操作，也属于数据传送类指令。

语法格式：

```
PUSH{cond} reglist
POP{cond} reglist
```

其中，reglist 为非空寄存器列表。

（1）栈结构

栈就是在 RAM 存储器中开辟（指定）的一个特定的存储区域。在这个区域中，信息的存入（此时称为推入）与取出（此时称为弹出）的原则不再是"随机存取"，而是按照"后进先出"的原则进行存取。栈结构示意图如图 8-10 所示。

栈的一端是固定的，另一端是浮动的。栈固定端是栈的底部，称为栈底。栈浮动端可以推入或弹出数据。向栈推入数据时，新推入的数据堆放在以前推入数据的上面，最先推入的数据被推至栈底部，最后推入的数据堆放在栈顶部，称为栈顶。从栈弹出数据时，栈顶部数据最先弹出，而最先推入的数据则最后弹出。

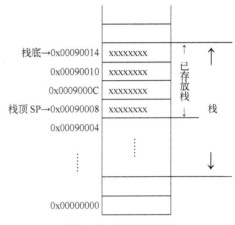

图 8-10　栈结构示意图

栈顶部是浮动的，为了指示现在栈中存放数据的位置，通常需要设置一个栈指针 SP（R13），且它始终指向栈的顶部。这样，栈中数据的进出都由 SP 来"指挥"。

当一个数据（32 位）推入栈时，SP（R13 的值减 4）向下浮动指向下一个地址，即新的栈顶。当数据从栈中弹出时，SP（R13 的值加 4）向上浮动指向新的栈顶。

在使用一个栈的时候，需要确定栈在存储器空间中是向上生长还是向下生长的。向上称为递增（ascending），向下称为递减（descending）。

满栈（full stack）是指栈指针 SP（R13）指向栈的最后一个已使用的地址或满位置（也就是 SP 指向栈的最后一个数据项的位置）；相反，空栈（empty stack）是指 SP 指向栈的第一个没有使用的地址或空位置。

FD 表示满递减栈；ED 表示空递减栈；FA 表示满递增栈；EA 表示空递增栈。

（2）栈的基本操作

栈的基本操作包括建栈、进栈、出栈 3 种。

① 建栈。

建栈就是规定栈底部在 RAM 存储器中的位置，用户可以通过 LDR 命令设置 SP 的值来建立栈。例如：

```
LDR R13,=0x90010
LDR SP,=0x90010
```

这时，SP 指向地址 0x90010，栈中无数据，栈的底部与顶部是重叠的，该栈是一个空栈。

② 进栈、出栈。

Cortex-M3 体系结构中使用 POP 操作（出栈）和 PUSH 操作（进栈）。进栈或出栈都是以字（32 位）为单位的。

栈操作指令如下。

```
;R0=X, R1=Y, R2=Z
BL Fxl
Fxl
PUSH {R0}              ;把 R0 存入栈，并调整
SP PUSH {R1}          ;把 R1 存入栈，并调整
SP PUSH {R2}          ;把 R2 存入栈，并调整
SP ...                ;执行 Fxl 的功能，中途可以改变 R0～R2 的值
POP {R2}              ;恢复 R2 早先的值，并再次调整
SP POP {R1}          ;恢复 R1 早先的值，并再次调整
SP POP {R0}          ;恢复 R0 早先的值，并再次调整
SP BX LR             ;返回
```

回到主程序，R0=X，R1=Y，R2=Z（调用 Fxl 前后，R0～R2 的值完好无损，从寄存器上下文来看，就好像什么都没发生过）。例如：

```
PUSH {R0-R2}          ;压入 R0～R2
PUSH {R3-R5,R8, R12}  ;压入 R3～R5、R8，以及 R12
```

在执行 POP 指令时，可以进行如下操作。

```
POP {R3-R5,R8,R12}    ;弹出 R3～R5、R8，以及 R12
POP {R0-R2}           ;弹出 R0～R2
```

> **注意**
>
> 在寄存器列表中，不管寄存器的序号是以什么顺序给出的，汇编器都将把它们升序排列。先推入序号大的寄存器，也就意味着后期先弹出序号小的寄存器。

【**例 8-1**】设指令执行之前 SP=0x00090010（R13），R4=0x00000003，R3=0x00000002，R2=0x00000001，将 R2～R4 入栈，然后出栈，注意入栈和出栈后 SP 的值。

解： 下列指令指明了进栈和出栈的过程。

```
PUSH {R2-R4}
POP {R6-R8}
```

分析： 第 1 条指令将 R2～R4 的数据入栈，指令执行前 SP 的值为 0x00090010，指令执行时 SP 指向下一个地址（SP_4）存放 R4，然后依次存放 R3、R2，数据入栈后 SP 的值为 0x00090004，指向栈的满位置，如果有数据继续入栈则下一地址为 0x90000。其过程如图 8-11 所示，注意入栈的顺序。第 2 条指令实现出栈操作。在第 1 条指令的基础上，表示将刚才入栈的数据分别退栈到 R6～R8，出栈后 SP 指向 0x00090010。

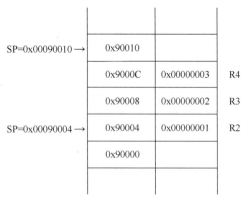

图 8-11　入栈操作

4. 寄存器与特殊功能寄存器间数据传送

MRS/MSR 专门用于访问特殊功能寄存器。这种访问必须在特权级下进行，以免系统因误操作或恶意破坏而功能紊乱。但 APSR（Application Program Status Register，应用程序状态寄存器）允许在用户级下访问。

```
MRS <gp_reg>,<special_reg>    ;读特殊功能寄存器的值到通用寄存器
MSR <special_reg>,<gp_reg>    ;写通用寄存器的值到特殊功能寄存器
```

MRS/MSR 指令示例如下。

```
MRS R0,BASEPRI            ;读取 BASEPRI 到 R0 中
MRS R0,FAULTMASK          ;似上
MRS R0,PRIMASK            ;似上
MSR BASEPRI,R0            ;写 R0 到 BASEPRI 中
MSR FAULTMASK,R0          ;似上
MSR PRIMASK,R0            ;似上
```

5. 立即数加载到寄存器

16 位指令 MOV 支持 8 位立即数加载。例如：

```
MOV R0,#0x12
```

32 位指令 MOVW 和 MOVT 可以支持 16 位立即数加载。

MOVW：把 16 位立即数放到寄存器的低 16 位，高 16 位清零。

MOVT：把 16 位立即数放到寄存器的高 16 位，低 16 位不受影响。

通过组合使用 MOVW 和 MOVT 就能产生 32 位立即数。但要注意的是，必须先使用 MOVW，再使用 MOVT。

8.2.2　数据处理指令

数据处理指令中常见的运算指令包括算术四则运算指令、逻辑运算指令、移位和循环指令、符号扩展指令、数据反转指令。

1. 算术四则运算指令

算术四则运算指令如表 8-8 所示。

表 8-8　算术四则运算指令

格式		功能描述

ADD R*d*,R*n*,R*m*
ADD R*d*,R*m*
ADD R*d*,#imm
	;R*d*=R*n*+R*m*
	;R*d*+=R*m*
	;R*d*+=imm
		常规加法
		imm 的范围为 im8（16 位指令）或 im12（32 位指令）

ADC R*d*,R*n*,R*m* ADC R*d*,R*m* ADC R*d*,#imm	;R*d*=R*n*+R*m*+C ;R*d*+=R*m*+C ;R*d*+=imm+C	带进位的加法 imm 的范围为 im8（16 位指令）或 im12（32 位指令）
ADD.W R*d*,#imm12	;R*d*+=imm12	带 12 位立即数的常规加法

SUB R*d*,R*n*
SUB R*d*,R*n*,#imm3
SUB R*d*, #imm8
SUB R*d*,R*n*,R*m*
	;R*d*−=R*n*
	;R*d*=R*n*−imm3
	;R*d*−=imm8
	;R*d*=R*n*−R*m*
		常规减法

SBC R*d*,R*m* SBC.W R*d*,R*n*,#imm12 SBC.W R*d*,R*n*,R*m*	;R*d*−=R*m*+C ;R*d*=R*n*−imm12−C ;R*d*=R*n*−R*m*−C	带借位的减法
RSB.W R*d*,R*n*,#imm12 RSB.W R*d*,R*n*,R*m*	;R*d*=imm12−R*n* ;R*d*=R*m*−R*n*	逆向减法
MUL R*d*,R*m* MUL.W R*d*,R*n*,R*m*	;R*d**=R*m* ;R*d*=R*n**R*m*	常规乘法
MLA R*d*,R*m*,R*n*,R*a* MLS R*d*,R*m*,R*n*,R*a*	;R*d*=R*a*+R*m**R*n* ;R*d*=R*a*−R*m**R*n*	乘加与乘减

格式		功能描述
UDIV Rd,Rn,Rm	;Rd=Rn/ Rm（无符号除法）	硬件支持的除法
SDIV Rd,Rn,Rm	;Rd=Rn/ Rm（带符号除法）	
SMULL RL,RH,Rm,Rn	;[RH:RL]=Rm*Rn	带符号的 64 位乘法
SMLAL RL,RH,Rm,Rn	;[RH:RL]+=Rm*Rn	
UMULL RL,RH,Rm,Rn	;[RH:RL]=Rm*Rn	不带符号的 64 位乘法
UMLAL RL,RH,Rm,Rn	;[RH:RL]+=Rm*Rn	

（1）加法指令和减法指令

ARM 中的算术指令主要是指加法指令和减法指令，这些指令主要实现两个 32 位数据的加减操作。该类指令常常与桶形移位器结合起来使用，以获得许多更为灵活的功能。加法指令和减法指令主要包括以下几个。

- ADD：加法指令。
- ADC：带进位加法指令。
- SUB：减法指令。
- SBC：带借位减法指令。
- RSB：逆向减法指令。
- RSC：带借位的逆向减法指令。

下面依次对这些加法指令和减法指令进行介绍。

① 加法指令 ADD。

汇编格式：ADD{<cond>}{S} Rd,Rn,operand2

功能：ADD 指令用于把寄存器 Rn 的值和操作数 operand2 相加，并将结果存放到 Rd 寄存器中，即 Rd=Rn+operand2。其中，Rd 为目的寄存器；Rn 为操作数 1，要求是一个寄存器；operand2 为操作数 2，它可以是寄存器、被移位的寄存器或立即数；S 选项决定指令的操作是否影响 APSR 中条件标志位的值，有 S 时指令执行后的结果影响 APSR 中条件标志位 N、Z、C、V。

ADD 指令示例如下。

```
ADD R0,R1,R2          ;R0=R1+R2
ADD R0,R1,#5          ;R0=R1+5
ADD R0,R1,R2,LSL#2    ;R0=R1+(R2 左移 2 位)
```

数字常量表达式可以简单到只是一个立即数，还可以使用单目运算符、双目运算符等。例如：

```
#0x88                ;立即数
#0x40+0x20           ;使用加法运算
#0x40+0x20*4         ;使用加法、乘法运算
#0x80:ROR:02         ;移位操作，循环右移 2 位
#2_11010010          ;使用二进制数
#0xFF:MOD:08         ;取模操作
#0xFF0000:AND:660000 ;逻辑操作，两数相与
```

② 带进位加法指令 ADC。

汇编格式：ADC{<cond>}{S} Rd,Rn,operand2

功能：ADC 指令用于把寄存器 Rn 的值和操作数 operand2 相加，再加上 APSR 中的 C 条件标志位的值，并将结果存放到目的寄存器 Rd 中，即 Rd=Rn+operand2+C。其中，Rn 为操作数 1，必须是一个寄存器；operand2 为操作数 2，它可以是寄存器、被移位的寄存器或立即数；S 选项决定指令的操作是否影响 APSR 中条件标志位的值，有 S 时指令执行后的结果影响 APSR 中条件

标志位 N、Z、C、V。该指令使用一个进位标志位，这样就可以进行比 32 位大的数的加法，设置 "S" 后缀可更改进位标志位。

该指令用于实现超过 32 位的加法。用 ADC 指令完成 64 位加法，设第一个 64 位操作数放在 R2、R3 中，第二个 64 位操作数放在 R4、R5 中，64 位结果放在 R0、R1 中。例如：

```
ADDS R0,R2,R4
ADC R1,R3,R5
```

③ 减法指令 SUB。

汇编格式：SUB{<cond>}{S} R*d*,R*n*,operand2

功能：SUB 指令用于把寄存器 R*n* 的值减去操作数 operand2，并将结果存放到目的寄存器 R*d* 中，即 R*d*=R*n*-operand2。其中，R*d* 为目的寄存器；R*n* 为操作数 1，必须是一个寄存器；operand2 为操作数 2，它可以是寄存器、被移位的寄存器或立即数；S 选项决定指令操作的结果是否影响 APSR 中条件标志位的值，有 S 时指令执行后的结果影响 APSR 中条件标志位 N、Z、C、V。该指令可用于有符号数或无符号数的减法运算。

SUB 指令示例如下。

```
SUB R0,R1,R2            ;R0=R1-R2
SUB R0,R1,#6            ;R0=R1-6
SUB R0,R2,R3,LSL#1      ;R0=R2-(R3 左移 1 位)
```

④ 带借位减法指令 SBC。

汇编格式：SBC{<cond>}{S} R*d*,R*n*,operand2

功能：SBC 指令用于把寄存器 R*n* 的值减去操作数 operand2，再减去 APSR 中的 C 条件标志位的反码，并将结果存放到目的寄存器 R*d* 中，即 R*d*=R*n*-operand2-!C。其中，R*d* 为目的寄存器；R*n* 为操作数 1，必须是一个寄存器；operand2 是操作数 2，它可以是寄存器、被移位的寄存器或立即数；S 选项决定指令的操作是否影响 APSR 中条件标志位的值，有 S 时指令执行后的结果影响 APSR 中条件标志位 N、Z、C、V。

⑤ 逆向减法指令 RSB。

汇编格式：RSB{<cond>}{S} R*d*,R*n*,operand2

功能：RSB 指令用于把操作数 2 减去操作数 1，并将结果存放到目的寄存器中，即 R*d*=operand2-R*n*。其中，R*n* 为操作数 1，应是一个寄存器；operand2 为操作数 2，它可以是寄存器、被移位的寄存器或立即数；S 选项决定指令的操作是否影响 APSR 中条件标志位的值，有 S 时指令执行后的结果影响 APSR 中条件标志位 N、Z、C、V。该指令可用于有符号数或无符号数的逆向减法运算。

RSB 指令示例如下。

```
RSB R0,R1,R2             ;R0=R2-R1
RSB R0,R1,#6             ;R0=6-R1
RSB R0, R2, R3, LSL#1    ;R0=(R3 左移 1 位)-R2
```

⑥ 带借位的逆向减法指令 RSC。

汇编格式：RSC{<cond>}{S} R*d*,R*n*,operand2

功能：RSC 指令用于把操作数 operand2 减去寄存器 R*n* 的值，再减去 APSR 中的 C 条件标志位的反码，并将结果存放到目的寄存器 R*d* 中，即 R*d*=operand2-R*n*-!C。其中，R*d* 为目的寄存器；R*n* 为操作数 1，必须是一个寄存器；operand2 为操作数 2，它可以是寄存器、被移位的寄存器或立即数；S 选项决定指令的操作是否影响 APSR 中条件标志位的值，有 S 时指令执行后的结果影响 APSR 中条件标志位 N、Z、C、V。

RSC 指令示例如下。

```
RSC R0,R1,R2             ;R0=R2-R1-!C
```

（2）乘法指令和乘加指令

乘法指令把一对寄存器的内容相乘，然后根据指令类型把结果累加到其他的寄存器。

ARM 处理器支持乘法指令和乘加指令，根据运算结果可分为 32 位运算和 64 位运算两类。64 位乘法指令又称为长整型乘法指令，由于其运算结果太大，不能存放在一个 32 位的寄存器中，因此把结果存放在两个 32 位的寄存器 Rd_{lo} 和 Rd_{hi} 中。Rd_{lo} 存放低 32 位，Rd_{hi} 存放高 32 位。与前面的数据处理指令不同，指令中的所有源操作数、目的寄存器必须为通用寄存器，不能对操作数使用立即数或被移位的寄存器。同时，目的寄存器 Rd 和操作数 Rm 必须是不同的寄存器。

乘法指令和乘加指令共有以下几个。

- MUL：32 位乘法指令。
- MLA：32 位乘加指令。
- SMULL：64 位有符号数乘法指令。
- SMLAL：64 位有符号数乘加指令。
- UMULL：64 位无符号数乘法指令。
- UMLAL：64 位无符号数乘加指令。

下面依次对这些乘法指令和乘加指令进行介绍。

① 32 位乘法指令 MUL。

汇编格式：MUL{<cond>}{S}Rd,Rm,Rs

功能：MUL 指令用于完成操作数 Rm 与操作数 Rs 的乘法运算，并把结果存放到目的寄存器 Rd 中，即 $Rd=Rm*Rs$。S 选项决定指令的操作是否影响 APSR 中条件标志位的值，有 S 时指令执行后的结果影响 APSR 中条件标志位 N 和 Z 值，在 ARMv4 及以前版本中标志位 C 和 V 不可靠，在 ARMv5 及以后版本中不影响标志位 C 和 V（以下几个乘法指令对于 S 选项的规定与此相同）。

MUL 指令示例如下。

```
MUL R0,R1,R2                    ;R0=R1*R2
MULS R0,R1,R2                   ;R0=R1*R2，同时设置APSR中的相关条件标志位
```

② 32 位乘加指令 MLA。

汇编格式：MLA{<cond>}{S}Rd,Rm,Rs,Rn

功能：MLA 指令用于完成操作数 Rm 与操作数 Rs 的乘法运算，再将乘积加上 Rn，并把结果存放到目的寄存器 Rd 中，即 $Rd=Rm*Rs+Rn$。如果写了 S，同时根据运算结果设置 APSR 中相应的条件标志位。

MLA 指令示例如下。

```
MLA R0,R1,R2,R3                 ;R0=R1*R2+R3
MLAS R0,R1,R2,R3                ;R0=R1*R2+R3，同时设置APSR中的相关条件标志位
```

③ 64 位有符号数乘法指令 SMULL。

汇编格式：SMULL{<cond>}{S} Rd_{lo},Rd_{hi},Rm,Rs

功能：SMULL 指令用于实现 32 位有符号数相乘，得到 64 位的结果。32 位操作数 Rm 与 32 位操作数 Rs 进行乘法运算，并把结果的低 32 位存放到目的寄存器 Rd_{lo} 中，把结果的高 32 位存放到目的寄存器 Rd_{hi} 中，即 $[Rd_{hi}\ Rd_{lo}]=Rm*Rs$。如果写了 S，同时根据运算结果设置 APSR 中相应的条件标志位。

SMULL 指令示例如下。

```
SMULL R0,R1, R2,R3             ;R0=(R2*R3)的低32位，R1=(R2*R3)的高32位
```

④ 64 位有符号数乘加指令 SMLAL。

汇编格式：SMLAL{<cond>}{S} Rd_{lo},Rd_{hi},Rm,Rs

功能：SMLAL 指令用于实现 32 位有符号数相乘并累加，得到 64 位的结果。如果写了 S，同时根据运算结果设置 APSR 中相应的条件标志位。其中，操作数 Rm 和操作数 Rs 均为 32 位的有符号数。目的寄存器 Rd_{lo} 在指令执行前存放 64 位加数的低 32 位，指令执行后存放结果的低 32 位。目的寄存器 Rd_{hi} 在指令执行前存放 64 位加数的高 32 位，指令执行后存放结果的高 32 位。

SMLAL 指令示例如下。

```
SMLAL R0,R1,R2,R3;R0=(R2*R3)的低 32 位+R0 的低 32 位，R1=(R2*R3)的高 32 位+R1 的高 32 位
```

⑤ 64 位无符号数乘法指令 UMULL。

汇编格式：UMULL{<cond>}{S} Rd_{lo},Rd_{hi},Rm,Rs

功能：UMULL 指令用于实现 32 位无符号数相乘，得到 64 位的结果。32 位操作数 Rm 与 32 位操作数 Rs 进行乘法运算，并把结果的低 32 位存放到目的寄存器 Rd_{lo} 中，把结果的高 32 位存放到目的寄存器 Rd_{hi} 中，即[Rd_{hi} Rd_{lo}]=Rm*Rs。如果写了 S，同时根据运算结果设置 APSR 中相应的条件标志位。

UMULL 指令示例如下。

```
UMULL R0,R1,R2,R3;R0=(R2*R3)的低 32 位；R1=(R2*R3)的高 32 位
```

⑥ 64 位无符号数乘加指令 UMLAL。

汇编格式：UMLAL{<cond>}{S} Rd_{lo},Rd_{hi},Rm,Rs

功能：UMLAL 指令用于实现 32 位无符号数相乘并累加，得到 64 位的结果。

UMLAL 指令示例如下。

```
UMLAL R0,R1,R2,R3;R0=(R2*R3)的低 32 位+R0 的低 32 位，R1=(R2*R3)的高 32 位+R1 的高 32 位
```

使用乘法指令应注意以下事项。

- 在操作中需使用寄存器，但 R15 不可用。
- 在寄存器的使用中，注意 Rd 不能同时作为 Rm，其他无限制。
- 有符号运算与无符号运算的低 32 位是没有区别的。
- Rd_{lo}、Rd_{hi} 和 Rm 必须使用不同的寄存器。
- 对于 UMULL 和 UMLAL 指令运算，即使操作数的最高位为 1，也解释为无符号数。

下列指令都是错误的。

```
MUL R1,R1,R6
MUL R1,R6,[R5]
MLA R4,R5,R6
MULSNE R6,R3,R0
UMLAL R6,R4,R4,R1
SMULL R5,R3,R0
MUL R2,R5,#0x20
```

2. 逻辑运算指令

逻辑运算是对操作数按位进行操作的，位与位之间无进位或借位，无数的正负和数的大小之分。这种运算的操作数称为逻辑数或逻辑值。逻辑运算指令主要包括以下几个。

- AND：逻辑与指令。
- ORR：逻辑或指令。
- EOR：逻辑异或指令。
- BIC：位清零指令。

逻辑运算指令如表 8-9 所示。

表 8-9　逻辑运算指令

格式		功能描述
AND R*d*,R*n* AND.W R*d*,R*n*,#imm12 AND.W R*d*,R*m*,R*n*	; R*d*&=R*n* ;R*d*=R*n*&imm12 ;R*d*=R*m*&R*n*	按位与
ORR R*d*,R*n* ORR.W R*d*,R*n*,#imm12 ORR.W R*d*,R*m*,R*n*	;R*d*|=R*n* ;R*d*=R*n*|imm12 ;R*d*=R*m*|R*n*	按位或
BIC R*d*,R*n* BIC.W R*d*,R*n*,#imm12 BIC.W R*d*,R*m*,R*n*	;R*d*&=～R*n* ;R*d*=R*n*&～imm12 ;R*d*=R*m*&～R*n*	位清零
ORN.W R*d*,R*n*,#imm12 ORN.W R*d*,R*m*,R*n*	;R*d*=R*n*|～imm12 ;R*d*=R*m*|～R*n*	按位或反码
EOR R*d*,R*n* EOR.W R*d*,R*n*,#imm12 EOR.W R*d*,R*m*,R*n*	; R*d*^=R*n* ;R*d*=R*n*^imm12 ;R*d*=R*m*^R*n*	（按位）异或，异或总是按位的

（1）逻辑与指令 AND

汇编格式：AND{<cond>}{S} R*d*,R*n*,operand2

功能：AND 指令用于将两个操作数按位进行逻辑与运算，结果存放到目的寄存器 R*d* 中，即 R*d*=R*n* AND operand2。其中，R*n* 为操作数 1，是一个寄存器；operand2 为操作数 2，它可以是寄存器、被移位的寄存器或立即数；S 选项决定指令的操作是否影响 APSR 中条件标志位的值，有 S 时指令执行后的结果影响 APSR 中条件标志位 N 和 Z 的值，且在计算第 2 个操作数时更新标志位 C，不影响标志位 V。该指令常用于将操作数 1 的特定位清零的操作，所谓将某位清零就是将该位置 0。

思考：设 R0=0xFFFFFFFF，则执行下列指令后 R0 的值是多少？

```
AND R0,R0,#0xF
```

（2）逻辑或指令 ORR

汇编格式：ORR{<cond>}{S} R*d*,R*n*,operand2

功能：ORR 指令用于将两个操作数按位进行逻辑或运算，结果存放到目的寄存器 R*d* 中，即 R*d*=R*n* ORR operand2。其中 R*n* 为操作数 1，是一个寄存器；operand2 为操作数 2，它可以是寄存器、被移位的寄存器或立即数；S 选项决定指令的操作是否影响 APSR 中条件标志位的值，有 S 时指令执行后的结果影响 APSR 中条件标志位 N 和 Z 的值，且在计算第 2 个操作数时更新标志位 C，不影响标志位 V。该指令常用于将操作数 1 的特定位置位的操作，所谓将特定位置位就是将该位置 1。

思考：若要将 R0 的第 0 位和第 3 位设置为 1，其余位不变，则应执行什么指令？

```
ORR R0,R0,#5
```

（3）逻辑异或指令 EOR

汇编格式：EOR{<cond>}{S}R*d*,R*n*,operand2

功能：EOR 指令用于将两个操作数按位进行逻辑异或运算，并把结果存放到目的寄存器 R*d* 中，即 R*d*=R*n* EOR operand2。其中 R*n* 为操作数 1，是一个寄存器；operand2 为操作数 2，它可以是寄存器、被移位的寄存器或立即数；S 选项决定指令的操作是否影响 APSR 中条件标志位的值，有 S 时指令执行后的结果影响 APSR 中条件标志位 N 和 Z 的值，且在计算第 2 个操作数时更新标志位 C，不影响标志位 V。该指令常用于对操作数 1 的某些位取反。

思考：若要将 R0 的低 4 位取反，其余位不变，则应执行什么指令？

```
EOR R0,R0,#0xF
```

（4）位清零指令 BIC

汇编格式：BIC{<cond>}{S} Rd,Rn,operand2

功能：BIC 指令用于将操作数 Rn 的某些位清零，并把结果存放到目的寄存器 Rd 中，即 Rd=Rn AND（!operand2）。其中 Rn 为操作数 1，是一个寄存器；operand2 为操作数 2，它可以是寄存器、被移位的寄存器或立即数，这里 operand2 可以看作一个 32 位的掩码，如果在掩码中设置了某一位则将 Rn 中相应的位清零，未设置掩码位则 Rn 中相应位保持不变；S 选项决定指令的操作是否影响 APSR 中条件标志位的值，有 S 时指令执行后的结果影响 APSR 中条件标志位 N 和 Z 的值，且在计算第 2 个操作数时更新标志位 C，不影响标志位 V。

思考：若要将 R0 的第 0 位和第 3 位清 0，其余位不变，则应执行什么指令？

```
BIC R0,R0,#9
```

3．移位和循环指令

移位和循环指令如表 8-10 所示。移位和循环指令运算示意图如图 8-12 所示。如果在移位和循环指令上加上 "S" 后缀，这些指令会更新进位标志位 C。如果使用 16 位的 Thumb 指令，则总是更新进位标志位 C 的值。

表 8-10　移位和循环指令

格式		功能描述
LSL Rd,Rn,#imm5 LSL Rd,Rn LSL.W Rd,Rm,Rn	;Rd=Rn << imm5 ;Rd <<=Rn ;Rd=Rm << Rn	逻辑左移
LSR Rd,Rn,#imm5 LSR Rd,Rn LSR.W Rd,Rm,Rn	;Rd=Rn >> imm5 ;Rd >> =Rn ;Rd=Rm >> Rn	逻辑右移
ASR Rd,Rn,#imm5 ASR Rd,Rn ASR.W Rd,Rm,Rn	;Rd=Rn ·>> imm5 ;Rd ·>> =Rn ;Rd=Rm ·>> Rn	算术右移
ROR Rd,Rn ROR.W Rd,Rm,Rn	;Rd ◯>> =Rn ;Rd=Rm◯>> Rn	循环右移
RRX.W Rd,Rn	;Rd=(Rn>>1)+ (C<<31)	带扩展的循环右移，也可写作 RRX{S}Rd，此时 Rd 也要担当 Rn 的角色（因为在 RRX 上使用 "S" 后缀比较特殊，故单独提出）

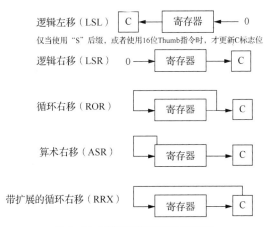

图 8-12　移位和循环指令运算示意图

涉及 3 个寄存器的 32 位数据操作指令都可以在计算之前对其第 3 个操作数 Rn 进行"预处理"——移位，具体格式为

```
DataOp Rd,Rm,Rn,LSL #imm5        ;先对 Rn 逻辑左移 imm5 位
DataOp Rd,Rm,Rn,LSR#imm5         ;先对 Rn 逻辑右移 imm5 位
DataOp Rd,Rm,Rn,ASR#imm5         ;先对 Rn 算术右移 imm5 位
DataOp Rd,Rm,Rn,ROR#imm5         ;先对 Rn 循环右移 imm5 位
DataOp Rd,Rm,Rn,RRX              ;先对 Rn 带扩展地循环右移一位
```

┃注意┃

"预处理"是对 Rn 的一个"内部副本"执行操作，不会影响 Rn 的值。

ARM 处理器的一个显著特征是，在操作数进入 ALU 之前，对操作数进行预处理。例如，指定位数的左移或右移，这种预处理功能明显增强了数据处理的灵活性。这种预处理是通过 ARM 处理器内嵌的桶形移位器（Barrel Shifter）来实现的。

桶形移位器和 ALU 的关系如图 8-13 所示。

桶形移位器支持数据的各种移位操作，移位操作指令在 ARM 指令集中不作为单独的指令使用，只能作为汇编语言指令格式中的一个选项。例如，当数据处理指令的第 2 个操作数为寄存器时，就可以加入移位操作选项对它进行各种移位操作。

移位和循环指令主要包括以下几个。

- LSL：逻辑左移指令。
- LSR：逻辑右移指令。
- ASR：算术右移指令。
- ROR：循环右移指令。
- RRX：带扩展的循环右移指令。

下面依次对这些指令进行介绍。

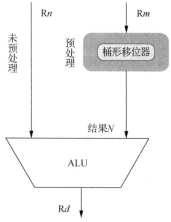

图 8-13　桶形移位器和 ALU 的关系

（1）逻辑左移指令 LSL

汇编格式：Rm,LSL<opl>

功能：LSL 指令可将通用寄存器 Rm 中的数据按操作数 opl 所指定的位数向左移位，低位用 0 来填充。逻辑左移一次相当于将无符号数据做乘 2 操作。

逻辑左移示意图如图 8-14 所示。

图 8-14　逻辑左移示意图

LSL 指令格式中的操作数 opl 用来控制左移的位数，opl 有如下两种表示方式。

① 立即数控制方式。立即数控制方式就是寄存器 Rm 移位的位数由一个数值常量来控制。其格式为

```
Rm,LSL#n;        (0≤n≤31)
```

例如：

```
ADD R0,R1,R2,LSL#2             ;R0=R1+（R2 左移 2 位）
```

以上指令将 R2 中的数据逻辑左移 2 位，然后与 R1 相加，其结果放入寄存器 R0。

② 寄存器控制方式。寄存器控制方式就是寄存器 Rm 移位的位数由另一个寄存器 Rs 来控制，Rs 是通用寄存器，但不可使用 R15（PC）。其格式为

```
Rm,LSL Rs        ;(0≤Rs≤31)
```

例如，"ADD R0,Rl,R2,LSL R3"，假设 R3 的值为 3，则这个指令表示将 R2 中的数据逻辑左移 3 位，然后与 R1 相加，其结果放入寄存器 R0。

【例 8-2】设指令操作之前 R0=0x00000000，Rl=0x80000004，则执行如下指令后 R0、R1 的值有何变化？

```
MOV R0,Rl,LSL#1;
```

解：执行后 R0=0x00000008，R1 不变。

【例 8-3】设指令操作之前 APSR=nzcvqiFt_USER，R0=0x00000000，Rl=0x80000004，则执行如下指令后 R0、R1、APSR 中的值有何变化？

```
MOVS R0, R1, LSL#1
```

解：执行后，更新 APSR 的值，影响了 C 标志位，APSR=nzCvqiFt_USER；R0=R1<<1，即把 R1 左移 1 位，值赋给 R0，故 R0=0x00000008，Rl=0x80000004。

（2）逻辑右移指令 LSR

汇编格式：Rm,LSR<opl>

功能：LSR 指令可将通用寄存器 Rm 中的数据按操作数 opl 所指定的位数向右移位，空出的最高位用 0 来填充。逻辑右移一次相当于将无符号数据做除 2 操作。

逻辑右移示意图如图 8-15 所示。

LSR 指令格式中的操作数 opl 用来控制右移的位数。对该操作数 opl 的要求与 LSL 指令类似，唯一区别是取值范围要求：立即数或 Rs≤32。同

图 8-15　逻辑右移示意图

样地，当指令中附加了 S 选项时，移位指令操作的结果还将影响 APSR 中的标志位。

【例 8-4】设指令操作之前 APSR=nzcvqiFt_USER，R0=0xFFFFFFFF，Rl=0x00000001，则执行如下指令后 R0、R1、APSR 中的值有何变化？

```
MOVS R0, R1, LSR#1
```

解：执行后，更新 APSR 的值，影响了 C 标志位，APSR=nzCvqiFt_USER，R0=R1>>1，即把 R1 右移 1 位，值赋给 R0，故 R0=0x00000000，Rl=0x80000001。

（3）算术右移指令 ASR

汇编格式：Rm,ASR <opl>

功能：ASR 指令可将通用寄存器 Rm 中的数据按操作数 op1 所指定的位数向右移位，左端用第 31 位的值来填充。

算术右移示意图如图 8-16 所示。

图 8-16　算术右移示意图

ASR 指令格式中的操作数 opl 用来控制右移的位数。对该操作数 opl 的要求与 LSL 指令类似，唯一区别是取值范围要求：立即数或 Rs≤32。同样地，当指令中附加了 S 选项时，移位指令操作的结果还将影响 APSR 中的标志位。

【例 8-5】设指令操作之前 APSR=nzcvqiFt_USER，R0=0x00000000，Rl=0x80000001，则执行如下指令后 R0、R1、APSR 中的值有何变化？

```
MOVS R0,R1,ASR#1
```

解：R0=0xC0000000，Rl 不变，标志位 N、C 的值为 1。

（4）循环右移指令 ROR

汇编格式：R*m*,ROR <opl>

功能：ROR 指令可将通用寄存器 R*m* 中的数据按操作数 opl 所指定的位数向右循环移位，左端用右端移出的位来填充。

循环右移示意图如图 8-17 所示。

图 8-17 循环右移示意图

ROR 指令格式中的操作数 opl 用来控制右移的位数。对该操作数 opl 的要求与 LSL 指令类似，取值范围要求：立即数≥1 或 R*s*≤31。同样地，当指令中附加了 S 选项时，移位指令操作的结果还将影响 APSR 中的标志位。

【例 8-6】设指令操作之前 R0=0x00000000，Rl=0x40000001，则执行如下指令后 R0、R1 的值有何变化？

```
MOV R0,R1, ROR #1
```

解：R0=0xA0000000，Rl 不变。

（5）带扩展的循环右移指令 RRX

汇编格式：R*m*,RRX

功能：RRX 指令可完成对通用寄存器 R*m* 中的数据进行带扩展的循环右移一位的操作。右移时，32 位数据和 C 标志位共 33 位数据会组成一个循环数往右移一次，C 标志位移入最高位，最低位移入 C 标志位。

带扩展的循环右移示意图如图 8-18 所示。

图 8-18 带扩展的循环右移示意图

【例 8-7】设指令操作之前 APSR=nzcvqiFt_USER，R0=0x00000000，Rl=0x80000001，则执行如下指令后 R0、Rl、APSR 中的值有何变化？

```
MOVS R0, R1, RRX
```

解：R0=0x40000000，Rl 不变，标志位 C 的值为 1。

4. 符号扩展指令和数据反转指令

有符号数的最高位是符号位，负数的符号位都是 1。在把一个 8 位或 16 位负数扩展成 32 位时，欲使其数值不变，就必须把所有新增的高位全填 1；正数或无符号数则只需简单地把新增的高位填 0。

符号扩展指令如表 8-11 所示。

表 8-11 符号扩展指令

格式		功能描述
SXTB R*d*,R*m*	;R*d*=R*m*（带符号扩展）	把带符号字节整数扩展到 32 位
SXTH R*d*,R*m*	;R*d*=R*m*（带符号扩展）	把带符号半字整数扩展到 32 位

数据反转指令如表 8-12 所示。

表 8-12　数据反转指令

格式	功能描述
REV R*d*,R*m*	在字中反转字节序
REV16.W R*d*,R*m*	在高低半字中反转字节序
REVSH.W R*d*,R*m*	在低半字中反转字节序，并做带符号扩展

8.2.3　无条件转移指令与子程序调用

基本的无条件转移指令有以下两个。

- B label：跳转到 label 对应的地址。
- BL label：跳转到 label 对应的地址，并把跳转前的下条指令地址保存到 LR。

BL 指令虽然省去了耗时的访内操作，却只能支持一级子程序调用；当函数嵌套时，必须在嵌套之前先把 LR 压入栈。

ARM 程序有两种方法可以实现程序流程的跳转：一种是使用分支指令；另一种是直接向 PC（R15）写入目的地址值。分支指令是一种很重要的指令，这类指令可用来改变程序的执行流程或调用子程序。通过向 PC 写入跳转的目的地址值，可以实现在 4GB 地址空间中的任意跳转。而使用分支指令，其跳转空间会受到限制。分支指令可以完成从当前指令向前或向后的 32MB 地址空间内的跳转。分支指令如表 8-13 所示。

表 8-13　分支指令

格式	功能描述	操作
B{cond} label	分支指令	PC←label
BL{cond} label	带返回的分支指令	PC←label LR=BL 后面的第一条指令地址
BX{cond} R*m*	带状态切换的分支指令	PC=R*m*&0xfffffffe，T=R*m*[0]&1
BLX{cond} label|R*m*	带返回和状态切换的分支指令	PC←label，T=1 PC=R*m*[0]&0xfffffffe，T=R*m*[0]&1 LR=BLX 后面的第一条指令地址

B 指令和 BL 指令的机器编码格式如表 8-14 所示。

表 8-14　B 指令和 BL 指令的机器编码格式

31　　　　　28	27　26　25	24	23　　　　　　　　　　　　　　　　　　　　　　　　　　　0
cond	1　0　0	L	label

其中各项如下。

- cond：表示指令执行的条件。
- L：用来区分分支（L=0）指令和带返回的分支（L=l）指令。
- label：表示偏移量，是一个 24 位有符号立即数。

（1）分支指令 B

汇编格式：B{<cond>} label

功能：B 指令是最简单的分支指令，一旦遇到 B 指令，ARM 处理器将立即跳转到给定的目的地址 label，即 PC=label，从那里继续执行。这里 label 表示一个符号地址，它的实际值是相对当前 PC 值的一个偏移量，而不是一个绝对地址，由汇编器来计算。它是 24 位有符号数，左移两位后有符号扩展为 32 位，然后与 PC 值相加，即得到跳转的目的地址。跳转的地址空间范围为-32MB～32MB。

B 指令示例如下。

```
backward SUB R1,R1,#1
CMP R1,#0                          ;比较 R1 和 0
BEQ forward                        ;如果 R1=0，则跳转到 forward 处执行
SUB R1,R2,#3
SUB R1,R1,#1
forward ADD R1,R2,#4
ADD R2,R3,#2
B backward                         ;程序无条件跳转到标号 backward 处执行
```

（2）带返回的分支指令 BL

汇编格式：BL{<cond>} label

功能：BL 指令是另一个跳转指令，其与 B 指令不同的是，在跳转之前，会将 PC 的当前数据保存在寄存器 R14（LR）中，因此，它可以通过将 R14 的数据重新加载到 PC 中，返回跳转指令之后的那个指令处执行。也就是说，该指令可用于实现子程序的调用，程序的返回可通过把 LR 寄存器的值复制到 PC 中来实现。

BL 指令示例如下。

```
...
BL func                            ;跳转到子程序
ADD R1,R2,#2                       ;子程序调用完，返回后执行的语句，即返回地址
...
func                               ;子程序
...                                ;子程序代码
MOV R15,R14                        ;复制返回地址到 PC，实现子程序的返回
```

该示例阐明了子程序调用和返回的结构，程序执行到 BL 语句时，PC 指向下一个要执行的语句，此时 PC（R15）中的值为下一个语句 ADD 指令所在的地址。由于 BL 是一个分支指令，因此这个指令将改变 PC 的值使之指向子程序所在的地址，从而调用子程序。子程序调用完后就涉及程序返回断点重新执行的问题。BL 指令不但修改 PC 的值使之指向子程序，而且将断点地址保存在 LR（R14）中，即此示例中 ADD 指令所在的地址。子程序的功能实现完后，用一个 MOV 指令将 LR（R14）中的值复制到 PC（R15）中，从而实现子程序调用的返回功能，如图 8-19 所示。

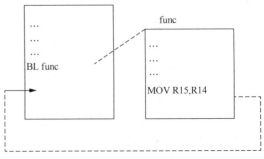

图 8-19　子程序的调用和返回

8.2.4　标志位与条件转移指令

程序状态寄存器（PSR）中有 5 个标志位，但只有 4 个被条件转移指令参考。数据操作指令可以更新这 4 个标志位，标志位的功能描述如表 8-15 所示。

表 8-15 标志位的功能描述

标志位	PSR	功能描述
N	31	负数（上次操作的结果是负数）。N 为操作结果的最高有效位
Z	30	零（上次操作的结果是 0）。当数据操作指令的结果为 0，或者比较/测试的结果为 0 时，Z 标志位被置位
C	29	进位/借位（上次操作导致了进位或借位）。C 标志位用于无符号数据处理，最常见的就是当加法进位及减法借位时 C 标志位被置位。此外，C 标志位还充当移位指令的"中介"（详见 ARM-v7M 参考手册的指令介绍）
V	28	溢出（上次操作的结果导致了数据的溢出）。V 标志位用于带符号的数据处理。例如，两个正数执行 ADC 运算后，和的最高有效位为 1（视作负数），则 V 标志位被置位

作为条件跳转及执行的判据时，4 个标志位既可单独使用，又可组合使用，此时可产生共 15 种跳转判据，如表 8-16 所示。

表 8-16 条件跳转判据

条件符号	功能描述	影响到的标志位
EQ	相等（Equal）	$Z==1$
NE	不等（NotEqual）	$Z==0$
CS/HS	进位（CarrySet）/无符号数高于或相同	$C==1$
CC/LO	未进位（CarryClear）/无符号数低于	$C==0$
MI	负数（MInus）	$N==1$
PL	非负数	$N==0$
VS	溢出	$V==1$
VC	未溢出	$V==0$
HI	无符号数大于	$C==1\&\&Z==0$
LS	无符号数小于或等于	$C==0||Z==1$
GE	带符号数大于或等于	$N==V$
LT	带符号数小于	$N==!V$
GT	带符号数大于	$Z==0\&\&N==V$
LE	带符号数小于或等于	$Z==1||N!=V$
AL	总是	—

通过把以上 15 个条件符号缀在无条件转移指令（B）的后面，即可形成各式各样的条件转移指令。例如：

`BEQ label;`当 Z=1 时转移

在 Cortex-M3 中，下列指令可以更新 PSR 中的标志位。

- 16 位算术和逻辑指令（大多数 16 位算术和逻辑指令会更新标志位）。
- 32 位带 "S" 后缀的算术和逻辑指令（32 位的都可以使用 "S" 后缀来控制）。
- 比较指令（如 CMP/CMN）和测试指令（如 TST/TEQ）。
- 直接写 PSR/APSR（MSR 指令）。

比较指令通常用于把一个寄存器与一个 32 位的值进行比较或测试。比较指令根据结果更新 APSR 中的标志位，但不影响其他的寄存器。在设置标志位后，其他指令可以通过条件来改变程序的执行顺序。比较指令不使用"S"后缀就可以改变标志位的值。

（1）比较指令 CMP

汇编格式：CMP{<cond>}{S} Rn,operand2

功能：CMP 指令用于把寄存器 Rn 的内容与另一个操作数 operand2 进行比较，同时更新 APSR 中条件标志位的值。该指令的功能是进行一次减法运算，但不存储结果，只更改条件标志位。其后面的指令就可以根据条件标志位来决定是否执行。例如，当操作数 Rn 大于操作数 operand2 时，执行 CMP 指令后，则此后带有 GT 后缀的指令将可以执行。

```
CMP R1,#10          ;将寄存器 R1 的值与 10 相减，并设置 APSR 的标志位
ADDGT R0,R0,#5      ;如果 R1>10，则执行 ADDGT 指令，将 R0 加 5
```

（2）反值比较指令 CMN

汇编格式：CMN{<cond>}{S} Rn,operand2

功能：CMN 指令用于把一个寄存器 Rn 的内容与另一个操作数 operand2 取反后进行比较，同时更新 APSR 中条件标志位的值。该指令实际上是将操作数 Rn 与操作数 operand2 相加，并根据结果更改条件标志位。同样，其后面的指令就可以根据条件标志位来决定是否执行。

CMN 指令示例如下。

```
CMN R0,R1           ;将寄存器 R0 的值与寄存器 R1 的值相加，并根据结果设置 APSR 的标志位
CMN R0,#10          ;将寄存器 R0 的值与立即数 10 相加，并根据结果设置 APSR 的标志位
```

（3）位测试指令 TST

汇编格式：TST{<cond>}{S}Rn,operand2

功能：TST 指令用于把一个寄存器 Rn 的内容与另一个操作数 operand2 按位进行与运算，并根据运算结果更新 APSR 中条件标志位的值。该指令通常用来检查是否设置了特定的位。其中，操作数 Rn 是要测试的数据；这里操作数 operand2 可以看作一个 32 位的掩码，如果掩码中设置了某一位则表示检查该位，未设置掩码位的则表示不检查该位。

如要检查 R0 中的第 0 位和第 1 位是否为 1，则应执行什么指令？

检查 R0 中的第 0 位和第 1 位是否为 1 不应改变 R0 的值，因此需执行如下指令。

```
TST R1,#3
```

（4）相等测试指令 TEQ

汇编格式：TEQ{<cond>}{S} Rn,operand2

功能：TEQ 指令用于把一个寄存器 Rn 的内容与另一个操作数 operand2 按位进行异或运算，并根据运算结果更新 APSR 中条件标志位的值。该指令通常用于比较操作数 Rn 与操作数 operand2 是否相等。

TEQ 指令示例如下。

```
TEQ R1, R2          ;将寄存器 R1 的值与寄存器 R2 的值按位异或，并根据结果设置 APSR 的标志位
```

8.2.5 隔离指令

隔离指令在一些结构比较复杂的存储系统中是需要的。例如，如果需要运行时更改存储器的映射关系或内存保护区的设置（通过写 MPU 的寄存器），就必须在更改之后立即补上一条 DSB 指令（数据同步隔离指令）。因为对 MPU 的写操作很可能会被放到一个写缓冲中而导致写内存的指令被延迟几个周期执行，对存储器的设置不能即刻生效，这样会导致下一条指令仍然使用旧的存储器设置，而程序员的本意显然是使用新的存储器设置。这种紊乱危象是后患无穷的，常会破坏未知地址的数据，有时也会导致非法地址访问错误。

Cortex-M3 中共有 3 条隔离指令，如表 8-17 所示。

表 8-17　隔离指令

指令名	功能描述
DMB	数据存储器隔离指令。DMB 指令能够保证仅当所有在它前面的存储器访问操作都执行完，才提交（commit）在它后面的存储器访问操作
DSB	数据同步隔离指令。DSB 指令比 DMB 指令严格，仅当所有在它前面的存储器访问操作都执行完，才执行在它后面的指令（即任何指令都要等待存储器访问操作）
ISB	指令同步隔离指令。ISB 指令最严格，它会清洗流水线，以保证所有在它前面的指令都执行完后，才执行它后面的指令

关于这 3 个隔离指令，需要注意以下几点。

① DMB 指令在双口 RAM 以及多核架构的操作中很有用。如果 RAM 的访问是带缓冲的，并且写完之后马上读取，则选用 DMB 指令来隔离，以保证缓冲中的数据已经落实到 RAM 中。

② DSB 指令清空了写缓冲，使得任何它后面的指令不管要不要使用先前的存储器访问结果，都要等待访问完成。

③ 如果某个程序从下一条要执行的指令处更新了自己，但是先前的旧指令已经被预取到流水线中，此时就使用 ISB 指令清洗流水线，把旧版本的指令洗掉，再预取新版本的指令。

8.2.6　饱和运算指令

饱和运算可分为以下两种。

带符号饱和运算："没有直流分量"的交流信号饱和处理。

无符号饱和运算：类似于"削顶失真+单向导通"处理。

饱和运算多用于信号处理。信号被放大有可能使它的幅值超出允许输出的范围，利用饱和运算只是使信号产生削顶失真。饱和运算指令如表 8-18 所示。

表 8-18　饱和运算指令

格式	功能描述
SSAT.W Rd,#imm5,Rn{,shift}	以带符号数的边界进行饱和运算（交流）
USAT.W Rd,#imm5,Rn{,shift}	以无符号数的边界进行饱和运算（带波纹的直流）

表 8-18 中各项说明如下。

● Rn：存储放大后待做饱和运算的信号（Rn 总是 32 位带符号整数）。

● Rd：存储饱和运算的结果。

● #imm5：用于指定饱和边界该由多少位的带符号整数来表达（奇数也可以使用），其取值范围为 1～32。

如果要把一个 32 位带符号整数饱和到 12 位带符号整数（−2048～2047），则可以使用如下 SSAT 指令。

```
SSAT{W} R1,#12,R0
```

其饱和运算示意图如图 8-20 所示。

如果需要把该 32 位整数饱和到无符号的 12 位整数（0～4095），则可以使用如下 USAT 指令。

```
USAT{W} R1,#12,R0
```

其饱和运算示意图如图 8-21 所示。

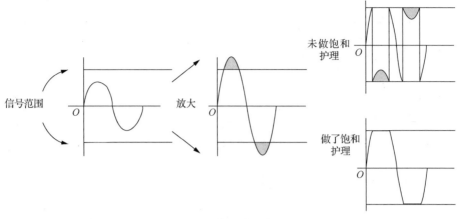

图 8-20 饱和运算示意图 1

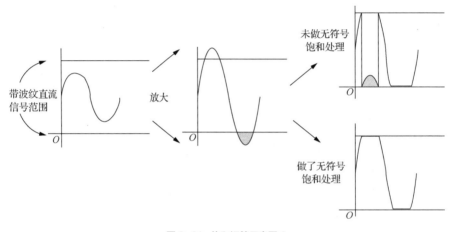

图 8-21 饱和运算示意图 2

8.2.7 其他指令

（1）MRS 和 MSR 指令

MRS 和 MSR 这两条指令用于访问特殊功能寄存器，可在特权级下使用（APSR 可以在用户级下访问）。

语法格式：

```
MRS<Rn>,<SReg>        ;加载特殊功能寄存器的值到 Rn
MSR <SReg>,<Rn>       ;存储 Rn 的值到特殊功能寄存器
```

MRS 和 MSR 指令可使用的特殊功能寄存器如表 8-19 所示。

表 8-19　MRS 和 MSR 指令可使用的特殊功能寄存器

符号	功能描述
IPSR	当前中断服务程序编号寄存器
EPSR	执行状态寄存器（读回来的总是 0）。它含 T 位，Cortex-M3 中 T 位必须是 1，所以在更改 EPSR 时要格外小心
APSR	上条指令结果的标志位
IEPSR	IPSR+EPSR
IAPSR	IPSR+APSR

符号	功能描述
EAPSR	EPSR+APSR
PSR	PSR=APSR+EPSR+IPSR
MSP	主栈指针
PSP	进入栈指针
PRIMASK	常规异常屏蔽寄存器
BASEPRI	常规异常的优先级阈值寄存器

（2）IF-THEN 指令

IT（IF-THEN）指令围起一个块，里面最多有 4 条指令。

语法格式：

```
IT <cond>                    ;围起 1 条指令的 IF-THEN 块
IT<x> <cond>                 ;围起两条指令的 IF-THEN 块
IT<x><y> <cond>              ;围起 3 条指令的 IF-THEN 块
IT<x><y><z> <cond>           ;围起 4 条指令的 IF-THEN 块
```

其中<x>、<y>、<z>的取值可以是"T"或者"E"。T 对应的指令必须使用与 IT 指令中相同的条件，E 对应的指令必须使用与 IT 指令中相反的条件，对 T 和 E 的顺序没有要求。

```
CMP      R0,R1               ;比较 R0 和 R1
ITTEE    EQ                  ;如果 R0==R1，执行 Then-Then-Else-Else
ADDEQ    R3,R4,R5            ;相等时进行加法运算
ASREQ    R3,R3,#1           ;相等时进行算术右移运算
ADDNE    R3,R6,R7            ;不等时进行加法运算
ASRNE    R3,R3,#1           ;不等时进行算术右移运算
```

（3）CBZ 和 CBNZ 指令

比较并条件跳转指令专为循环结构的优化而设，只能做前向跳转。与其他的比较指令不同，CBZ 和 CBNZ 指令不会更新标志位。

语法格式：

```
CBZ <Rn>,<label>
CBNZ <Rn>,<label>
```

它们的跳转范围较窄，只能为 0～126（单位为 Byte）。

（4）SDIV 和 UDIV 指令

SDIV 和 UDIV 指令为 32 位硬件除法指令。

语法格式：

```
SDIV.W Rd,Rn,Rm
UDIV.W Rd,Rn,Rm
```

运算结果是 $Rd=Rn/Rm$，余数被丢弃。

例如：

```
LDR R0=300
MOV Rl,#7
UDIV.W R2,R0,Rl              ;R2=300/7=44
```

（5）REV、REVH、REV16 和 REVSH 指令

REV 指令用于反转 32 位整数中的字节序，REVH 指令则以半字为单位反转，且只反转低半字。这些指令专门服务于小端模式和大端模式的转换。

语法格式：

```
REV   Rd,Rm
REVH  Rd,Rm
REV16 Rd,Rm
REVSH Rd,Rm
```

例如，设 R0=0x12345678，执行以下指令。

```
REV   R1,R0              ;R1=0x78563412
REVH  R2,R0              ;R2=0x12347856
REV16 R3,R0              ;R3=0x34127856
```

REVSH 在 REVH 的基础上，再把转换后的半字做带符号扩展。有关 REV16，请参阅表 8-12。

（6）RBIT 指令

RBIT 指令比前面的 REV 指令运算更精细，它是按位反转的。

语法格式：

```
RBIT.W Rd,Rn
```

例如，设 Rl=0xB4E10C23（二进制数值为 1011 0100 1110 0001 0000 1100 0010 0011），执行 RBIT.W R0,R1 指令后，则 R0=0xC430872D（二进制数值为 1100 0100 0011 0000 1000 0111 0010 1101）。

（7）SXTB、SXTH、UXTB 和 UXTH 指令

SXTB、SXTH、UXTB 和 UXTH 指令用于把数据宽度转换成 32 位。

语法格式：

```
SXTB Rd,Rm
SXTH Rd,Rm
UXTB Rd,Rm
UXTH Rd,Rm
```

例如，设 R0=0x55aa8765，执行以下指令。

```
SXTB R1,R0              ;R1=0x00000065
SXTH R1,R0              ;R1=0xffff8765
UXTB R1,R0              ;R1 =0x00000065
UXTH R1,R0              ;R1=0x00008765
```

对于 SXTB 和 SXTH 指令，带符号数据扩展成 32 位整数。

对于 UXTB 和 UXTH 指令，无符号数据的高位清零。

（8）BFC、BFI、UBFX 和 SBFX 指令

BFC（位段清零）指令用于把 32 位整数中任意一段连续的二进制位清零。

语法格式：

```
BFC.W Rd,#lsb,#width
```

其中，lsb 为位段的末尾；width 则指定在 lsb 和它的左边（更高有效位）共有多少个位参与操作。

例如：

```
LDR R0,0xl234FFFF
BFCR0,#4,#10            ;执行完后，R0=0xl234C00F
```

BFI（位段插入）指令用于把某个寄存器按 lsb 对齐的数值复制到另一个寄存器的某个位段中。这里的 lsb 即 LSB（Least Significont Bit，最低有效位），一般位于二进制数的最右侧；相应的，MSB（Most Significant Bit，最高有效位）位于二进制数的最左侧。

语法格式：

```
BFI.W Rd,Rn,#lsb,#width
```

例如：

```
LDR R0,0x12345678
LDR Rl,0xAABBCCDD
BFI.W Rl,R0,#8,#16;执行完后，Rl=0xAA5678DD（总是从 Rn 的最低位提取，#lsb 对 Rd 起作用）
```

UBFX 和 SBFX 指令都是位段提取指令。

语法格式：
```
UBFX.W Rd,Rn,#lsb,#width
SBFX.W Rd,Rn, #lsb,#width
```

UBFX 从 Rn 中取出任意一个位段，执行零扩展后放到 Rd 中（请注意与 BFI 指令的不同）。

例如：
```
LDR R0,0x5678ABCD
UBFX.W Rl,R0,#12,#16                ;执行后，R0=0x0000678A
```

SBFX 也可从 Rn 中抽取任意的位段，但是以带符号的方式进行扩展。

例如：
```
LDR R0,0x5678ABCD
SBFX.W Rl,R0,#8,#4                  ;执行后，R0=0xFFFFFFFB
```

（9）LDRD 和 STRD 指令

LDRD 和 STRD 指令用于 64 位整数的数据传送。

语法格式：
```
LDRD.W RL,RH,[Rn,#+/-offset] {!}   ;可选预索引的 64 位整数加载
LDRD.W RL,RH,[Rn],#+/-offset       ;后索引的 64 位整数加载
STRD.W RL,RH,[Rn,#+/-offset] {!}   ;可选预索引的 64 位整数存储
STRD.W RL,RH,[Rn],#+/-offset       ;后索引的 64 位整数存储
```

例如，设(0xl000)=0x1234_5678_ABCD_EF00，执行以下指令。
```
LDR R2,0x1000
LDRD.W R0,R1,[R2]                  ;执行完后，R0=0xABCD_EF00, Rl=0xl234_5678
```

使用 STRD 可以存储 64 位整数。上面的指令执行完后，执行如下指令。
```
STRD.W Rl,R0,[R2]
```

执行完后，(0xl000)=0xABCD_EF00_1234_5678，实现了双字的字序反转操作。

8.3　基于 Cortex-M3 的 ARM 汇编语言程序设计

8.3.1　汇编语言程序结构

ARM 程序的源文件有汇编语言源文件、C 语言源文件、C++语言源文件、引入文件和头文件，这些文件都是文本格式的文件，因此开发人员可以使用简单的文本编辑器或其他的编程开发环境进行程序设计。ARM 源文件的扩展名如表 8-20 所示。

表 8-20　ARM 源文件的扩展名

文件类型	扩展名
汇编语言源文件	.s
C 语言源文件	.c
C++语言源文件	.cpp
引入文件	.inc
头文件	.h

在详细介绍 ARM 汇编语言之前，我们先给出一个汇编源程序示例，以使读者对 ARM 汇编语言程序结构有大概的了解。

```
;第一个汇编语言程序
        AREA RESET,CODE,READONLY
        ENTRY
START   PROC
        EXPORT START
        MOV R0,#1
        MOV R1,#2
        MOV R2,#3
        ENDP
        END
```

上面这段程序的详细解释如下。

第 1 行以分号（;）开始，在 ARM 汇编语言中表示单行注释。ARM 汇编语言不支持多行注释。

第 2 行在 ARM 汇编语言中被称为伪代码。这行伪代码的含义是声明一个段。段是汇编语言组织代码的基本单位，其功能与 C 语言中的函数类似。该行写在段的外面也可以，但是会出现一些问题。这一行中 AREA 伪指令表示声明一个段，RESET 是段的名称，在当前平台上 RESET 段也是系统默认的入口，所以在代码中有且只有一个 RESET 段。CODE 表示段的属性，代表当前段为代码段，与 CODE 功能类似的还有 DATA、STACK、HEAP 等，分别表示数据段、栈和堆。READONLY 是当前段的访问属性，表示只读；此外还有 READWRITE，表示可读可写。

第 3 行只有一个单词 ENTRY，表示程序入口，即 CPU 会从 ENTRY 标记的这一行代码处开始执行程序。其类似 C 语言中的 main 函数，但与 C 语言不同的是，ARM 汇编语言允许一个程序有多个入口，用户需要指定一个入口作为主入口。

第 4 行代码 START PROC 与第 9 行代码 ENDP 通常成对出现，表示定义一个子程序。其中，START 是子程序名（或称为标号），在 ARM 汇编语言中代表当前子程序的入口地址，其作用相当于 C 语言中的函数名。同时读者应该注意到这个 START 的位置是顶格的，这是因为在 ARM 汇编语言中规定：标号必须顶格写，而指令、伪指令、伪操作等指令码（或者称为关键字，例如，MOV、ADD 等属于指令，LDR、ADR 等属于伪指令，DCD、IF-ENDIF 等属于伪操作）在书写的时候需要有前导空格，一般我们用一个或者多个 Tab 代替。

第 5 行 EXPORT START 是一条链接属性声明语句，表示 START 这个子程序（确切地说是这个标号或标识符）在其他汇编语言文件中也可以被调用，但是如果在其他文件中想调用 START，还需要将这个标号导入，导入的方法是使用语句"IMPORT START"。EXPORT 与 IMPORT 是一对操作符，用 EXPORT 声明的标号只有通过 IMPORT 导入以后才能正常使用。

最后 1 行 END 表示当前汇编语言源文件的结束。ARM 汇编器在编译期对预处理过的汇编语言源文件进行逐行扫描，当遇到 END 关键字时当前文件扫描结束，汇编器将不会处理写在 END 之后的任何内容。

编写 ARM 汇编语言程序时有以下一些注意事项。

① 一个汇编语言程序至少要有一个代码段，否则芯片不知道执行什么内容。

② 一个汇编语言程序至少要有一个入口，否则芯片不知道从什么地方开始执行程序。

③ 一个汇编语言源文件应该以 END 标记结束。

④ 在当前集成开发环境下系统默认的段名称叫 RESET，这里没有明确说 RESET 段必须是代码段，所以它也可以是其他属性的段。

8.3.2　汇编语言的行构成

每个 Thumb-2 汇编语言程序的语句都可以由 4 个部分组成，其格式如下：

[标签] 指令/伪操作/伪指令 操作数 [;语句的注释]

其中，标签和语句的注释可以根据具体情况决定其有无；有的指令没有操作数，因此操作数也可以没有。在 ARM 汇编语言源文件中，所有的标签必须在一行的开头顶格写，前面不能留空格，后面也不能像 C 语言中的标签一样加上":"。ARM 汇编器对标识符的字母大小写敏感，书写标号及指令时字母的大小写要一致。一个 ARM 指令、伪指令、伪操作、寄存器名可以全部为大写，也可以全部为小写，但不要大小写混合使用。注释使用";"符号标注，注释的内容从";"开始，到该行的结尾结束。

例如：

```
labeladd add R0,R0,R1              ;这是一个加法指令，labeladd 是标签
```

当然，也可以没有标签，例如：

```
Str1 SETS "This is a string."      ;给字符串 Str1 赋值
```

（1）标签

标签是一个符号，该符号可以代表指令的地址、变量、数据的地址和常量。该符号一般以字母开头，由字母、数字、下画线组成。符号代表地址时又称标号，可以以数字开头，其作用范围为当前段或者下一个伪操作之前。注意，如果该符号与 ARM 指令或伪操作同名，编译时会出现"Multiply or incompatible defined symbol"错误，这时，可以用双竖线把该符号括起来，如"||add||"，并注意该符号在其作用域范围内必须是唯一的。

（2）指令/伪操作

指令/伪操作是指令的助记符或定义符，它告诉 ARM 的处理器应该执行什么样的操作，或告诉汇编语言程序伪指令语句的伪操作功能。

（3）标号

标号代表地址。标号分为段内标号和段外标号，段内标号的地址值在汇编时确定，段外标号的地址值在链接时确定。这里需要注意两点：程序相对寻址和寄存器相对寻址。在程序段中，标号代表其所在位置与段首地址的偏移量，根据程序计数器（PC）和偏移量计算地址称为程序相对寻址。映射文件中定义的标号代表标号到映射首地址的偏移量。映射首地址通常被赋予一个寄存器，根据该寄存器值与偏移量计算地址称为寄存器相对寻址。

下面是使用标号的例子。

```
loop SUBS R0,R0,#1   ;每次循环使 R0=R0-1
BNE loop             ;跳转到 loop 标号去执行
```

此外，在宏中也可以使用局部标号。局部标号是以 0～99 的十进制位数开始的，可以重复定义。我们也可以使用 ROUT 标识符定义一个有效区间，并在局部标号后接区间名，使局部标号的引用限定在该有效区间内。

局部标号的引用格式如下：

```
%(F|B)(A|T) N(routname)
```

其中各项说明如下。

%：表示局部标号引用操作。

F：指示汇编器只向前搜索。

B：指示汇编器只向后搜索。

A：指示汇编器搜索宏的所有嵌套层次。

T：指示汇编器搜索宏的当前层。

如果 F 和 B 都没有指定，则汇编器优先向前搜索，再向后搜索。如果 A 和 T 都没有指定，汇编器搜索从宏的当前层次到宏的最高层次，比当前层次低的层次不再搜索。

下面是使用局部标号的例子。

```
01  SUBS R0,R0,#1 ; 每次循环使 R0=R0-1
    BNE  %B01        ; 跳转到 01 标号去执行
```

（4）常量

程序中的常量是指其值在程序的运行过程中不能被改变的量。Thumb-2 汇编语言程序所支持的常量有数字常量、字符常量、字符串常量和逻辑常量。

数字常量：十进制数，如 1、2、123；十六进制数，如 0x123、0xabc；n 进制数，形式为 n_XXX，n 的取值范围为 2～9，XXX 是具体数字。

字符常量：由单引号及中间的字符组成，也可包括 C 语言中的转义字符，如'a', '\n'。

字符串常量：由双引号及中间的字符串组成，中间也可以使用 C 语言中的转义字符，如 "abcdef\0xa\r\n"。

逻辑常量：{TRUE}和{FALSE}，注意带大括号。

（5）汇编语言程序的变量代换

这里所说的变量是相对于汇编语言程序的"变量"，是在汇编语言程序中进行处理的，但编译到程序中，则不会改变，称为常量。

如果在字符串变量的前面有一个"$"字符，汇编时汇编器将用该字符串变量的内容代替该字符串变量。例如：

```
LCLS str1
LCLS str2
str1 SETS "book"
str2 SETS "It is a $str1"
```

则汇编后，str2 的值为"It is a book"。

如果在数字变量前面有一个代换操作符"$"，汇编器会将该数字变量的值转换为十六进制的字符串，并用该十六进制的字符串代换"$"后的数字变量。例如：

```
No1 SETA 10
Str1 SETS "The numberis $No1"
```

则汇编后，Str1 的值为"The number is 0000000A "。

如果需要将字符加入字符串，我们可以将其用"$$"代替，此时汇编器将不再进行变量代换，而是把"$$"看作一个"$"。例如：

```
Str SETS "The character is $$f "
```

则汇编后，Str 字符串的值为"The character is $"。

下面给出几种综合运用代换方式的可运行代码。

```
AREA ||.text||,CODE,READONLY;代码段，名称为||.text||，属性为只读
GBLS    str1                ;声明 str1 为全局字符串
GBLS    str2                ;声明 str2 为全局字符串
GBLL    ll                  ;声明 ll 为全局逻辑变量
GBLA    num1                ;声明 num1 为全局数字变量
ll      SETL      {TRUE}
num1    SETA      0x4f
str1    SETS      *bbb*
str2    SETS      *aaa str1: $str1.ll: $ll, a1: $num1.ccc*
                            ;str2 包含多个变量
main    PROC
STMFD   sp! ,(lr)           ;保存必要的寄存器和返回地址到数据栈
ADR     r0,strhello
BL      _printf             ;调用 C 运行时库的 _printf 函数打印字符
LDMFD   sp! ,{pc}           ;恢复寄存器值
```

```
strhello                          ;strhello 代表本地字符串的地址
        DCB         "$str2\n\0"   ;定义一段字节空间
        ENDP                      ;main 函数结束
        EXPORT main               ;导出 main 函数供外部调用
;引入 3 个 C 运行时库函数和 ARM 库
        IMPORT _main
        IMPORT __main
        IMPORT _printf
        IMPORT ||Lib$$Request$$armlib||,WEAK
        END
```

字符串"aaa str1: $str1.ll: $ll，a1: $num1.ccc"中的 3 个变量将在汇编时被替换。

程序运行后可看到下面的结果。

```
aaa str1: bbb ll: T, a1: 0000004Fccc
```

8.3.3 伪操作

有时候需要一些指令来指引汇编语言程序处理源文件的流程。ARM 汇编源程序中有特殊助记符，这些助记符与一般指令助记符的不同之处在于没有对应的操作码或机器码，通常称这些特殊助记符为伪指令，它们所完成的操作称为伪操作。伪操作不是像机器指令那样在计算机运行时由机器一对一地执行，而是由汇编语言程序在汇编期间进行处理。伪指令在源程序中的作用是为执行汇编语言程序做各种准备工作。这些伪指令仅在汇编过程中起作用，一旦汇编结束，伪指令的使命就完成了。

在 ARM 汇编语言程序中，我们会用到如下几种伪指令。

（1）符号定义伪指令

符号定义伪指令用于定义 ARM 汇编语言程序中的变量、对变量赋值以及定义寄存器的别名等。符号定义用到的伪指令有如下几个。

* LCLA、LCLL 和 LCLS 用于定义局部变量。
* GBLA、GBLL 和 GBLS 用于定义全局变量。
* SETA、SETL 和 SETS 用于对变量赋值。
* RLIST 用于为通用寄存器列表定义名称。

（2）数据定义伪指令

数据定义伪指令用于为数据分配存储单元，同时也可完成已分配存储单元的初始化。数据定义用到的伪指令有如下几个。

* DCB 用于分配连续的字节存储单元并使用指定的数据初始化。
* DCW/DCWU 用于分配连续的半字（2 字节）存储单元并使用指定的数据初始化。
* DCD/DCDU 用于分配连续的字（4 字节）存储单元并使用指定的数据初始化。
* DCQ/DCQU 用于分配一块以 8 字节为单位的连续存储单元并使用指定的数据初始化。
* DCFS/DCFSU 用于为单精度的浮点数分配连续的字存储单元并使用指定的数据初始化。
* DCFD/DCFDU 用于为双精度的浮点数分配连续的字存储单元并使用指定的数据初始化。
* SPACE 用于分配一块连续的存储单元。
* FIELD 用于定义一个结构化的内存表的数据域。
* MAP 用于定义一个结构化的内存表首地址。

（3）汇编控制伪指令

汇编控制伪指令用于指引汇编语言程序的执行流程，其中常用的伪指令包括以下几种。

- MACRO 和 MEND。
- IF、ELSE 和 ENDIF。
- WHILE 和 WEND。
- MEXIT。

（4）其他伪指令

ARM 汇编语言程序中还经常会使用一些其他的伪指令，主要列举如下。

- ASSERT。
- AREA。
- ALIGN。
- CODE6、CODE32。
- ENTRY。
- END。
- EQU。

- IMPORT。
- EXPORT、GLOBAL。
- EXTERN。
- INCBIN。
- GET、INCLUDE。
- RN。

8.4 基于 Cortex-M3 的嵌入式 C 语言混合编程

在 Cortex-M3 上编程，既可以使用 C 语言，也可以使用汇编语言。尽管可能还有其他语言的编译器可供选择，但大多数开发人员还是会在 C 语言与汇编语言之间选择。C 语言与汇编语言各有优缺点，不能互相取代。使用 C 语言能够开发大型程序，而汇编语言则用于执行特种任务。

8.4.1 汇编语言程序中访问 C 语言变量

下面先看两段代码。

C 语言代码文件 str.c 中只有一个简单的字符串定义语句：

```
char*strhello="Hello world !\n\0";
```

汇编语言代码文件 hello.s 中的代码如下。

```
          AREA ||.text|| ,CODE, READONLY
main      PROC
          STMFD sp!,{lr}
          LDR r0,strtemp
          LDR r0,[r0]
          BL _printf
          LDMFD spl,{pc}
strtemp
          DCD strhello
          ENDP
          EXPORT main
          IMPORT strhello
          IMPORT _main
          IMPORT _main
          IMPORT _printf
          IMPORT ||Lib$$Request$$armlib||,WEAK
          END
```

将 str.c 文件和 hello.s 文件导入 CodeWarrior IDE 进行编译和运行，即可看到下面的运行结果。

```
Hello world!
```

以上程序是比较简单的。在 str.c 文件中，字符串 strhello 的存放采用了传统的 C 语言风格，在汇编源程序中调用这个字符串需要使用 IMPORT 伪指令。IMPORT 相当于 C 语言中的 extern 关键字，它用来告诉汇编器引用的符号不是在本文件中定义的，而是在其他的源文件中定义的。

该伪指令的语法格式如下：

```
IMPORT symbol[,WEAK]
```

其中各项说明如下。

● symbol 是声明的符号名称。

● [,WEAK]指示汇编器即使在所有的源文件中都没有找到 symbol，也不产生任何错误提示信息。

在 hello.s 源文件中，第 12 行用 IMPORT strhello 声明了 strhello 是从外部引入的一个标签，第 9 行用 DCD 伪指令将 strhello 的地址保存为占用 4 字节的内存，第 8 行的 strtemp 是一个本地地址，可以通过 LDR 访问，第 5 行把 strhello 代表的地址放入 r0 作为传入 _printf 函数的参数，调用 BL _printf 可输出结果。

8.4.2　C 程序内嵌汇编指令

下面是一个在 STM32 中使用 C 语言调用汇编语言程序子程序的例子，其程序功能是使GPIO 接口电平翻转。

```
void LED_GPIO_Config(void)                //定义 GPIOA 初始化函数
{
  GPIO_InitTypeDef GPIO_InitStructure;//定义一个 GPIO_InitTypeDef 类型的结构体
  RCC_APB2PeriphClockCmd(RCC_APB2Periph_GPIOA,ENABLE); //开启 GPIO 外设时钟
  GPIO_InitStructure.GPIO_Pin = GPIO_Pin_8|GPIO_Pin_9; //选择要控制的 GPIOA 的引脚
  GPIO_InitStructure.GPIO_Mode = GPIO_Mode_Out_PP;    //设置引脚模式为通用推挽输出
  GPIO_InitStructure.GPIO_Speed = GPIO_Speed_50MHz;   //设置引脚频率为 50MHz
  GPIO_Init(GPIOA,&GPIO_InitStructure);               //调用库函数，初始化 GPIOA
  GPIO_ResetBits(GPIOA,GPIO_Pin_8|GPIO_Pin_9);        //设置电平
}
asm void asm_LED1_TOGGLE(void)     //用汇编语言定义电平翻转函数
{
  ;GPIOA_ODR  EQU  0x4001080C|
  LDR  R0, = 0x4001080C
  LDR  R1,[R0] ; R1 = *R0
  EOR  R1,#0x0100 ; r1 = r1^0x0100
  STR  R1,[R0] ; *R0 = R1
  BX   LR
}
void c_LED1_TOGGLE(void)          //用 C 语言定义电平翻转函数
{
  GPIOA->ODR ^= GPIO_Pin_8;
}
int main(void)                    //测试用的主函数
{
  LED_GPIO_Config();
  while(1)
{
  asm_LED1_TOGGLE();       //调用汇编语言定义的电平翻转函数
  c_LED1_TOGGLE();         //调用 C 语言定义的电平翻转函数
  }
}
```

以上这段程序首先定义了 STM32 的 GPIOA 初始化函数，用于使能 GPIO；然后分别用汇编语言和 C 语言定义了电平翻转函数，两者实现的功能是相同的，只是编程语言不同而已；接

着在主函数中可以分别调用这两个函数，调用其中一个时需要将另一个注释掉，例如，在程序的第 30 行可以将 C 语言的电平翻转函数注释掉，只调用用汇编语言编写的函数。

在 ARM 的 C 语言程序中可以使用关键字 _asm 来加入一段汇编语言的程序，其语法格式如下：

```
_asm
{
  Instruction/*comment*/
  ...
}
```

在 C 语言程序中嵌入 ARM 汇编语言程序时需要注意以下一些问题。

（1）在汇编指令中，可以使用表达式，其与其他部分之间可用逗号 ","作为分隔符。例如：

```
_asm
{
  SUB a,b,(a*a+a)
}
```

（2）如果一条指令占用了多行，那么应使用符号 "\" 续行，如果一行中有多个汇编指令，那么应使用 ";"将多个指令隔开，此时汇编语言程序中不能再使用 ";"作为注释行的开头，而应该使用 C 语言中的 "/**/" 或 "//"进行注释，如上面代码中的注释。

（3）不要使用一个物理寄存器去改变一个 C 变量，例如：

```
int mysub(int x)
{
    _asm
    {
      SUB R0, R0, 1
    }
    return x;
}
```

在调用函数 mysub 时，程序应该把 x 的值放到 R0 中，而开发人员认为直接操纵 R0 就能使 x 的值减 1，然后返回。实际上，编译器认为 "SUB R0,R0,1"这行代码与 x 没有任何关系，在优化过程中将其去掉了，这令开发人员感到困惑。以上程序代码实际上可以这样写：

```
int mysub(int x)
{
    _asm
    {
      SUB x, x, 1
    }
    return x;
}
```

（4）对于内嵌的汇编代码用到的寄存器，编译器在编译时会自动加入保存和恢复这些寄存器的代码而不需开发人员去管理。除了寄存器 CPSR 和 SPSR，其他寄存器都必须先赋值再读取，否则编译时会出现错误。例如：

```
int mysub(int x)
{
    _asm
    {
      STMFD SP!,{R0}
      SUB x,x,1127
      LDMFD SP!,{R0}
    }
    return x;
}
```

则编译时，编译器会报告 "illegal write to SP"错误。

嵌入式系统及应用——从 MCS51 到 STM32（微课版）

8.4.3　C 程序调用汇编指令

为了满足 ARM 汇编语言程序、C 语言程序与 C++ 语言程序之间的互相调用需求，必须保证编写的代码遵循 APCS（ARM 过程调用标准）。APCS 规定了子程序调用的基本规则，这些规则包括子程序调用过程中寄存器、数据栈的使用规则以及参数的传递规则。

下面是一个 C 语言调用汇编语言程序子程序的例子。

文件 strtest.c 的程序代码如下。

```c
#include <stdio.h>
extern void strcopy(char *d,const char *s);
int main()
{
    const char *srcstr="First string-source";
    char dststr[]="Second string-destination";
    /*dststr []是一个数组，因此我们可以修改其值*/
    printf("Before copying:\n");
    printf(" '%s'\n  '%s'\n";srcstr;dststr);
    strcopy(dststr,srcstr);
    printf("After copying:\n");
    printf(" '%s'\n  '%s'\n";srcstr;dststr);
    return 0;
}
```

文件 scopy.s 的程序代码如下。

```
        AREA SCopy,CODE,READONLY
        EXPORT strcopy
strcopy
        ;R0 指向目标字符串
        ;R1 指向源字符串
        LDRB R2,[R1],#1     ;加载字节并更新地址
        STRB R2,[R0],#1     ;存储字节并更新地址
        CMP R2,#0
        BNE strcopy
        MOV PC,1R
        END
```

strtest.c 文件的第 2 行使用关键字 extern 表明 strcopy 函数是在本文件之外定义的。

scopy.s 文件是汇编文件，汇编语言程序的设计要遵守 APCS，并保证参数的正确传递。该文件的第 2 行为 EXPORT strcopy，使用 EXPORT 伪指令声明 strcopy 函数，表明该函数是一个全局的函数，并可以被其他文件使用。注意，汇编语言程序需使用 R0、R1、R2 和 R3 来传递参数等，如果参数多于 4 个，则多余的参数会被压入栈。

例如：

```c
int myadd(int x,int y,int z,int w,int t)
{
    int sum;
    sum=x+y+z+w+t;
    return sum;
}
```

该函数有 5 个参数，则其他程序调用这个函数时第 5 个参数会被压入栈，因此汇编语言程序在处理这个函数时需要加入一段栈的代码，该代码等价于下面的汇编代码。

```
myadd   PROC
        ADD R0,R0,R1
```

```
        ADD  R0,R0,R2
        LDR R12,SP,#0]
        ADD  R0,R0,R3
        ADD  R0,R0,R12
        MOV PC,LR
        ENDP
        EXPORT  myadd
```

习题与思考

一、判断题

1. Cortex-M3 处理器有 3 种操作状态，分别为 ARM、Thumb 和 Debug。　　　　（　　）

2. Cortex-M3 处理器只可以使用两个栈：主（main）栈和进程（process）栈。　　（　　）

3. R13 是栈指针寄存器，R14 是程序寄存器。　　　　　　　　　　　　　　（　　）

4. 处理器状态可分为 3 种类型：Application、Interrupt 和 Execution，与其对应的 3 个程序状态寄存器为 APSR、IPSR 和 EPSR。　　　　　　　　　　　　　　　　　　　　（　　）

5. 不同指令的指令周期不是等长的。　　　　　　　　　　　　　　　　　　（　　）

二、操作题

1. 设 R0=0x0000FF00，则执行下列指令后 R0 的值是多少？

```
ORR R0,R0,#0xF
```

2. 设指令操作之前 R0=0x00000000，Rl=0x80000004，则执行如下指令后 R0、R1 的值有何变化？

```
MOV R0,R1,LSL #1;
```

三、简答题

1. Cortex-M3 有多少个 32 位寄存器，它们分别是什么？

2. Cortex-M3 的寻址方式有哪些？针对每种寻址方式，试举一个例子。

3. 简述基于 Cortex 的 C 语言与汇编语言的各自适用范围，以及它们在程序运行中的关系。

4. 分析 Cortex-M3 的指令集较之 ARM、Thumb 混合指令集的优点。

第 9 章
STM32 的主要功能模块

9.1 通用 I/O 和复用功能 I/O

本节在前面两章的基础上，以 ST 公司基于 Cortex-M3 内核的 STM32F103 微控制器为例，讲述最基本的 I/O 接口——GPIO，之后简单介绍 AFIO（Alternate Function I/O，复用功能 I/O）和调试配置。GPIO 是微控制器必备的片上外设，几乎所有的基于微控制器的嵌入式应用开发都会用到 GPIO。因此，对 STM32 的学习，应该从最基本的 GPIO 开始。

9.1.1 GPIO 介绍

GPIO 是微控制器数字输出输入基本模块，可以实现微控制器与外部环境的信息交换。借助 GPIO，微控制器可以实现对外围设备（如 LED）最简单、直观的监控。STM32F103 微控制器的 GPIO 资源比较丰富，共有 7 组通用 GPIO 端口，分别为 GPIOA、GPIOB、GPIOC、GPIOD、GPIOE、GPIOF、GPIOG。它们的结构功能完全一样，可以简单表示为 GPIOx（x=A,$\cdots$,G）。另外，每一组 GPIO 端口有 16 个引脚，故一共有 112 个多功能双向 5V 兼容的快速 I/O 端口，而且所有的 I/O 端口可以映射到 16 个外部中断。这里只介绍最基本的功能。在 STM32 中，GPIO可以配置为以下 8 种工作模式，我们可以将 8 种工作模式分为输出和输入两大类。

（1）浮空输入：用于不确定的高低电平输入，如按键识别或者 USART 接收端 Rx 口的输入。

（2）上拉输入：用于上拉至高电平输入。

（3）下拉输入：用于下拉至低电平输入。

（4）模拟输入：用于外部模拟输入，或者低功耗下省电。

（5）开漏输出：可以输出低电平和高电平。它可用于较大功率驱动的输出，如 LED、蜂鸣器的输出引脚。

（6）推挽输出：只能输出低电平，若想强制输出高电平，则需要在硬件上外接上拉电阻和上拉电源。

（7）复用功能开漏输出：不仅具有开漏输出的功能，还有使用片上外设的功能。

（8）复用功能推挽输出：不仅具有推挽输出的功能，还有使用片上外设的功能。

每个 I/O 端口位可以自由编程，但 I/O 端口寄存器必须按 32 位字的方式被访问（不允许以半字或字节的方式访问）。所有端口都有外部中断能力。为了使用外部中断线，端口必须配置成输入模式。

9.1.2 GPIO 寄存器描述

STM32 的每个 GPIO 端口共有 7 组寄存器：

（1）两个 32 位配置寄存器（GPIOx_CRL、GPIOx_CRH）；

（2）两个 32 位数据寄存器（GPIOx_IDR、GPIOx_ODR）；

（3）1 个 32 位置位/复位寄存器（GPIO*x*_BSRR）；

（4）1 个 16 位置位寄存器（GPIO*x*_BRR）；

（5）1 个 32 位锁定寄存器（GPIO*x*_LCKR）。

这里仅介绍常用的几个寄存器，常用的 I/O 端口寄存器有 4 个：CRL、CRH、IDR、ODR。

1. 配置寄存器（CRL、CRH）

CRL 和 CRH 是配置寄存器，控制着每个 I/O 端口的工作模式及输出速度。一组 GPIO*x* 里面共有 16 个 I/O 端口。若要配置一个 I/O 端口，我们需要配置这个端口的工作模式（CNF*y*[1:0]）和输出速度（MODE*y*[1:0]），这样就使用了 4 位，消耗了一个 32 位寄存器的 1/8。所以一个 32 位的寄存器是不够用的，在 STM32 中一组 GPIO*x* 的配置是由两个 32 位的寄存器组成的，分别为端口配置低位寄存器（GPIO*x*_CRL）和端口配置高位寄存器（GPIO*x*_CRH）。

（1）端口配置低位寄存器（GPIO*x*_CRL，*x*=A,…,G）

偏移地址：0x00

复位值：0x4444 4444

位格式：

31	30	29	28	27	26	25	24	23	22	21	20	19	18	17	16
CNF7[1:0]		MODE7[1:0]		CNF6[1:0]		MODE6[1:0]		CNF5[1:0]		MODE5[1:0]		CNF4[1:0]		MODE4[1:0]	

15	14	13	12	11	10	9	8	7	6	5	4	3	2	1	0
CNF3[1:0]		MODE3[1:0]		CNF2[1:0]		MODE2[1:0]		CNF1[1:0]		MODE1[1:0]		CNF0[1:0]		MODE0[1:0]	

端口配置低位寄存器各位说明如表 9-1 所示。

表 9-1　端口配置低位寄存器各位说明

位	说明
31:30 27:26 23:22 19:18 15:14 11:10 7:6 3:2	CNF*y*[1:0]：端口 *x* 配置位（*y* = 0,…,7）。 在输入模式（MODE[1:0]=00），有如下配置。 00：模拟输入模式。 01：浮空输入模式（复位后的状态）。 10：上拉/下拉输入模式。 11：保留。 在输出模式（MODE[1:0] > 00），有如下配置。 00：通用推挽输出模式。 01：通用开漏输出模式。 10：复用功能推挽输出模式。 11：复用功能开漏输出模式
29:28 25:24 21:20 17:16 13:12 9:8 5:4 1:0	MODE*y*[1:0]：端口 *x* 的模式位（*y* = 0,…,7）。 00：输入模式（复位后的状态）。 01：输出模式，最大频率 10MHz。 10：输出模式，最大频率 2MHz。 11：输出模式，最大频率 50MHz

（2）端口配置高位寄存器（GPIO*x*_CRH，*x*=A,…,G）

偏移地址：0x04

复位值：0x4444 4444

位格式：

31 30	29 28	27 26	25 24	23 22	21 20	19 18	17 16
CNF15[1:0]	MODE15[1:0]	CNF14[1:0]	MODE14[1:0]	CNF13[1:0]	MODE13[1:0]	CNF12[1:0]	MODE12[1:0]

15 14	13 12	11 10	9 8	7 6	5 4	3 2	1 0
CNF11[1:0]	MODE11[1:0]	CNF10[1:0]	MODE10[1:0]	CNF9[1:0]	MODE9[1:0]	CNF8[1:0]	MODE8[1:0]

端口配置高位寄存器各位说明如表 9-2 所示。

表 9-2　端口配置高位寄存器各位说明

位	说明
31:30 27:26 23:22 19:18 15:14 11:10 7:6 3:2	CNFy[1:0]：端口 x 配置位（$y = 8, \cdots ,15$）。 在输入模式（MODE[1:0]=00），有如下配置。 00：模拟输入模式。 01：浮空输入模式（复位后的状态）。 10：上拉/下拉输入模式。 11：保留。 在输出模式（MODE[1:0] > 00），有如下配置。 00：通用推挽输出模式。 01：通用开漏输出模式。 10：复用功能推挽输出模式。 11：复用功能开漏输出模式
29:28 25:24 21:20 17:16 13:12 9:8 5:4 1:0	MODEy[1:0]：端口 x 的模式位（$y = 8, \cdots ,15$）。 00：输入模式（复位后的状态）。 01：输出模式，最大频率 10MHz。 10：输出模式，最大频率 2MHz。 11：输出模式，最大频率 50MHz

2. 数据寄存器（IDR、ODR）

（1）端口数据输入寄存器（GPIOx_IDR，x=A,$\cdots$,G）

地址偏移：0x08

复位值：0x0000 XXXX

位格式：

31	30	29	28	27	26	25	24	23	22	21	20	19	18	17	16
							保留								

15	14	13	12	11	10	9	8	7	6	5	4	3	2	1	0
IDR15	IDR14	IDR13	IDR12	IDR11	IDR10	IDR9	IDR8	IDR7	IDR6	IDR5	IDR4	IDR3	IDR2	IDR1	IDR0

端口数据输入寄存器各位说明如表 9-3 所示。

表 9-3　端口数据输入寄存器各位说明

位	说明
31:16	保留，始终读为 0
15:0	IDRy[15:0]：端口输入数据（$y = 0, \cdots ,15$）。 这些位为只读并只能以字（16 位）的形式读出，读出的值为对应 I/O 端口的状态

（2）端口数据输出寄存器（GPIO*x*_ODR，*x*=A,…,G）

地址偏移：0CH

复位值：0x0000 0000

位格式：

31	30	29	28	27	26	25	24	23	22	21	20	19	18	17	16
							保留								

15	14	13	12	11	10	9	8	7	6	5	4	3	2	1	0
ODR15	ODR14	ODR13	ODR12	ODR11	ODR10	ODR9	ODR8	ODR7	ODR6	ODR5	ODR4	ODR3	ODR2	ODR1	ODR0

端口数据输出寄存器各位说明如表 9-4 所示。

表 9-4　端口数据输出寄存器各位说明

位	说明
31:16	保留，始终读为 0
15:0	ODR*y*[15:0]：端口输出数据（*y* = 0,…,15）。 这些位可读可写并只能以字（16 位）的形式操作。 注：对 GPIO*x*_BSRR（*x* = A,…,E），可以分别地对各个 ODR 位进行独立的设置/清除

9.1.3　复用功能 I/O 和调试配置

1. 引脚复用

前面章节介绍了 GPIO 的 8 种工作模式，其中最后两种工作模式就涉及 I/O 端口的复用功能。STM32 微控制器有很多的片上外设，这些外设的外部引脚都是与 GPIO 复用的。也就是说，一个 GPIO 如果可以复用为片上外设的功能引脚，那么这个 GPIO 作为片上外设使用称为引脚复用。

2. 重映射

重映射有部分重映射和完全重映射两类。

（1）部分重映射：功能外设的部分引脚重新映射，还有一部分引脚是原来的默认引脚。

（2）完全重映射：功能外设的所有引脚都重新映射。

以片上外设串行通信接口 3（USART3）为例，如表 9-5 所示，在没有使用重映射的时候，USART3 的 Tx 和 Rx 默认复用引脚分别为 PB10 和 PB11；部分重映射后，Tx 和 Rx 复用引脚就转移为 PC10 和 PC11；完全重映射后，Tx 和 Rx 复用引脚就转移为 PD8 和 PD9。

表 9-5　USART3 重映射

复用功能	USART3 REMAP[1:0] = 00 （没有重映射）	USART3 REMAP[1:0] = 01 （部分重映射）	USART3 REMAP[1:0] = 11 （完全重映射）
USART3_Tx	PB10	PC10	PD8
USART3_Rx	PB11	PC11	PD9
USART3_CK	PB12	PC12	PD10
USART3_CTS	PB13		PD11
USART3_RTS	PB14		PD12

9.1.4 AFIO 寄存器描述

如果使用引脚复用，则需要配置 GPIO 的工作模式为复用功能开漏输出模式或者复用功能推挽输出模式。相关寄存器在 GPIO 寄存器中配置。

如果使用重映射，则需要配置相关的 AFIO 寄存器。相关的寄存器有事件控制寄存器（AFIO_EVCR）、外部中断配置寄存器（AFIO_EXTICRx，x=1,…,5）等。

1. 事件控制寄存器（AFIO_EVCR）

地址偏移：0x00

复位值：0x0000 0000

位格式：

31	30	29	28	27	26	25	24	23	22	21	20	19	18	17	16
保留															

15	14	13	12	11	10	9	8	7	6	5	4	3	2	1	0
保留								EVOE	PORT[2:0]			PIN[3:0]			

事件控制寄存器各位说明如表 9-6 所示。

表 9-6 事件控制寄存器各位说明

位	说明
31:8	保留
7	EVOE：允许事件输出(event output enable)，该位可由软件读写。设置该位后，Cortex 的 EVENTOUT 将连接到由 PORT[2:0]和 PIN[3:0]选定的 I/O 端口
6:4	PORT[2:0]：端口选择。 选择以下用于输出 Cortex 的 EVENTOUT 信号的端口。 000：选择 PA。001：选择 PB。010：选择 PC。011：选择 PD。100：选择 PE
3:0	PIN[3:0]：引脚选择。 选择以下用于输出 Cortex 的 EVENTOUT 信号的引脚（x=A,…,E）。 0000：选择 Px0。0001：选择 Px1。0010：选择 Px2。0011：选择 Px3。 0100：选择 Px4。0101：选择 Px5。0110：选择 Px6。0111：选择 Px7。 1000：选择 Px8。1001：选择 Px9。1010：选择 Px10。1011：选择 Px11。 1100：选择 Px12。1101：选择 Px13。1110：选择 Px14。1111：选择 Px15

2. 外部中断配置寄存器（AFIO_EXTICRx，x=1,…,5）

地址偏移：0x0C

复位值：0x0000

位格式：

31	30	29	28	27	26	25	24	23	22	21	20	19	18	17	16
保留															

15	14	13	12	11	10	9	8	7	6	5	4	3	2	1	0
EXTI7[3:0]				EXTI6[3:0]				EXTI5[3:0]				EXTI4[3:0]			

外部中断配置寄存器各位说明如表 9-7 所示。

表 9-7　外部中断配置寄存器各位说明

位	说明
31:16	保留
15:0	EXTIx[3:0]：EXTIx 配置（x =4,…,7）。 这些位可由软件读写，用于选择 EXTIx 外部中断的输入源。 0000：PA[x]引脚。　0100：PE[x]引脚。 0001：PB[x]引脚。　0101：PF[x]引脚。 0010：PC[x]引脚。　0110：PG[x]引脚。 0011：PD[x]引脚

9.1.5　GPIO 应用程序设计——流水灯实验

任何一个单片机，最简单的外设莫过于 I/O 端口的高低电平控制。本小节通过一个经典的流水灯程序，介绍 STM32 微控制器的 I/O 端口作为输出端口的使用方法。

1. 功能要求

控制 STM32 连接的两个 LED 灯交替闪烁，以实现类似流水灯的效果。该实验的关键在于如何控制 STM32 的 I/O 端口输出。

2. 硬件设计

如图 9-1 所示，本小节用到的硬件只有 LED（DS0 和 DS1），DS0 接 PB5，DS1 接 PE5。

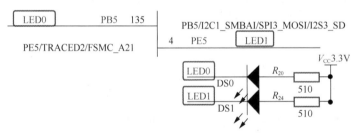

图 9-1　LED 与 STM32 连接原理图

根据图 9-1，可以得出 PE5 和 PB5 引脚应配置为普通推挽输出模式。当引脚输出低电平（0V）时，LED 灯亮；输出高电平（3.3V）时，LED 灯熄灭。

3. 软件设计

（1）主流程

本实验的主流程由一个初始化函数加一个无限循环函数构成，如图 9-2 所示。

（2）初始化 I/O 端口

本实验代码包含了一个函数 void led_init，该函数的功能是配置 PB5 和 PE5 为推挽输出。这里需要注意的是，在配置 STM32 外设的时候，必须先使能该外设的时钟。APB2ENR 是 APB2 总线上的外设时钟使能寄存器，要使能的 PORTB 和 PORTE 的时钟使能位分别在 bit3 和 bit6，只要将这两位置 1 就可以使能 PORTB 和 PORTE 的时钟了。将 PB5 和 PE5 的模式置为推挽输出，并且默认输出 1，就完成了对这两个 I/O 端口的初始化。

（3）延时子程序

使用一个简单的空循环实现一定的延时。

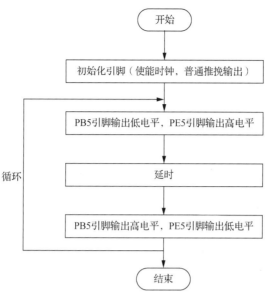

图 9-2　LED 灯闪烁主流程

4．代码实现

主函数 main.c 的程序代码如下。

```c
#include "gpio.h"              //包含 GPIO 寄存器地址映射头文件
#include "clock.h"             //包含系统时钟初始化头文件
/*----函数声明----*/
void led_init(void);          //LED 初始化函数声明
void delay(void);             //延时函数声明
/*----主函数----*/
int main(void)
{
    Stm32_Clock_Init(9);      //系统时钟初始化, 9 分频实现 72MHz
    led_init();

    while (1)
    {
        rGPIOB_ODR = ~0x20;//bit5 置 0, 其他位全部置 1, PB5 输出低电平, DS0 亮
        rGPIOE_ODR = 0xFFFFFFFF; //所有位置 1, PE5 输出高电平, DS1 灭
        delay();                 //延时

        rGPIOB_ODR = 0xFFFFFFFF; //PB5 输出高电平, DS0 灭
        rGPIOE_ODR = ~0x20;      //PE5 输出低电平, DS1 亮
        delay();                 //延时
    }
}
/*---LED 初始化函数---*/
void led_init(void)
{
    rRCC_APB2ENR |= 1<<3;       //打开 GPIOB 时钟
    rRCC_APB2ENR |= 1<<6;       //打开 GPIOB 时钟
    rGPIOB_CRL = 0x00500000;    //设置 PB5 为普通推挽输出模式
    rGPIOB_ODR = 0xFFFFFFFF;    //默认 PB5 输出低电平
```

```
        rGPIOE_CRL = 0x00500000;          //设置 PB5 为普通推挽输出模式
        rGPIOE_ODR = 0xFFFFFFFF;          //默认 PB5 输出低电平
}
/*---延时函数---*/
void delay(void)
{
        unsigned int i, j;
        for (i=0; i<1000; i++)
            for (j=0; j<2000; j++)
                ;
}
```

头文件 gpio.h 的程序代码如下。

```
#ifndef __GPIO_H__
#define __GPIO_H__
/*---GPIO 相关寄存器地址映射---*/
#define GPIOB_BASE          0x40010C00   //GPIOB 基地址
#define GPIOE_BASE          0x40011800   //GPIOE 基地址
#define GPIOB_CRL           (GPIOB_BASE + 0x00)
#define GPIOB_ODR           (GPIOB_BASE + 0x0C)
#define GPIOE_CRL           (GPIOE_BASE + 0x00)
#define GPIOE_ODR           (GPIOE_BASE + 0x0C)
#define RCC_APB2ENR         0x40021018
#define rGPIOE_CRL          (*((unsigned int *)GPIOE_CRL))
#define rGPIOE_ODR          (*((unsigned int *)GPIOE_ODR))
#define rGPIOB_CRL          (*((unsigned int *)GPIOB_CRL))
#define rGPIOB_ODR          (*((unsigned int *)GPIOB_ODR))
#define rRCC_APB2ENR        (*((unsigned int *)RCC_APB2ENR))
#endif
```

5．下载验证

代码编译完成之后，把代码下载到硬件平台上。正常运行时，两只 LED 灯交替闪烁，实现了类似流水灯的效果。

9.2 中断和事件

本节将讲述 STM32F103 微控制器的一个重要组成部分——中断系统。中断系统通常包括硬件（中断控制器）和软件（中断服务函数）两个部分。利用中断系统，微控制器能够控制基于前后台的嵌入式软件架构应用程序，不仅可以实现对外部紧急事件的响应，还可以显著地提高 CPU 的使用率。因此，掌握中断机制、学会设置中断向量表和编写中断服务程序是初学者的基本任务。

9.2.1 STM32 中断系统的组成

STM32 微控制器的中断系统为嵌套向量中断控制器（NVIC），它有以下特性：

（1）68 个可屏蔽中断通道（不包含 16 个 Cortex-M3 的中断线）；

（2）16 个可编程的优先级（使用了 4 位中断优先级）；

（3）低延迟的异常和中断处理；

（4）电源管理控制；

（5）NVIC 和处理器核的接口紧密相连，可以实现低延迟的中断处理和高效地处理晚到的中断。

1. 异常中断向量表

当一个中断申请被 CPU 接受后，对应的中断服务程序就会执行。为了决定中断服务程序的入口地址，STM32 的 Cortex-M3 内核使用了"异常中断向量表查表机制"。这里仅展示一部分异常中断向量表，如表 9-8 所示。异常中断向量表其实是一个 WORD（32 位整数）数组，每个下标对应一种中断或者异常，该下标元素的值则是该中断服务程序的入口地址。异常中断向量表的存储位置是可以设置的，我们可以通过 NVIC 中的一个重定位寄存器来指出向量表的地址。

表 9-8　异常中断向量表（部分）

位置号	优先级	优先级类型	名称	说明	地址
	—	—	—	保留	0x0000_0000
	−3	固定	Reset	复位	0x0000_0004
	−2	固定	NMI	不可屏蔽中断 RCC 时钟安全系统（CSS）连接到 NMI 向量	0x0000_0008
	−1	固定	硬件失效（HardFault）	所有类型的失效	0x0000_000C
	0	可设置	存储管理（MemManage）	存储器管理	0x0000_0010
	1	可设置	总线错误（BusFault）	预取指失败，存储器访问失败	0x0000_0014
	2	可设置	错误应用（UsageFault）	未定义的指令或非法状态	0x0000_0018
	—	—	—	保留	0x0000_001C～0x0000_002B
	3	可设置	SVCall	通过 SW 指令的系统服务调用	0x0000_002C
	4	可设置	调试监控（DebugMonitor）	调试监控器	0x0000_0030
	—	—	—		0x0000_0034
	5	可设置	PendSV	可挂起的系统服务	0x0000_0038
	6	可设置	SysTick	系统滴答定时器	0x0000_003C
0	7	可设置	WWDG	窗口定时器中断	0x0000_0040
1	8	可设置	PVD	连到 EXTI 的电源电压检测（PVD）中断	0x0000_0044
2	9	可设置	TAMPER	侵入检测中断	0x0000_0048
3	10	可设置	RTC	实时时钟（RTC）全局中断	0x0000_004C
4	11	可设置	FLASH	闪存全局中断	0x0000_0050
5	12	可设置	RCC	复位与时钟控制（RCC）中断	0x0000_0054
6	13	可设置	EXTI0	EXTI 线 0 中断	0x0000_0058
7	14	可设置	EXTI1	EXTI 线 1 中断	0x0000_005C
8	15	可设置	EXTI2	EXTI 线 2 中断	0x0000_0060
9	16	可设置	EXTI3	EXTI 线 3 中断	0x0000_0064
10	17	可设置	EXTI4	EXTI 线 4 中断	0x0000_0068
11	18	可设置	DMA1 通道 1	DMA1 通道 1 全局中断	0x0000_006C
12	19	可设置	DMA1 通道 2	DMA1 通道 2 全局中断	0x0000_0070
13	20	可设置	DMA1 通道 3	DMA1 通道 3 全局中断	0x0000_0074
14	21	可设置	DMA1 通道 4	DMA1 通道 4 全局中断	0x0000_0078
15	22	可设置	DMA1 通道 5	DMA1 通道 5 全局中断	0x0000_007C
16	23	可设置	DMA1 通道 6	DMA1 通道 6 全局中断	0x0000_0080
17	24	可设置	DMA1 通道 7	DMA1 通道 7 全局中断	0x0000_0084
18	25	可设置	ADC1～ADC2	ADC1 和 ADC2 全局中断	0x0000_0088

2. NVIC 的优先级和优先级组

在 NVIC 中，中断优先级分为抢占优先级和响应优先级。如表 9-9 所示，NVIC 只可以配置 16 种中断向量的优先级，也就是说抢占优先级和响应优先级的数量由一个 4 位的数来决定。这

4 位数字分成抢占优先级部分和响应优先级部分，一共有 5 种组合方式。这里需要注意两点：第一，如果两个中断的抢占优先级和响应优先级都是一样的，则哪个中断先发生就先执行；第二，高抢占优先级的中断可以打断正在进行的低抢占优先级的中断，而抢占优先级相同的情况下，高响应优先级的中断不可以打断低响应优先级的中断。

表 9-9　优先级组表

组	AIRCR[10:8]	bit[7:4]分配情况	分配结果
0	111	0:4	0 位抢占优先级，4 位响应优先级
1	110	1:3	1 位抢占优先级，3 位响应优先级
2	101	2:2	2 位抢占优先级，2 位响应优先级
3	100	3:1	3 位抢占优先级，1 位响应优先级
4	011	4:0	4 位抢占优先级，0 位响应优先级

9.2.2　EXTI 及其寄存器描述

1. EXTI 介绍

EXTI 称为外部中断/事件控制器，是 STM32 微控制器的一个片上外设，能够在 I/O 端口产生中断或者事件的请求。如图 9-3 所示，GPIO 与 EXTI 的连接方式是 PAx～PGx 端口的中断事件都连接到 EXTIx，例如，PA0～PG0 连接到 EXTI0、PA1～PG1 连接到 EXTI1，依此类推，PA15～PG15 连接到 EXTI15。要注意的是，同一时刻 EXTIx 只能响应一个端口的事件，而不能响应所有 GPIO 端口的事件，但它可以分时复用。它可以配置为上升沿触发、下降沿触发或双边沿触发。

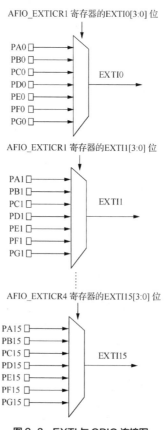

图 9-3　EXTI 与 GPIO 连接图

2. EXTI 及其寄存器描述

STM32 的每个 GPIO 端口共有以下 6 组寄存器。外部中断/事件控制框图如图 9-4 所示。

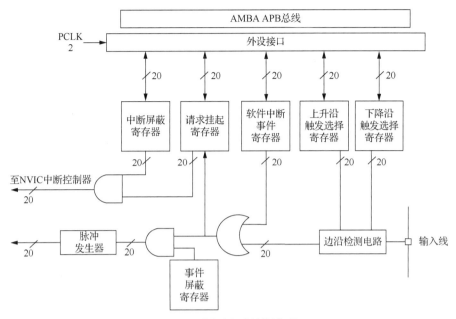

图 9-4 外部中断/事件控制框图

（1）中断屏蔽寄存器（EXTI_IMR）

偏移地址：0x00

复位值：0x0000 0000

位格式：

31											20	19	18	17	16
保留												MR19	MR18	MR17	MR16

15	14	13	12	11	10	9	8	7	6	5	4	3	2	1	0
MR15	MR14	MR13	MR12	MR11	MR10	MR9	MR8	MR7	MR6	MR5	MR4	MR3	MR2	MR1	MR0

中断屏蔽寄存器各位说明如表 9-10 所示。

表 9-10 中断屏蔽寄存器各位说明

位	说明
31:20	保留，必须始终保持为复位状态（0）
19:0	MRx：线 x 上的中断屏蔽。 0：屏蔽来自线 x 上的中断请求。 1：开放来自线 x 上的中断请求。 注：位 19 只适用于互联型产品，对于其他产品为保留位

（2）事件屏蔽寄存器（EXTI_EMR）

偏移地址：0x04

复位值：0x0000 0000

位格式：

31											20	19	18	17	16
保留												MR19	MR18	MR17	MR16
15	14	13	12	11	10	9	8	7	6	5	4	3	2	1	0
MR15	MR14	MR13	MR12	MR11	MR10	MR9	MR8	MR7	MR6	MR5	MR4	MR3	MR2	MR1	MR0

事件屏蔽寄存器各位说明如表 9-11 所示。

表 9-11　事件屏蔽寄存器各位说明

位	说明
31:20	保留，必须始终保持为复位状态（0）
19:0	MR*x*：线 *x* 上的事件屏蔽。 0：屏蔽来自线 *x* 上的事件请求。 1：开放来自线 *x* 上的事件请求。 注：位 19 只适用于互联型产品，对于其他产品为保留位

（3）上升沿触发选择寄存器（EXTI_RTSR）

偏移地址：0x08

复位值：0x0000 0000

位格式：

31											20	19	18	17	16
保留												TR19	TR18	TR17	TR16
15	14	13	12	11	10	9	8	7	6	5	4	3	2	1	0
TR15	TR14	TR13	TR12	TR11	TR10	TR9	TR8	TR7	TR6	TR5	TR4	TR3	TR2	TR1	TR0

上升沿触发选择寄存器各位说明如表 9-12 所示。

表 9-12　上升沿触发选择寄存器各位说明

位	说明
31:20	保留，必须始终保持为复位状态（0）
19:0	TR*x*：线 *x* 上的上升沿触发事件配置位。 0：禁止输入线 *x* 上的上升沿触发（中断和事件）。 1：允许输入线 *x* 上的上升沿触发（中断和事件）。 注：位 19 只适用于互联型产品，对于其他产品为保留位

（4）下降沿触发选择寄存器（EXTI_FTSR）

偏移地址：0x0C

复位值：0x0000 0000

位格式：

31											20	19	18	17	16
保留												TR19	TR18	TR17	TR16
15	14	13	12	11	10	9	8	7	6	5	4	3	2	1	0
TR15	TR14	TR13	TR12	TR11	TR10	TR9	TR8	TR7	TR6	TR5	TR4	TR3	TR2	TR1	TR0

下降沿触发选择寄存器各位说明如表 9-13 所示。

表 9-13　下降沿触发选择寄存器各位说明

位	说明
31:20	保留，必须始终保持为复位状态（0）
19:0	TRx：线 x 上的下降沿触发事件配置位。 0：禁止输入线 x 上的下降沿触发（中断和事件）。 1：允许输入线 x 上的下降沿触发（中断和事件）。 注：位 19 只适用于互联型产品，对于其他产品为保留位

▌ 注意 ▐

外部唤醒线是边沿触发的，这些线上不能出现毛刺信号。写 EXTI-RTSR 寄存器时，在外部中断线上的下降沿信号不能被识别，挂起位也不会被置位。在同一中断线上，可以同时设置上升沿和下降沿触发，即任一边沿都可触发中断。

（5）软件中断事件寄存器（EXTI_SWIER）

偏移地址：0x10

复位值：0x0000 0000

位格式：

31											20	19	18	17	16
保留												SWIER19	SWIER18	SWIER17	SWIER16

15	14	13	12	11	10	9	8	7	6	5	4	3	2	1	0
SWIER15	SWIER14	SWIER13	SWIER12	SWIER11	SWIER10	SWIER9	SWIER8	SWIER7	SWIER6	SWIER5	SWIER4	SWIER3	SWIER2	SWIER1	SWIER0

软件中断事件寄存器各位说明如表 9-14 所示。

表 9-14　软件中断事件寄存器各位说明

位	说明
31:20	保留，必须始终保持为复位状态（0）
19:0	SWIERx：线 x 上的软件中断。 当该位为 0 时，写 1 将设置 EXTI_PR 中相应的挂起位。如果在 EXTI_IMR 和 EXTI_EMR 中允许产生该中断，则此时将产生一个中断。 注 1：通过清除 EXTI_PR 的对应位（写入 1），可以清除该位（使其为 0）。 注 2：位 19 只适用于互联型产品，对于其他产品为保留位

（6）请求挂起寄存器（EXTI_PR）

偏移地址：0x14

复位值：0xXXXX XXXX

位格式：

31											20	19	18	17	16
保留												PR19	PR18	PR17	PR16

15	14	13	12	11	10	9	8	7	6	5	4	3	2	1	0
PR15	PR14	PR13	PR12	PR11	PR10	PR9	PR8	PR7	PR6	PR5	PR4	PR3	PR2	PR1	PR0

请求挂起寄存器各位说明如表 9-15 所示。

表 9-15　请求挂起寄存器各位说明

位	说明
31:20	保留，必须始终保持为复位状态（0）
19:0	PR*x*：挂起位。 0：没有发生触发请求。 1：发生了选择的触发请求。 当在外部中断线上发生了选择的边沿事件时，该位被置 1。在该位中写入 1 可以清除它，也可以通过改变边沿检测的极性清除它。 注：位 19 只适用于互联型产品，对于其他产品为保留位

9.3　通用定时器

定时器也是 STM32 微控制器的一个必备片上外设。定时器实际上是一个计数器，能够对微控制器系统内部脉冲或外部输入脉冲进行计数。通用定时器不仅能够实现计数和延时的基本功能，还能够实现输入捕获、输出比较和 PWM（Pulse Width Modulation，脉冲宽度调制）输出等高级功能，连接多种外设。在嵌入式开发过程中，充分利用定时器的强大功能，可以显著提高外设驱动的编程效率和 CPU 利用率，增强系统的实时性。

9.3.1　定时器基本介绍

STM32 微控制器内部集成了多个可编程定时器，这些定时器可分为基本定时器、通用定时器和高级定时器 3 种类型。从功能上看，基本定时器的功能是通用定时器的子集，而通用定时器的功能又是高级定时器的子集。这里以通用定时器为例子进行介绍。

STM32 微控制器的通用定时器是 TIM*x*（如 TIM2、TIM3、TIM4 和 TIM5），具有基本定时器的所有功能。它的主要特性有以下几个。

（1）具有自动重装功能的 16 位递增/递减计数器，内部时钟 CK_CNT 的来源 TIM_CLK 来自 APB1 预分频器的输出。

（2）具有 16 位可编程（可实时修改）预分频器，计数器时钟频率的分频系数为 1～65536 的任意数值。

（3）具有 4 个独立通道，每个通道可用于输入捕获、输出比较、PWM 输出（边缘或中间对齐模式）、单脉冲模式输出。

（4）使用外部信号控制定时器和定时器互连的同步电路。

（5）以下 4 个事件发生时产生中断或 DMA。

- 更新：计数器向上溢出/向下溢出，计数器初始化（通过软件或者内部/外部触发）。
- 触发事件（计数器启动、停止、初始化或者由内部/外部触发计数）。
- 输入捕获。
- 输出比较。

（6）支持针对定位的增量（正交）编码器和霍尔传感器电路。

STM32 微控制器的通用定时器的内部结构比基本定时器复杂一些，但核心与基本定时器相同，都是一个由可编程的预分频器驱动的具有自动重装功能的 16 位计数器。通用定时器可分为两个部分：计数器 TIM_CNT 部分和捕获/比较寄存器 TIM*x*_CCR 部分。

（1）计数器 TIM_CNT

计数器部分由触发控制器、1 个 16 位预分频器、1 个带自动重装功能寄存器的 16 位计数器构成。其中，由可编程的预分频器驱动的具有自动重装功能的 16 位计数器是核心。

（2）捕获/比较寄存器 TIM*x*_CCR

捕获/比较寄存器部分包括捕获输入部分（数字滤波、多路复用功能和预分频器）和比较输出部分（比较器和输出控制）。捕获输入：在输入时，捕获/比较寄存器 TIM_CCR 被用于当（存储）输入脉冲电平发生翻转时加载脉冲计数器 TIM_CNT 的当前计数值，从而实现脉冲的频率测量。比较输出：在输出时，捕获/比较寄存器 TIM_CCR 用来存储一个脉冲数值，把这个数值与脉冲计数器 TIM_CNT 的当前计数值进行比较，根据比较结果进行不同的电平输出。

9.3.2　通用定时器的基本功能

1．计数模式

计数模式是通用定时器的基本工作模式。与基本定时器不同，STM32 微控制器的通用定时器中的 16 位计数器 TIM_CNT 有 3 种计数模式，分别是向上计数模式、向下计数模式和中心对齐（双向）计数模式。

（1）向上计数模式：计数器从 0 计数到自动加载值（TIM*x*_ARR），然后重新从 0 开始计数，并产生一个计数器溢出事件。

（2）向下计数模式：计数器从自动加载值（TIM*x*_ARR）开始向下计数到 0，然后从自动加载值重新开始，并产生一个计数器向下溢出事件。

（3）中心对齐模式（向上/向下计数）：计数器从 0 开始计数到自动加载值-1，产生一个计数器溢出事件；然后向下计数到 1，产生一个计数器溢出事件，再从 0 开始重新计数。

3 种计数模式示意图如图 9-5 所示。

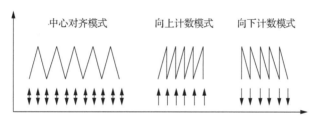

图 9-5　3 种计数模式示意图

2．输出比较模式

输出比较模式通常用来控制一个输出波形或者指示一段给定的时间已经到时。当捕获/比较寄存器 TIM_CCR*x* 的值与脉冲计数器 TIM_CNT 的值相等时，可能出现以下情况。

（1）相应的输出引脚可根据设置的编程模式赋值：置位、复位、翻转或者不变。

（2）中断状态寄存器中的相应标志位置位。

（3）如果相应的中断屏蔽位置位，则产生中断。

（4）如果 DMA 请求使能置位，则产生 DMA 请求。

需要注意的是，使用输出比较模式时，TIM_CCR*x* 寄存器能够在任何时候通过软件进行更新以控制输出波形的前提条件是不使用预装载寄存器（TIM*x*_CCMR*x* 寄存器的 OCxPE 位为 0），否则 TIM*x*_CCR*x* 影子寄存器只能在发生下一次更新事件时被更新。

3．PWM 输出模式

PWM 输出模式是一种特殊的输出模式，在电子电力领域得到了广泛使用。STM32 的定时器除了 TIM6 和 TIM7（基本定时器），其他的定时器都可以产生 PWM 输出。其中，高级定时器 TIM1、TIM8 可以同时产生 7 路 PWM 输出，而通用定时器可以同时产生 4 路 PWM 输出，这样 STM32 最多可以同时产生 30 路 PWM 输出。TIM3 的 4 个通道相对应的各个引脚以及重映射情况下的各个引脚的位置如表 9-16 所示。

表 9-16　TIM3 重映射

通道	TIM3_REMAP[1:0]=00（没有重映射）	TIM3_REMAP[1:0]=10（没有重映射）	TIM3_REMAP[1:0]=11（完全重映射）
TIM3_CH1	PA6	PB4	PC6
TIM3_CH2	PA7	PB5	PC7
TIM3_CH3		PB0	PC8
TIM3_CH4		PB1	PC9

注：重映射只适用于 64 脚、100 脚和 144 脚的封装。

PWM 计数模式示意图如图 9-6 所示。下面以 PWM 的向上计数模式为例，简单地讲述 PWM 的工作原理。

在 PWM 输出模式下，除了 CNT（计数器当前值）、ARR（自动重装值），还多了一个值 CCRx（捕获/比较寄存器值）。当 CNT < CCRx 时，TIMx_CHx 通道输出低电平；当 CNT≥CCRx 时，TIMx_CHx 通道输出高电平。

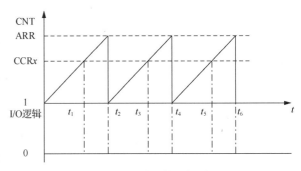

图 9-6　PWM 计数模式示意图

这个时候就可以对其下一个准确定义了。所谓脉冲宽度调制模式（PWM 模式），就是可以产生一个由 TIMx_ARR 寄存器确定频率、由 TIMx_CCRx 寄存器确定占空比的信号。它是利用微处理器的数字输出来对模拟电路进行控制的一种非常有效的技术。

每一个捕获/比较通道都围绕着一个捕获/比较寄存器（包含影子寄存器），包括捕获的输入部分（数字滤波、多路复用和预分频器）和输出部分（比较器和输出控制）。捕获/比较模块由一个预装载寄存器和一个影子寄存器组成。读写过程仅操作预装载寄存器。在捕获模式下，捕获发生在影子寄存器上，然后复制到预装载寄存器中。在比较模式下，预装载寄存器的内容被复制到影子寄存器中，然后影子寄存器的内容和计数器进行比较。

（1）CCR1 寄存器

捕获/比较寄存器：设置比较值。

（2）CCMR1 寄存器

OC1M[2:0]位：用于设置 PWM 模式 1 或者 PWM 模式 2。

（3）CCER 寄存器

CC1P 位：输入/捕获 1 输出极性。0：高电平有效。1：低电平有效。

CC1E 位：输入/捕获 1 输出使能。0：关闭。1：打开。

PWM 模式 1：在向上计数时，一旦 TIMx_CNT<TIMx_CCR1，通道 1 则为有效电平，否则为无效电平；在向下计数时，一旦 TIMx_CNT>TIMx_CCR1，通道 1 则为无效电平（OC1REF=0），否则为有效电平（OC1REF=1）。

PWM 模式 2：在向上计数时，一旦 TIMx_CNT<TIMx_CCR1，通道 1 则为无效电平，否则为有效电平；在向下计数时，一旦 TIMx_CNT>TIMx_CCR1，通道 1 则为有效电平，否则为无效电平。

> **注意**
>
> PWM 模式 1 和模式 2 只是区别什么时候是有效电平，但并没有确定是高电平有效还是低电平有效，这需要结合 CCER 寄存器的 CCxP 位的值来确定。例如，若为 PWM 模式 1，且 CCER 寄存器的 CCxP 位为 0，则当 TIMx_CNT<TIMx_CCR1 时，输出高电平；同样地，若为 PWM 模式 1，且 CCER 寄存器的 CCxP 位为 2，则当 TIMx_CNT<TIMx_CCR1 时，输出低电平。

PWM 的 3 种计数模式如下。

（1）PWM 的向上计数模式

下面是一个 PWM 模式 1 的例子。当 TIMx_CNT<TIMx_CCRx 时，参考信号 OCxREF 为高电平，否则为低电平。如果 TIMx_CCRx 中的比较值大于自动重装值（TIMx_ARR），则 OCxREF 保持为"1"。如果比较值为 0，则 OCxREF 保持为"0"。

（2）PWM 的向下计数模式

在 PWM 模式 1，当 TIMx_CNT>TIMx_CCRx 时，参考信号 OCxREF 为低电平，否则为高电平。如果 TIMx_CCRx 中的比较值大于 TIMx_ARR，则 OCxREF 保持为"1"。该模式下不能产生 0%的 PWM 波形。

（3）PWM 的中心对齐模式

当 TIMx_CR1 寄存器中的 CMS 位不为"00"时，PWM 的计数模式为中心对齐模式（所有其他的配置对 OCxREF/OCx 信号都有相同的作用）。根据不同的 CMS 位设置，比较标志可以在计数器向上计数时被置"1"、在计数器向下计数时被置"1"或在计数器向上和向下计数时被置"1"。TIMx_CR1 寄存器中的计数方向位（DIR）由硬件更新，不要用软件修改它。

在 TIMx_CCMRx 寄存器中的 OCxM 位写入"110"（PWM 模式 1）或"111"（PWM 模式 2），能够独立地设置每个 OCx 输出通道产生一路 PWM。必须设置 TIMx_CCMRx 寄存器 OCxPE 位以使能相应的预装载寄存器，最后还要设置 TIMx_CR1 寄存器的 ARPE 位（在向上计数或中心对齐模式中），使能自动重装的预装载寄存器。TIMx_CRx 寄存器的 ARPE 位决定着是否使能自动重装的预装载寄存器。

根据 TIMx_CR1 寄存器的 APRE 位的设置，APRE=0 时，预装载寄存器的内容就可以随时传送到影子寄存器，此时两者是互通的；APRE=1 时，在每一次更新事件时，才将预装在寄存器的内容传送至影子寄存器。简单地说，ARPE=1，ARR 立即生效；APRE=0，ARR 下个比较周期生效。

4. 输入捕获模式

在输入捕获模式下，IC1、IC2 和 IC3、IC4 可以分别通过软件设置映射到 TI1、TI2 和 TI3、TI4。每次检测到 ICx 信号上相应的边沿后，脉冲计数器 TIM_CNT 的当前值被锁存到捕获/比较寄存器 TIM_CCRx 中。在捕获事件发生后，则产生中断或者 DMA 操作。

9.3.3 通用定时器的寄存器描述

通用定时器的寄存器非常多，共有 17 个寄存器：

- 两个控制寄存器（TIMx_CRx）；
- 1 个从模式控制寄存器（TIMx_SMCR）；
- 1 个 DMA/中断使能寄存器（TIMx_DIER）；
- 1 个状态寄存器（TIMx_SR）；
- 1 个事件产生寄存器（TIMx_EGR）；
- 两个捕获/比较模式寄存器（TIMx_CCMRx）；

- 1 个捕获/比较使能寄存器（TIMx_CCER）；
- 1 个计数器（TIMx_CNT）；
- 1 个预分频器（TIMx_PSC）；
- 1 个自动重装寄存器（TIMx_ARR）；
- 4 个捕获/比较寄存器（TIMx_CCRx）；
- 1 个 DMA 控制寄存器（TIMx_DCR）。

1. 控制寄存器（TIMx_CRx）

作用：对计数器的计数方式、使能位等进行设置。

这里 ARPE 位为自动重装预装载允许位。ARPE=0 时，TIMx_ARR 寄存器没有缓冲；ARPE=1 时，TIMx_ARR 寄存器被装入缓冲器。

偏移地址：0x00

复位值：0x0000

位格式：

15	14	13	12	11	10	9	8	7	6	5	4	3	2	1	0
保留					CKD[1:0]			ARPE	CMS[1:0]		DIR	OPM	URS	UDIS	CEN

控制寄存器各位说明如表 9-17 所示。

表 9-17 控制寄存器各位说明

位	说明
15:10	保留，始终读为 0
9:8	CKD[1:0]：时钟分频因子（clock division）。 这两位定义在定时器时钟（CK_INT）频率、死区时间和由死区发生器与数字滤波器（ETR、TIx）所用的采样时钟之间的分频比例。外部时钟模式 1：外部输入脚（TIx）。外部时钟模式 2：外部触发输入脚（ETR）。 00：tDTS = tCK_INT。 01：tDTS = 2×tCK_INT。 10：tDTS = 4×tCK_INT。 11：保留，不要使用这个配置
7	ARPE：自动重装预装载允许位（auto-reload preload enable）。 0：TIMx_ARR 寄存器没有缓冲。 1：TIMx_ARR 寄存器被装入缓冲器
6:5	CMS[1:0]：选择中心对齐模式（center-aligned mode selection）。 00：边沿对齐模式。计数器依据方向位（DIR）向上或向下计数。 01：中心对齐模式 1。计数器交替地向上和向下计数。配置为输出的通道（TIMx_CCMRx 寄存器中 CCxS=00）的输出比较中断请求标志位，只在计数器向下计数时被设置。 10：中心对齐模式 2。计数器交替地向上和向下计数。配置为输出的通道（TIMx_CCMRx 寄存器中 CCxS=00）的输出比较中断请求标志位，只在计数器向上计数时被设置。 11：中心对齐模式 3。计数器交替地向上和向下计数。配置为输出的通道（TIMx_CCMRx 寄存器中 CCxS=00）的输出比较中断请求标志位，在计数器向上和向下计数时均被设置。 注：在计数器开启（CEN=1）时，不允许从边沿对齐模式转换到中心对齐模式
4	DIR：方向（direction）。 0：计数器向上计数。 1：计数器向下计数。 注：当计数器配置为中心对齐模式或编码器模式时，该位为只读
3	OPM：单脉冲模式（one pulse mode）。 0：在发生更新事件时，计数器不停止。 1：在发生下一次更新事件（清除 CEN 位）时，计数器停止

位	说明
2	URS：更新请求源（update request source）。 软件通过该位选择更新事件的源。 0：如果使能了更新中断或 DMA 请求，则下述任一事件都产生更新中断或 DMA 请求。 – 计数器上溢/下溢。 – 设置 UG 位。 – 从模式控制寄存器产生的更新。 1：如果使能了更新中断或 DMA 请求，则只有计数器上溢/下溢才产生更新中断或 DMA 请求
1	UDIS：禁止更新（update disable）。 软件通过该位允许/禁止更新事件的产生。 0：允许更新。更新事件由下述任一事件产生。 – 计数器上溢/下溢。 – 设置 UG 位。 – 从模式控制寄存器产生的更新。 更新事件产生后，具有缓存的寄存器被装入它们的预装载值（更新影子寄存器）。 1：禁止更新。不产生更新事件，影子寄存器（ARR、PSC、CCRx）保持它们的值。如果设置了 UG 位或从模式控制寄存器发出了一个硬件复位，则计数器和预分频器被重新初始化
0	CEN：使能计数器（counter enable）。 0：禁止计数器。 1：使能计数器。 注：在软件设置 CEN 位后，外部时钟、门控模式和编码器模式才能工作。触发模式可以自动地通过硬件设置 CEN 位

2. 从模式控制寄存器（TIMx_SMCR）

偏移地址：0x08

复位值：0x0000

位格式：

15	14	13	12	11	10	9	8	7	6	5	4	3	2	1	0
ETP	ECE	ETPS[1:0]		ETF[3:0]				MSM	TS[2:0]			保留	SMS[2:0]		

从模式控制寄存器各位说明如表 9-18 所示。

表 9-18　从模式控制寄存器各位说明

位	说明
15	ETP：外部触发极性（external trigger polarity）。 该位选择是用 ETR 还是用 ETR 的反相来做触发操作。 0：ETR 不反相，高电平或上升沿有效。 1：ETR 被反相，低电平或下降沿有效
14	ECE：外部时钟使能（external clock enable）。 该位控制是否启用外部时钟模式 2。 0：禁止外部时钟模式 2。 1：使能外部时钟模式 2。计数器由 ETRF 信号上的任意有效边沿驱动。 注 1：设置 ECE 位与选择外部时钟模式 1 并将 TRGI 连到 ETRF（SMS=111 和 TS=111）具有相同功效。 注 2：复位模式、门控模式和触发模式可以与外部时钟模式 2 同时使用，但是，这时 TRGI 不能连到 ETRF（TS 位不能是 111）。 注 3：外部时钟模式 1 和外部时钟模式 2 同时被使能时，外部时钟的输入是 ETRF

位	说明
13:12	ETPS[1:0]：外部触发预分频（external trigger prescaler）。 外部触发信号 ETRP 的频率最多是 TIMxCLK 频率的 1/4。当输入较快的外部时钟时，可以使用预分频降低 ETRP 的频率。 00：关闭预分频。 01：ETRP 频率除以 2。 10：ETRP 频率除以 4。 11：ETRP 频率除以 8
11:8	ETF[3:0]：外部触发滤波（external trigger filter）。 这些位定义了对 ETRP 信号采样的频率和对 ETRP 数字滤波的带宽。实际上，数字滤波器是一个事件计数器，它记录到 N 个事件后会产生一个输出的跳变。 0000：无滤波器，以 f_{DTS} 采样。　　　　　1000：采样频率 $f_{SAMPLING}=f_{DTS}/8$，$N=6$。 0001：采样频率 $f_{SAMPLING}=f_{CK\_INT}$，$N=2$。　1001：采样频率 $f_{SAMPLING}=f_{DTS}/8$，$N=8$。 0010：采样频率 $f_{SAMPLING}=f_{CK\_INT}$，$N=4$。　1010：采样频率 $f_{SAMPLING}=f_{DTS}/16$，$N=5$。 0011：采样频率 $f_{SAMPLING}=f_{CK\_INT}$，$N=8$。　1011：采样频率 $f_{SAMPLING}=f_{DTS}/16$，$N=6$。 0100：采样频率 $f_{SAMPLING}=f_{DTS}/2$，$N=6$。　1100：采样频率 $f_{SAMPLING}=f_{DTS}/16$，$N=8$。 0101：采样频率 $f_{SAMPLING}=f_{DTS}/2$，$N=8$。　1101：采样频率 $f_{SAMPLING}=f_{DTS}/32$，$N=5$。 0110：采样频率 $f_{SAMPLING}=f_{DTS}/4$，$N=6$。　1110：采样频率 $f_{SAMPLING}=f_{DTS}/32$，$N=6$。 0111：采样频率 $f_{SAMPLING}=f_{DTS}/4$，$N=8$。　1111：采样频率 $f_{SAMPLING}=f_{DTS}/32$，$N=8$
7	MSM：主/从模式（master/slave mode）。 0：无作用。 1：触发输入（TRGI）上的事件被延迟了，以允许当前定时器（通过 TRGO）与它的从定时器完美同步。这在要求把几个定时器同步到单一的外部事件时是非常有用的
6:4	TS[2:0]：触发选择（trigger selection）。 这 3 位选择用于同步计数器的触发输入。 000：内部触发 0（ITR0）。　100：TI1 的边沿检测器（TI1F_ED）。 001：内部触发 1（ITR1）。　101：滤波后的定时器输入 1（TI1FP1）。 010：内部触发 2（ITR2）。　110：滤波后的定时器输入 2（TI2FP2）。 011：内部触发 3（ITR3）。　111：外部触发输入（ETRF）。 注：这些位只能在未用到（如 SMS=000）时被改变，以避免在改变时产生错误的边沿检测
3	保留，始终读为 0
2:0	SMS[2:0]：从模式选择（slave mode selection）。 当选择了外部信号，触发信号（TRGI）的有效边沿与选中的外部输入极性相关。 000：关闭从模式——如果 CEN=1，则预分频器直接由内部时钟驱动。 001：编码器模式 1——根据 TI1FP1 的电平，计数器在 TI2FP2 的边沿向上/下计数。 010：编码器模式 2——根据 TI2FP2 的电平，计数器在 TI1FP1 的边沿向上/下计数。 011：编码器模式 3——根据另一个信号的输入电平，计数器在 TI1FP1 和 TI2FP2 的边沿向上/下计数。 100：复位模式——选中的触发输入（TRGI）的上升沿重新初始化计数器，并且产生一个更新寄存器的信号。 101：门控模式——当触发输入（TRGI）为高时，计数器的时钟开启，而一旦触发输入变为低，则计数器停止（但不复位）。计数器的启动和停止都是受控的。 110：触发模式——计数器在触发输入（TRGI）的上升沿启动（但不复位），只有计数器的启动是受控的。 111：外部时钟模式 1——选中的触发输入（TRGI）的上升沿驱动计数器。 注：TI1F_EN 被选为触发输入（TS=100）时，不要使用门控模式。这是因为 TI1F_ED 在每次 TI1F 变化时输出一个脉冲，然而门控模式是要检查触发输入的电平的

TIMx 内部触发连接如表 9-19 所示。

表 9-19　TIM*x*内部触发连接

从定时器	ITR0（TS=000）	ITR1（TS=001）	ITR2（TS=010）	ITR3（TS=011）
TIM2	TIM1	TIM8	TIM3	TIM4
TIM3	TIM1	TIM2	TIM5	TIM4
TIM4	TIM1	TIM2	TIM3	TIM8
TIM5	TIM2	TIM3	TIM4	TIM8

如果某个产品中没有相应的定时器，则对应的触发信号 ITR*x* 也不存在。

3.　DMA/中断使能寄存器（TIM*x*_DIER）

作用：对 DMA/中断使能进行配置。

偏移地址：0x0C

复位值：0x0000

位格式：

15	14	13	12	11	10	9	8	7	6	5	4	3	2	1	0
保留	TDE	COMDE	CC4DE	CC3DE	CC2DE	CC1DE	UDE	BIE	TIE	COMIE	CC4IE	CC3IE	CC2IE	CC1IE	UIE

DMA/中断使能寄存器各位说明如表 9-20 所示。

表 9-20　DMA/中断使能寄存器各位说明

位	说明
15	保留，始终读为 0
14	TDE：允许触发 DMA 请求（trigger DMA request enable）。 0：禁止触发 DMA 请求。 1：允许触发 DMA 请求
13	COMDE：允许 COM 的 DMA 请求　（COM DMA request enable）。 0：禁止 COM 的 DMA 请求。 1：允许 COM 的 DMA 请求
12	CC4DE：允许捕获/比较 4 的 DMA 请求（capture/compare 4 DMA request enable）。 0：禁止捕获/比较 4 的 DMA 请求。 1：允许捕获/比较 4 的 DMA 请求
11	CC3DE：允许捕获/比较 3 的 DMA 请求（capture/compare 3 DMA request enable）。 0：禁止捕获/比较 3 的 DMA 请求。 1：允许捕获/比较 3 的 DMA 请求
10	CC2DE：允许捕获/比较 2 的 DMA 请求（capture/compare 2 DMA request enable）。 0：禁止捕获/比较 2 的 DMA 请求。 1：允许捕获/比较 2 的 DMA 请求
9	CC1DE：允许捕获/比较 1 的 DMA 请求（capture/compare 1 DMA request enable）。 0：禁止捕获/比较 1 的 DMA 请求。 1：允许捕获/比较 1 的 DMA 请求
8	UDE：允许更新的 DMA 请求（update DMA request enable）。 0：禁止更新的 DMA 请求。 1：允许更新的 DMA 请求
7	BIE：允许刹车中断（brake interrupt enable）。 0：禁止刹车中断。 1：允许刹车中断

位	说明
6	TIE：触发中断（trigger interrupt enable）。 0：禁止触发中断。 1：使能触发中断
5	COMIE：允许 COM 中断（COM interrupt enable）。 0：禁止 COM 中断。 1：允许 COM 中断
4	CC4IE：允许捕获/比较 4 中断（capture/compare 4 interrupt enable）。 0：禁止捕获/比较 4 中断。 1：允许捕获/比较 4 中断
3	CC3IE：允许捕获/比较 3 中断（capture/compare 3 interrupt enable）。 0：禁止捕获/比较 3 中断。 1：允许捕获/比较 3 中断
2	CC2IE：允许捕获/比较 2 中断（capture/compare 2 interrupt enable）。 0：禁止捕获/比较 2 中断。 1：允许捕获/比较 2 中断
1	CC1IE：允许捕获/比较 1 中断（capture/compare 1 interrupt enable）。 0：禁止捕获/比较 1 中断。 1：允许捕获/比较 1 中断
0	UIE：允许更新中断（update interrupt enable）。 0：禁止更新中断。 1：允许更新中断

4．状态寄存器（TIM*x*_SR）

偏移地址：0x10

复位值：0x0000

位格式：

15	13	12	11	10	9	8	7	6	5	4	3	2	1	0
保留		CC4OF	CC3OF	CC2OF	CC1OF	保留	BIF	TIF	COMIF	CC4IF	CC3IF	CC2IF	CC1IF	UIF

状态寄存器各位说明如表 9-21 所示。

表 9-21　状态寄存器各位说明

位	说明
15:13	保留，始终读为 0
12	CC4OF：捕获/比较 4 重复捕获标志位（capture/compare 4 overcapture flag）
11	CC3OF：捕获/比较 3 重复捕获标志位（capture/compare 3 overcapture flag）
10	CC2OF：捕获/比较 2 重复捕获标志位（capture/compare 2 overcapture flag）
9	CC1OF：捕获/比较 1 重复捕获标志位（capture/compare 1 overcapture flag）。 仅当相应的通道被配置为输入捕获时，该标志位可由硬件置 1。写 0 可清除该位。 0：无重复捕获产生。 1：计数器的值被捕获到 TIM*x*_CCR1 寄存器时，CC1IF 的状态已经为 1
8	保留，始终读为 0

位	说明
7	BIF：刹车中断请求标志位（brake interrupt flag）。 一旦刹车输入有效，由硬件对该位置 1。如果刹车输入无效，则该位可由软件清 0。 0：无刹车事件产生。 1：刹车输入上检测到有效电平
6	TIF：触发器中断请求标志位（trigger interrupt flag）。 当发生触发事件（从模式控制寄存器处于除门控模式外的其他模式时，在 TRGI 输入端检测到有效边沿或门控模式下的任一边沿）时由硬件对该位置 1。它由软件清 0。 0：无触发器事件产生。 1：触发中断等待响应
5	COMIF：COM 中断请求标志位（COM interrupt flag）。 一旦产生 COM 事件（捕获/比较控制位 CCxE、CCxNE、OCxM 已被更新），该位由硬件置 1。它由软件清 0。 0：无 COM 事件产生。 1：COM 中断等待响应
4	CC4IF：捕获/比较 4 中断请求标志位（capture/compare 4 interrupt flag）
3	CC3IF：捕获/比较 3 中断请求标志位（capture/compare 3 interrupt flag）
2	CC2IF：捕获/比较 2 中断请求标志位（capture/compare 2 interrupt flag）
1	CC1IF：捕获/比较 1 中断请求标志位（capture/compare 1 interrupt flag）。 如果通道 CC1 配置为输出模式，当计数器值与比较值匹配时，该位由硬件置 1，但在中心对齐模式下除外（参考 TIMx_CR1 寄存器的 CMS 位）。它由软件清 0。 0：无匹配发生。 1：TIMx_CNT 的值与 TIMx_CCR1 的值匹配。 当 TIMx_CCR1 的内容大于 TIMx_APR 的内容时，在向上或向上/向下计数模式时的计数器溢出，或者向下计数模式时的计数器下溢条件下，CC1IF 位变高。 如果通道 CC1 配置为输入模式，当捕获事件发生时，该位由硬件置 1。它由软件清 0 或通过读 TIMx_CCR1 清 0。 0：无输入捕获产生。 1：计数器值已被捕获（复制）至 TIMx_CCR1（在 IC1 上检测到与所选极性相同的边沿）
0	UIF：更新中断请求标志位（update interrupt flag）。 当产生更新事件时，该位由硬件置 1。它由软件清 0。 0：无更新事件产生。 1：更新中断，等待响应。当寄存器在以下时刻被更新时，该位由硬件置 1。 – 若 TIMx_CR1 寄存器的 UDIS=0，当重复计数器数值上溢或下溢时（重复计数器=0 时产生更新事件）。 – 若 TIMx_CR1 寄存器的 URS=0、UDIS=0，当设置 TIMx_EGR 寄存器的 UG=1 时产生更新事件，通过软件对计数器 CNT 重新初始化时。 – 若 TIMx_CR1 寄存器的 URS=0、UDIS=0，当计数器 CNT 被触发事件重新初始化时

5. 事件产生寄存器（TIMx_EGR）

偏移地址：0x14

复位值：0x0000

位格式：

15	14	13	12	11	10	9	8	7	6	5	4	3	2	1	0
				保留					TG	COMG	CC4G	CC3G	CC2G	CC1G	UG

事件产生寄存器各位说明如表 9-22 所示。

表 9-22 事件产生寄存器各位说明

位	说明
15:7	保留，始终读为 0
6	TG：产生触发事件（trigger generation）。 该位由软件置 1，用于产生一个触发事件，由硬件自动清 0。 0：无动作。 1：TIMx_SR 寄存器的 TIF=1，若开启对应的中断和 DMA，则产生相应的中断和 DMA
5	COMG：捕获/比较事件，产生控制更新（capture/compare control update generation）。 该位由软件置 1，由硬件自动清 0。 0：无动作。 1：当 CCPC=1 时，允许更新 CCxE、CCxNE、OCxM 位。 注：该位只对拥有互补输出的通道有效
4	CC4G：产生捕获/比较 4 事件（capture/compare 4 generation）
3	CC3G：产生捕获/比较 3 事件（capture/compare 3 generation）
2	CC2G：产生捕获/比较 2 事件（capture/compare 2 generation）
1	CC1G：产生捕获/比较 1 事件（capture/compare 1 generation）。 该位由软件置 1，用于产生一个捕获/比较事件，由硬件自动清 0。 0：无动作。 1：在通道 CC1 上产生一个捕获/比较事件。 — 若通道 CC1 配置为输出，设置 CC1IF=1，开启对应的中断和 DMA，则产生相应的中断和 DMA。 — 若通道 CC1 配置为输入，当前的计数器值被捕获至 TIMx_CCR1 寄存器；设置 CC1IF=1，若开启对应的中断和 DMA，则产生相应的中断和 DMA。若 CC1IF 已经为 1，则设置 CC1OF=1
0	UG：产生更新事件（update generation）。 该位由软件置 1，由硬件自动清 0。 0：无动作。 1：重新初始化计数器，并产生一个更新事件。注意预分频器的计数器也被清 0（但是预分频系数不变）。若在中心对齐模式下或 DIR=0（向上计数）则计数器被清 0；若 DIR=1（向下计数）则计数器取 TIMx_ARR 的值

6. 捕获/比较模式寄存器（TIMx_CCMRx，x=1,…,2）

作用：在 PWM 输出模式下，确定 PWM 的模式、使能相应的预装载寄存器等操作。

偏移地址：0x18

复位值：0x0000

位格式：

15	14	13	12	11	10	9	8	7	6	5	4	3	2	1	0
OC2CE	OC2M[2:0]			OC2PE	OC2FE	CC2S[1:0]		OC1CE	OC1M[2:0]			OC1PE	OC1FE	CC1S[1:0]	
	IC2F[3:0]			IC2PSC[1:0]					IC1F[3:0]			IC1PSC[1:0]			

（1）输出比较模式

捕获/比较模式寄存器在输出比较模式下各位说明如表 9-23 所示。

表 9-23　捕获/比较模式寄存器在输出比较模式下各位说明

位	说明
15	OC2CE：输出比较 2 清 0 使能（output compare 2 clear enable）
14:12	OC2M[2:0]：输出比较 2 模式（output compare 2 mode）
11	OC2PE：输出比较 2 预装载使能（output compare 2 preload enable）
10	OC2FE：输出比较 2 快速使能（output compare 2 fast enable）
9:8	CC2S[1:0]：捕获/比较 2 选择（capture/compare 2 selection）。 该位定义通道的方向（输入/输出）及输入脚的选择。 00：CC2 通道被配置为输出。 01：CC2 通道被配置为输入，IC2 映射在 TI2 上。 10：CC2 通道被配置为输入，IC2 映射在 TI1 上。 11：CC2 通道被配置为输入，IC2 映射在 TRC 上。此模式仅工作在内部触发器输入被选中时 （由 TIM*x*_SMCR 寄存器的 TS 位选择）。 注：CC2S 仅在通道关闭时（TIM*x*_CCER 寄存器的 CC2E=0）才是可写的
7	OC1CE：输出比较 1 清 0 使能（output compare 1 clear enable）。 0：OC1REF 不受 ETRF 输入的影响。 1：一旦检测到 ETRF 输入高电平，清除 OC1REF=0
6:4	OC1M[2:0]：输出比较 1 模式（output compare 1 mode）。 该 3 位定义了输出参考信号 OC1REF 的动作，而 OC1REF 决定了 OC1、OC1N 的值。OC1REF 是高电平有效，而 OC1、OC1N 的有效电平取决于 CC1P、CC1NP 位。 000：冻结。输出比较寄存器 TIM*x*_CCR1 与计数器 TIM*x*_CNT 间的比较对 OC1REF 不起作用。 001：匹配时设置通道 1 为有效电平。当计数器 TIM*x*_CNT 的值与捕获/比较寄存器 1 （TIM*x*_CCR1）相同时，强制 OC1REF 为高。 010：匹配时设置通道 1 为无效电平。当计数器 TIM*x*_CNT 的值与捕获/比较寄存器 1 （TIM*x*_CCR1）相同时，强制 OC1REF 为低。 011：翻转。当 TIM*x*_CCR1=TIM*x*_CNT 时，翻转 OC1REF 的电平。 100：强制为无效电平，强制 OC1REF 为低。 101：强制为有效电平，强制 OC1REF 为高。 110：PWM 模式 1——在向上计数时，一旦 TIM*x*_CNT<TIM*x*_CCR1 则通道 1 为有效电平，否 则为无效电平；在向下计数时，一旦 TIM*x*_CNT>TIM*x*_CCR1 则通道 1 为无效电平 （OC1REF=0），否则为有效电平（OC1REF=1）。 111：PWM 模式 2——在向上计数时，一旦 TIM*x*_CNT<TIM*x*_CCR1 则通道 1 为无效电平，否 则为有效电平；在向下计数时，一旦 TIM*x*_CNT>TIM*x*_CCR1 则通道 1 为有效电平，否则为 无效电平。 注 1：一旦 LOCK 级别设置为 3（TIM*x*_BDTR 寄存器中的 LOCK 位）且 CC1S=00（该通道配 置成输出），则该位不能被修改。 注 2：在 PWM 模式 1 或 PWM 模式 2 中，只有当比较结果改变了或在输出比较模式中从冻结 模式切换到 PWM 模式时，OC1REF 电平才改变
3	OC1PE：输出比较 1 预装载使能（output compare 1 preload enable）。 0：禁止 TIM*x*_CCR1 寄存器的预装载功能，可随时写入 TIM*x*_CCR1 寄存器，并且新写入的 数值立即起作用。 1：开启 TIM*x*_CCR1 寄存器的预装载功能，读写操作仅对预装载寄存器操作，TIM*x*_CCR1 的 预装载值在更新事件到来时被加载至当前寄存器中。 注 1：一旦 LOCK 级别设置为 3（TIM*x*_BDTR 寄存器中的 LOCK 位）且 CC1S=00（该通道配 置成输出），则该位不能被修改。 注 2：仅在单脉冲模式下（TIM*x*_CR1 寄存器的 OPM=1），可以在未确认预装载寄存器情况下 使用 PWM 模式，否则其动作不确定
2	OC1FE：输出比较 1 快速使能（output compare 1 fast enable）。 该位用于加快 CC 输出对触发输入事件的响应。 0：根据计数器与 CCR1 的值，CC1 正常操作，即使触发器是打开的。当触发器的输入有一个 有效沿时，激活 CC1 输出的最小延时为 5 个时钟周期。 1：输入到触发器的有效沿的作用就像发生了一次比较匹配。因此，OC 被设置为比较电平而 与比较结果无关。采样触发器的有效沿与 CC1 输出间的延时被缩短为 3 个时钟周期。 注：OCFE 只在通道被配置成 PWM 模式 1 或 PWM 模式 2 时起作用

位	说明
1:0	CC1S[1:0]：捕获/比较 1 选择（capture/compare 1 selection）。 这两位定义通道的方向（输入/输出）及输入脚的选择。 00：CC1 通道被配置为输出。 01：CC1 通道被配置为输入，IC1 映射在 TI1 上。 10：CC1 通道被配置为输入，IC1 映射在 TI2 上。 11：CC1 通道被配置为输入，IC1 映射在 TRC 上。此模式仅工作在内部触发器输入被选中时（由 TIMx_SMCR 寄存器的 TS 位选择）。 注：CC1S 仅在通道关闭时（TIMx_CCER 寄存器的 CC1E=0）才是可写的

（2）输入捕获模式

捕获/比较模式寄存器在输入捕获模式下各位说明如表 9-24 所示。

表 9-24　捕获/比较模式寄存器在输入捕获模式下各位说明

位	说明
15:12	IC2F[3:0]：输入捕获 2 滤波器（input capture 2 filter）
11:10	IC2PSC[1:0]：输入/捕获 2 预分频器（input capture 2 prescaler）
9:8	CC2S[1:0]：捕获/比较 2 选择（capture/compare 2 selection）。 这两位定义通道的方向（输入/输出）及输入脚的选择。 00：CC2 通道被配置为输出。 01：CC2 通道被配置为输入，IC2 映射在 TI2 上。 10：CC2 通道被配置为输入，IC2 映射在 TI1 上。 11：CC2 通道被配置为输入，IC2 映射在 TRC 上。此模式仅工作在内部触发器输入被选中时（由 TIMx_SMCR 寄存器的 TS 位选择）。 注：CC2S 仅在通道关闭时（TIMx_CCER 寄存器的 CC2E=0）才是可写的
7:4	IC1F[3:0]：输入捕获 1 滤波器（input capture 1 filter）。 这几位定义了 TI1 输入的采样频率及数字滤波器长度。数字滤波器由一个事件计数器组成，它记录到 N 个事件后会产生一个输出的跳变。 0000：无滤波器，以 f_{DTS} 采样。　　　　　　　　1000：采样频率 $f_{SAMPLING}=f_{DTS}/8$，$N=6$。 0001：采样频率 $f_{SAMPLING}=f_{CK\_INT}$，$N=2$。　　1001：采样频率 $f_{SAMPLING}=f_{DTS}/8$，$N=8$。 0010：采样频率 $f_{SAMPLING}=f_{CK\_INT}$，$N=4$。　　1010：采样频率 $f_{SAMPLING}=f_{DTS}/16$，$N=5$。 0011：采样频率 $f_{SAMPLING}=f_{CK\_INT}$，$N=8$。　　1011：采样频率 $f_{SAMPLING}=f_{DTS}/16$，$N=6$。 0100：采样频率 $f_{SAMPLING}=f_{DTS}/2$，$N=6$。　　1100：采样频率 $f_{SAMPLING}=f_{DTS}/16$，$N=8$。 0101：采样频率 $f_{SAMPLING}=f_{DTS}/2$，$N=8$。　　1101：采样频率 $f_{SAMPLING}=f_{DTS}/32$，$N=5$。 0110：采样频率 $f_{SAMPLING}=f_{DTS}/4$，$N=6$。　　1110：采样频率 $f_{SAMPLING}=f_{DTS}/32$，$N=6$。 0111：采样频率 $f_{SAMPLING}=f_{DTS}/4$，$N=8$。　　1111：采样频率 $f_{SAMPLING}=f_{DTS}/32$，$N=8$
3:2	IC1PSC[1:0]：输入/捕获 1 预分频器（input capture 1 prescaler）。 这两位定义了 CC1 输入（IC1）的预分频系数。一旦 CC1E=0（TIMx_CCER 寄存器中），则预分频器复位。 00：无预分频器，捕获输入口上检测到的每一个边沿都触发一次捕获。 01：每 2 个事件触发一次捕获。 10：每 4 个事件触发一次捕获。 11：每 8 个事件触发一次捕获
1:0	CC1S[1:0]：捕获/比较 1 选择（capture/compare 1 selection）。 这两位定义通道的方向（输入/输出）及输入脚的选择。 00：CC1 通道被配置为输出。 01：CC1 通道被配置为输入，IC1 映射在 TI1 上。 10：CC1 通道被配置为输入，IC1 映射在 TI2 上。 11：CC1 通道被配置为输入，IC1 映射在 TRC 上。此模式仅工作在内部触发器输入被选中时（由 TIMx_SMCR 寄存器的 TS 位选择）。 注：CC1S 仅在通道关闭时（TIMx_CCER 寄存器的 CC1E=0）才是可写的

7. 捕获/比较使能寄存器（TIM*x*_CCER）

作用：在 PWM 输出模式下，确定 PWM 的输出极性和输出使能。

偏移地址：0x20

复位值：0x0000

位格式：

15	14	13	12	11	10	9	8	7	6	5	4	3	2	1	0
保留		CC4P	CC4E	保留		CC3P	CC3E	保留		CC2P	CC2E	保留		CC1P	CC1E

捕获/比较使能寄存器各位说明如表 9-25 所示。

表 9-25　捕获/比较使能寄存器各位说明

位	说明
15:14	保留，始终读为 0
13	CC4P：输入/捕获 4 输出极性（capture/compare 4 output polarity）
12	CC4E：输入/捕获 4 输出使能（capture/compare 4 output enable）
11:10	保留，始终读为 0
9	CC3P：输入/捕获 3 输出极性（capture/compare 3 output polarity）
8	CC3E：输入/捕获 3 输出使能（capture/compare 3 output enable）
7:6	保留，始终读为 0
5	CC2P：输入/捕获 2 输出极性（capture/compare 2 output polarity）
4	CC2E：输入/捕获 2 输出使能（capture/compare 2 output enable）
3:2	保留，始终读为 0
1	CC1P：输入/捕获 1 输出极性（capture/compare 1 output polarity）。 CC1 通道配置为输出时，有如下配置。 0：OC1 高电平有效。 1：OC1 低电平有效。 CC1 通道配置为输入时，该位用于选择是 IC1 还是 IC1 的反相信号作为触发或捕获信号。 0：不反相——捕获发生在 IC1 的上升沿；当用作外部触发器时，IC1 不反相。 1：反相——捕获发生在 IC1 的下降沿；当用作外部触发器时，IC1 反相。 注：一旦 LOCK 级别（TIM*x*_BDTR 寄存器中的 LOCK 位）设置为 3 或 2，则该位不能被修改
0	CC1E：输入/捕获 1 输出使能（capture/compare 1 output enable）。 CC1 通道配置为输出时，有如下配置。 0：关闭——OC1 禁止输出，因此 OC1 的输出电平依赖于 MOE、OSSI、OSSR、OIS1、OIS1N 和 CC1NE 位的值。 1：开启——OC1 信号输出到对应的输出引脚，其输出电平依赖于 MOE、OSSI、OSSR、OIS1、OIS1N 和 CC1NE 位的值。 CC1 通道配置为输入时，该位决定了计数器的值是否能捕获入 TIM*x*_CCR1 寄存器。 0：捕获禁止。 1：捕获使能

标准 OC*x* 通道的输出控制位如表 9-26 所示。

表 9-26　标准 OC*x* 通道的输出控制位

CCxE 位	OC*x* 输出状态
0	禁止输出（OC*x*=0，OC*x*_EN=0）
1	OC*x*=OCxREF+极性，OC*x*_EN=1

8. 计数器（TIM*x*_CNT）

偏移地址：0x24

复位值：0x0000

位格式：

15	14	13	12	11	10	9	8	7	6	5	4	3	2	1	0
CNT[15:0]															

计数器各位说明如表 9-27 所示。

表 9-27　计数器各位说明

位	说明
15:0	CNT[15:0]：计数器的值（counter value）

9. 自动重装寄存器（TIM*x*_ARR）

作用：包含将要被传送至实际的自动重装寄存器的值。

偏移地址：0x2C

复位值：0x0000

位格式：

15	14	13	12	11	10	9	8	7	6	5	4	3	2	1	0
ARR[15:0]															

自动重装寄存器各位说明如表 9-28 所示。

表 9-28　自动重装寄存器各位说明

位	说明
15:0	ARR[15:0]：自动重装的值（prescaler value）。 ARR 包含了将要装载入实际的自动重装寄存器的值。当自动重装寄存器的值为空时，计数器不工作

10. 预分频器（TIM*x*_PSC）

作用：对 CK_PSC 进行预分频。

偏移地址：0x28

复位值：0x0000

位格式：

15	14	13	12	11	10	9	8	7	6	5	4	3	2	1	0
PSC[15:0]															

预分频器各位说明如表 9-29 所示。

表 9-29　预分频器各位说明

位	说明
15:0	PSC[15:0]：预分频器的值（prescaler value）。 计数器的时钟频率（CK_CNT）等于 $f_{CK\_PSC}/(PSC[15:0]+1)$。PSC 包含了每次更新事件产生时装入当前预分频器寄存器的值

由于与 TIM 相关的寄存器较多，在此给出其寄存器地址映射，以方便查阅。表 9-30 所示为将 TIM*x* 的所有寄存器映射到一个 16 位可寻址（编址）空间。

表 9-30　TIM*x* 寄存器和复位值

偏移量	寄存器	31	30	29	28	27	26	25	24	23	22	21	20	19	18	17	16	15	14	13	12	11	10	9	8	7	6	5	4	3	2	1	0
000H	TIM*x*_CR1											保留														CKD[1:0]		ARPE	CMS[1:0]		DIR	OPM	URS	UDIS	CEN
	复位值																									0	0	0	0	0	0	0	0	0
004H	TIM*x*_CR2											保留													TI1S	MMS[2:0]			CCDS	保留			
	复位值																								0	0	0	0	0				
008H	TIM*x*_SMCR											保留						ETP	ECE	ETPS[1:0]		EFT[3:0]				MSM	TS[2:0]			保留	SMS[2:0]		
	复位值																	0	0	0	0	0	0	0	0	0	0	0	0		0	0	0
00CH	TIM*x*_DIER											保留							TDE	保留	CC4DE	CC3DE	CC2DE	CC1DE	UDE	保留	TIE	保留	CC4IE	CC3IE	CC2IE	CC1IE	UIE
	复位值																		0		0	0	0	0	0		0		0	0	0	0	0
010H	TIM*x*_SR											保留								CC4OF	CC3OF	CC2OF	CC1OF	保留		TIF	保留	CC4IF	CC3IF	CC2IF	CC1IF	UIF
	复位值																			0	0	0	0			0		0	0	0	0	0
014H	TIM*x*_EGR											保留													保留	TG	保留	CC4G	CC3G	CC2G	CC1G	UG
	复位值																									0		0	0	0	0	0
018H	TIM*x*_CCMR1 输出比较模式											保留						OC2CE	OC2M[2:0]			OC2PE	OC2FE	OC2S[1:0]		OC1CE	OC1M[2:0]			OC1PE	OC1FE	OC1S[1:0]	
	复位值																	0	0	0	0	0	0	0	0	0	0	0	0	0	0	0	0
	TIM*x*_CCMR1 输入捕获模式											保留						IC2F[3:0]				IC2PSC[1:0]		CC2S[1:0]		IC1F[3:0]				IC1PSC[1:0]		CC1S[1:0]	
	复位值																	0	0	0	0	0	0	0	0	0	0	0	0	0	0	0	0
01CH	TIM*x*_CCMR2 输出比较模式											保留						OC4CE	OC4M[2:0]			OC4PE	OC4FE	CC4S[1:0]		OC3CE	OC3M[2:0]			OC3PE	OC3FE	CC3S[1:0]	
	复位值																	0	0	0	0	0	0	0	0	0	0	0	0	0	0	0	0
	TIM*x*_CCMR2 输入捕获模式											保留						IC4F[3:0]				IC4PSC[1:0]		CC4S[1:0]		IC3F[3:0]				IC3PSC[1:0]		CC3S[1:0]	
	复位值																	0	0	0	0	0	0	0	0	0	0	0	0	0	0	0	0
020H	TIM*x*_CCER											保留								CC4P	CC4E	保留		CC3P	CC3E	保留		CC2P	CC2E	保留		CC1P	CC1E
	复位值																			0	0			0	0			0	0			0	0
024H	TIM*x*_CNT											保留						CNT[15:0]															
	复位值																	0	0	0	0	0	0	0	0	0	0	0	0	0	0	0	0
028H	TIM*x*_PSC											保留						PSC[15:0]															
	复位值																	0	0	0	0	0	0	0	0	0	0	0	0	0	0	0	0

11. 捕获/比较寄存器（TIM*x*_CCR*x*）

作用：在 PWM 输出模式下，确定比较的值。

偏移地址：0x34

复位值：0x0000

位格式：

15	14	13	12	11	10	9	8	7	6	5	4	3	2	1	0
							CCR1[15:0]								

捕获/比较寄存器各位说明如表 9-31 所示。

表 9-31　捕获/比较寄存器各位说明

位	说明
15:0	CCR1[15:0]：捕获/比较通道 1 的值（capture/compare 1 value）。 若 CC1 通道配置为输出，CCR1 包含了装入当前捕获/比较 1 寄存器的值（预装载值）。如果在 TIM*x*_CCMR1 寄存器（OC1PE 位）中未选择预装载功能，写入的数值会立即传输至当前寄存器中；否则只有当更新事件发生时，此预装载值才传输至当前捕获/比较 1 寄存器中。 当前捕获/比较寄存器参与同计数器 TIM*x*_CNT 的比较，并在 OC1 端口上产生输出信号。 若 CC1 通道配置为输入，CCR1 包含了由上一次输入捕获 1 事件（IC1）传输的计数器值

12. DMA 控制寄存器（TIM*x*_DCR）

偏移地址：0x48

复位值：0x0000

位格式：

15	14	13	12	11	10	9	8	7	6	5	4	3	2	1	0
保留			DBL[4:0]					保留			DBA[4:0]				

DMA 控制寄存器各位说明如表 9-32 所示。

表 9-32　DMA 控制寄存器各位说明

位	说明
15:13	保留，始终读为 0
12:8	BL[4:0]：DMA 连续传送长度（DMA burst length）。 这些位定义了 DMA 在连续模式下的传送长度（当对 TIM*x*_DMAR 寄存器进行读或写时，定时器则进行一次连续传送），即定义传输的次数；传输的可以是半字（双字节）或字节。 00000：1 次传输。 00001：2 次传输。 00010：3 次传输。 10001：18 次传输
7:5	保留，始终读为 0
4:0	DBA[4:0]：DMA 基地址（DMA base address）。 这些位定义了 DMA 在连续模式下的基地址（当对 TIM*x*_DMAR 寄存器进行读或写时），DBA 定义为从 TIM*x*_CR1 寄存器所在地址开始的偏移量。 00000：TIM*x*_CR1。 00001：TIM*x*_CR2。 00010：TIM*x*_SMCR。 ……

9.4　串行通信接口

在嵌入式系统中，微控制器经常需要与外部设备或者其他微控制器进行数据交换，因此通信是嵌入式系统的重要功能之一。通信接口有很多种，如 UART、SPI、I2C、USB 等，其中 UART

（通用异步收发器）接口是较常见、使用频繁的通信接口。本节将从数据通信的基本原理出发，讲述 STM32 微控制器的 UART 模块——USART（通用同步/异步收发器）的基本原理及使用。

9.4.1 串行通信接口介绍

要确保能正确收发数据，通信双方必须事先在物理上建立连接，在逻辑上商定好通信协议。下面从物理层和协议层两个角度介绍 UART 数据通信的基本原理。

1. UART 物理层

UART 接口是一种异步串行全双工通信接口。由于是异步通信，UART 没有时钟线；由于是全双工制式，UART 需要至少两根数据线实现数据的双向传输；由于是串行通信，收发数据只能一位一位地在各自的数据线上传输。因此，最简单的 UART 接口可由 3 根线组成：发送数据线（Tx）、接收数据线（Rx）、地线（GND）。UART 接口连接方法如图 9-7 所示。

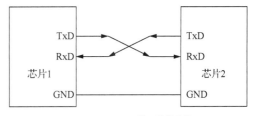

图 9-7 UART 接口连接方法

UART 采用 TTL/CMOS 的逻辑电平标准表示数据，高电平表示逻辑 1，低电平表示逻辑 0。

2. UART 协议层

除了建立必要的物理连接，通信双方还需要约定使用一个相同的协议进行数据传输，否则收发的数据就会出现错误。通信协议一般包括 3 个方面：时序、数据格式和传输速率。UART 是异步通信，没有时钟线，也就没有时序。

UART 通信中数据是以帧为单位在物理链路上传输的。一个数据帧由 1 位起始位、5~8 位数据位、0/1 位校验位和 1/1.5/2 位停止位 4 个部分构成。UART 数据格式示意图如图 9-8 所示。

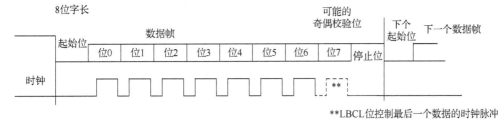

图 9-8 UART 数据格式示意图

UART 通信双方必须事先约定相同的传输速率收发数据。UART 的传输速率可以用波特率来表示。常用的 UART 传输速率有 9600 波特、19200 波特、115200 波特等。根据约定的传输速率和所要传输的数据大小，可以得出通过 UART 发送全部数据所需的时间。

9.4.2 USART 的基本功能

STM32 微控制器的 USRT 模块被称为 USART。它在具有 UART 基本功能的同时，还具有同步单向通信的功能。STM32F103 拥有 5 个 USART 和 2 个 UART。USART 主要具有以下特性。

（1）USART1 位于高速 APB2 总线上，其他的 USART 和 UART 位于 APB1 总线上。

（2）全功能可编程串行接口特性：包括数据位（8 或 9 位）、校验位（奇、偶或无）、停止位（1 或 2 位）；支持硬件流控制（CTS 或 RTS）。

（3）自带可编程波特率发生器（整数部分 12 位，小数部分 4 位），最高传输速率可达

4.5Mbit/s。

（4）两个独立带中断的标志位：发送标志位 TXE 和接收标志位 RXNE。

（5）支持 DMA 传输，发送 DMA 请求和接收 DMA 请求。

（6）支持单线半双工通信。

USART 的 GPIO 复位功能配置如表 9-33 所示。

表 9-33 USART 的 GPIO 复位功能配置

USART 引脚	USART 配置	USART 引脚的 GPIO 配置
USARTx_TX	全双工模式	推挽复用模式
	半双工同步模式	
USARTx_RX	全双工模式	浮空输入或带上拉输入
	半双工同步模式	未用，可用作通用 I/O 接口
USARTx_CK	同步模式	推挽复用模式
USARTx_RTS	硬件流量控制	推挽复用模式
USARTx_CTS		浮空输入或带上拉输入

1. 内部结构

如图 9-9 所示，USART 内部结构自下而上可分为波特率控制、收发控制和数据存储转移 3 大部分。

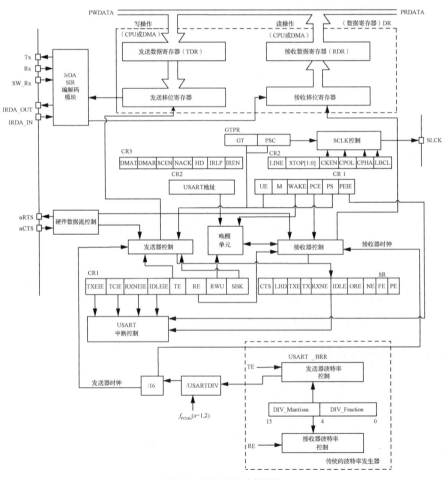

图 9-9 USART 内部结构

（1）在波特率控制部分，将 USART 外设时钟源经过 USART 的分频系数——USARTDIV 分频后，分别输出作为发送器的时钟、接收器的时钟，控制发送的时序和接收的时序。因此，通过改变外设时钟源的分频系数 USARTDIV，就可以实现对 USART 波特率的控制。

（2）收发控制部分主要由 USART 控制寄存器（CR1、CR2、CR3）和 USART 状态寄存器（SR）组成。通过对以上控制寄存器写入各种参数，可以控制 USART 数据的收发。同时，通过读取状态寄存器，还可以查询 USART 当前的状态。

（3）数据存储转移部分主要由两个移位寄存器——发送移位寄存器、接收移位寄存器组成。这两个寄存器负责收发数据并做并串转换。USART 收发过程示意图如图 9-10 所示。

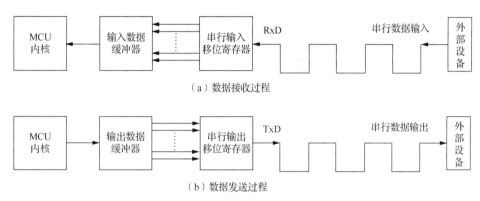

图 9-10 USART 收发过程示意图

2. USART 中断

STM32 微控制器的 USART 主要涉及的中断事件如表 9-34 所示。各种中断事件连接同一个中断向量。

表 9-34 USART 中断事件表

中断事件	事件标志位	使能位
发送数据寄存器空	TXE	TXEIE
CTS 标志	CTS	CTSIE
发送完成	TC	TCIE
接收数据就绪可读	TXNE	TXNEIE
检测到数据溢出	ORE	
检测到空闲线路	IDLE	IDLEIE
奇偶校验错	PE	PEIE
断开标志	LBD	LBDIE
噪声标志、多缓冲通信中的溢出错误、帧错误	NE 或 ORT 或 FE	EIE（1）

3. 使用 DMA 进行 USART 通信

USART 可利用 DMA 进行连续通信。每个 USART 有一个 DMA 发送请求和一个 DMA 接收请求，分别映射到不同的 DMA 通道上。当传输或接收完 DMA 控制器指定的数据量时，DMA 控制器会在 DMA 通道的中断向量上产生一个中断。

9.4.3 USART 寄存器描述

与 USART 有关的寄存器一共有 7 个，分别是 1 个状态寄存器（USART_SR）、1 个数据寄存器（USART_DR）、1 个波特率寄存器（USART_BRR）、3 个控制寄存器（USART_CRx）和 1 个保护时间和预分频寄存器（USART_GTPR）。

1. 状态寄存器（USART_SR）

地址偏移：0x00

复位值：0x00C0

位格式：

31	30	29	28	27	26	25	24	23	22	21	20	19	18	17	16
保留															

15	14	13	12	11	10	9	8	7	6	5	4	3	2	1	0
保留						CTS	LBD	TXE	TC	RXNE	IDLE	ORE	NE	FE	PE

状态寄存器各位说明如表 9-35 所示。

表 9-35　状态寄存器各位说明

位	说明
31:10	保留位，硬件强制为 0
9	CTS：CTS 标志位（CTS flag）。 如果设置了 CTSIE 位，当 nCTS 输入变化状态时，该位被硬件置1；由软件将其清 0。如果 USART_CR3 中的 CTSIE 为 1，则产生中断。 0：nCTS 状态线上没有变化。 1：nCTS 状态线上发生变化。 注：UART4 和 UART5 上不存在这一位
8	LBD：LIN 断开检测标志位（LIN break detection flag）。 当探测到 LIN 断开时，该位由硬件置 1；由软件将其清 0（向该位写 0）。如果 USART_CR3 中的 LBDIE 为 1，则产生中断。 0：没有检测到 LIN 断开； 1：检测到 LIN 断开。 注意：若 LBDIE 为 1，当 LBD 为 1 时要产生中断
7	TXE：发送数据寄存器空（transmit data register empty）。 当 TDR 寄存器中的数据被硬件转移到移位寄存器的时候，该位被硬件置位。如果 USART_CR1 中的 TXEIE 为 1，则产生中断。对 USART_DR 的写操作可以将该位清 0。 0：数据还没有被转移到移位寄存器。 1：数据已经被转移到移位寄存器。 注意：单缓冲器传输中使用该位
6	TC：发送完成（transmission complete）。 当包含数据的一帧发送完成，并且 TXE 为 1 时，由硬件将该位置 1。如果 USART_CR1 中的 TCIE 为 1，则产生中断。由软件序列清除该位（先读 USART_SR，然后写入 USART_DR）。TC 位也可以通过写入 0 来清除，只有在多缓存通信中才推荐这种清除方式。 0：发送还未完成。 1：发送完成
5	RXNE：读数据寄存器非空（read data register not empty）。 当 RDR 移位寄存器中的数据被转移到 USART_DR 寄存器中，该位被硬件置位。如果 USART_CR1 中的 RXNEIE 为 1，则产生中断。对 USART_DR 的读操作可以将该位清 0。RXNE 位也可以通过写入 0 来清除，只有在多缓存通信中才推荐这种清除方式。 0：数据没有收到。 1：收到数据，可以读出

位	说明
4	IDLE：监测到总线空闲（IDLE line detected）。 当检测到总线空闲时，该位被硬件置位。如果 USART_CR1 中的 IDLEIE 为 1，则产生中断。由软件序列清除该位（先读 USART_SR，然后读 USART_DR）。 0：没有检测到空闲总线。 1：检测到空闲总线。 注意：IDLE 位不会再次被置 1，直到 RXNE 位被置位（即又检测到一次空闲总线）
3	ORE：过载错误（overrun error）。 在 RXNE 仍然是 1 的时候，当前被接收到移位寄存器中的数据需要传送至 RDR 寄存器，硬件将该位置位。如果 USART_CR1 中的 RXNEIE 为 1，则产生中断。由软件序列将其清 0（先读 USART_SR，然后读 USART_CR）。 0：没有过载错误。 1：检测到过载错误。 注意：该位被置位时，RDR 寄存器中的值不会丢失，但是移位寄存器中的数据会被覆盖。如果设置了 EIE 位，在多缓冲器通信模式下，ORE 标志位置位会产生中断
2	NE：噪声错误标志位（noise error flag）。 在接收到帧检测到的噪声时，由硬件对该位置位；由软件序列对其清 0（先读 USART_SR，再读 USART_DR）。 0：没有检测到噪声。 1：检测到噪声。 注意：该位不会产生中断，因为它和 RXNE 一起出现，硬件会在设置 RXNE 标志位时产生中断。在多缓冲器通信模式下，如果设置了 EIE 位，则设置 NE 标志位时会产生中断
1	FE：帧错误（framing error）。 当检测到同步错位、过多的噪声或者检测到断开符时，该位被硬件置位；由软件序列将其清 0（先读 USART_SR，再读 USART_DR）。 0：没有检测到帧错误； 1：检测到帧错误或者断开符。 注意：该位不会产生中断，因为它和 RXNE 一起出现，硬件会在设置 RXNE 标志位时产生中断。如果当前传输的数据既产生了帧错误，又产生了过载错误，硬件还是会继续该数据的传输，并且只设置 ORE 标志位。 在多缓冲器通信模式下，如果设置了 EIE 位，则设置 FE 标志位时会产生中断
0	PE：校验错误（parity error）。 在接收模式下，如果出现奇偶校验错误，硬件对该位置位；由软件序列对其清 0（依次读 USART_SR 和 USART_DR）。在清除 PE 位前，软件必须等待 RXNE 标志位被置 1。如果 USART_CR1 中的 PEIE 为 1，则产生中断。 0：没有奇偶校验错误。 1：奇偶校验错误

2. 数据寄存器（USART_DR）

地址偏移：0x04

复位值：不确定

位格式：

31	30	29	28	27	26	25	24	23	22	21	20	19	18	17	16
保留															

15	14	13	12	11	10	9	8	7	6	5	4	3	2	1	0
保留							DR[8:0]								

数据寄存器各位说明如表 9-36 所示。

表 9-36 数据寄存器各位说明

位	说明
31:9	保留位，硬件强制为 0
8:0	DR[8:0]：数据值（data value）。 该位包含了发送或接收的数据。由于它是由两个寄存器组成的，一个给发送用（TDR），一个给接收用（RDR），因此该寄存器兼具读和写的功能。TDR 寄存器提供了内部总线和输出移位寄存器之间的并行接口。RDR 寄存器提供了输入移位寄存器和内部总线之间的并行接口。 当使能校验位（USART_CR1 中 PCE 位被置位）进行发送时，写到 MSB 的值（根据数据的长度不同，MSB 是第 7 位或者第 8 位）会被后来的校验位取代。 当使能校验位进行接收时，读到的 MSB 位是接收到的校验位

3．波特率寄存器（USART_BRR）

地址偏移：0x08

复位值：0x0000

位格式：

31	30	29	28	27	26	25	24	23	22	21	20	19	18	17	16
							保留								

15	14	13	12	11	10	9	8	7	6	5	4	3	2	1	0
				DIV_Mantissa[11:0]								DIV_Fraction[3:0]			

波特率寄存器各位说明如表 9-37 所示。

表 9-37 波特率寄存器各位说明

位	说明
31:16	保留位，硬件强制为 0
15:4	DIV_Mantissa[11:0]：USARTDIV 的整数部分。 这 12 位定义了 USART 分频器除法因子（USARTDIV）的整数部分
3:0	DIV_Fraction[3:0]：USARTDIV 的小数部分。 这 4 位定义了 USART 分频器除法因子（USARTDIV）的小数部分

4．控制寄存器（USART_CRx）

地址偏移：0x0C

复位值：0x0000

位格式：

31	30	29	28	27	26	25	24	23	22	21	20	19	18	17	16
							保留								

15	14	13	12	11	10	9	8	7	6	5	4	3	2	1	0
保留		UE	M	WAKE	PCE	PS	PEIE	TXEIE	TCIE	RXNEIE	IDLEIE	TE	RE	RWU	SBK

控制寄存器各位说明如表 9-38 所示。

表 9-38　控制寄存器各位说明

位	说明
31:14	保留位，硬件强制为 0
13	UE：USART 使能（USART enable）。 当该位被清 0，在当前字节传输完成后，USART 的分频器和输出停止工作，以减少功耗。该位由软件设置和清 0。 0：USART 分频器和输出被禁止。 1：USART 模块使能
12	M：字长（word length）。 该位定义了数据字的长度，由软件对其设置和清 0。 0：一个起始位，8 个数据位，n 个停止位。 1：一个起始位，9 个数据位，n 个停止位。 注意：在数据传输过程中（发送或者接收时），不能修改这个位
11	WAKE：唤醒的方法（wakeup method）。 这位决定了把 USART 唤醒的方法，由软件对该位设置和清 0。 0：被空闲总线唤醒。 1：被地址标志唤醒
10	PCE：检验控制使能（parity control enable）。 用该位选择是否进行硬件校验控制（对于发送来说就是校验位的产生；对于接收来说就是校验位的检测）。 当该位使能时，在发送数据的最高位（如果 M=1，最高位就是第 9 位；如果 M=0，最高位就是第 8 位） 插入校验位；对接收到的数据检查其校验位。软件对它置 1 或清 0。一旦设置了该位，当前字节传输完成后，校验控制才生效。 0：禁止校验控制。 1：使能校验控制
9	PS：校验选择（parity selection）。 在校验控制使能后，该位用来选择是采用偶校验还是奇校验。软件对它置 1 或清 0。当前字节传输完成后，该选择生效。 0：偶校验。 1：奇校验
8	PEIE：PE 中断使能（PE interrupt enable）。 该位由软件设置或清除。 0：禁止产生中断。 1：当 USART_SR 中的 PE 为 1 时，产生 USART 中断
7	TXEIE：发送缓冲区空中断使能（TXE interrupt enable）。 该位由软件设置或清除。 0：禁止产生中断。 1：当 USART_SR 中的 TXE 为 1 时，产生 USART 中断
6	TCIE：发送完成中断使能（transmission complete interrupt enable）。 该位由软件设置或清除。 0：禁止产生中断。 1：当 USART_SR 中的 TC 为 1 时，产生 USART 中断
5	RXNEIE：接收缓冲区非空中断使能（RXNE interrupt enable）。 该位由软件设置或清除。 0：禁止产生中断。 1：当 USART_SR 中的 ORE 或者 RXNE 为 1 时，产生 USART 中断
4	IDLEIE：IDLE 中断使能（IDLE interrupt enable）。 该位由软件设置或清除。 0：禁止产生中断。 1：当 USART_SR 中的 IDLE 为 1 时，产生 USART 中断
3	TE：发送使能（transmitter enable）。 该位使能发送器，由软件设置或清除。 0：禁止发送。 1：使能发送。 注 1：在数据传输过程中，除了在智能卡模式下，如果 TE 位上有一个零脉冲（即设置为 0 之后再设置为 1），则会在当前数据字传输完成后，发送一个"前导符"（空闲总线）。 注 2：TE 被设置后，在真正发送开始之前，有一个比特时间的延迟

位	说明
2	RE：接收使能（receiver enable）。 该位由软件设置或清除。 0：禁止接收。 1：使能接收，并开始搜寻 RX 引脚上的起始位
1	RWU：接收唤醒（receiver wakeup）。 该位用来决定是否把 USART 置于静默模式，由软件设置或清除。当唤醒序列到来时，硬件也会将其清 0 0：接收器处于正常工作模式。 1：接收器处于静默模式。 注 1：在把 USART 置于静默模式（设置 RWU 位）之前，USART 要已经接收一个数据字节，否则在静默模式下，其不能被空闲总线检测唤醒。 注 2：当配置成地址标志检测唤醒（WAKE 位=1），在 RXNE 位被置位时，不能用软件修改 RWU 位
0	SBK：发送断开帧（send break）。 使用该位来发送断开字符，该位可以由软件设置或清除。在断开帧的停止位时，由硬件将该位复位。 0：没有发送断开字符。 1：将要发送断开字符

5. 保护时间和预分频寄存器（USART_GTPR）

地址偏移：0x18

复位值：0x0000

位格式：

31	30	29	28	27	26	25	24	23	22	21	20	19	18	17	16
							保留								

15	14	13	12	11	10	9	8	7	6	5	4	3	2	1	0
			GT[7:0]								PSC[7:0]				

保护时间和预分频寄存器各位说明如表 9-39 所示。

表 9-39 保护时间和预分频寄存器各位说明

位	说明
31:16	保留位，硬件强制为 0
15:8	GT[7:0]：保护时间值（guard time value）。 该位域规定了以波特时钟为单位的保护时间，在智能卡模式下需要这个功能。保护时间过去后，才会设置发送完成标志位。 注：UART4 和 UART5 不存在这几位
7:0	PSC[7:0]：预分频器值（prescaler value）。 ① 在红外（IrDA）低功耗模式下，PSC[7:0]为红外低功耗波特率。 对系统时钟分频以获得低功耗模式下的频率，源时钟被寄存器中的值（仅有 8 位有效）分频。 00000000：保留，不要写入该值。 00000001：对源时钟 1 分频。 00000010：对源时钟 2 分频。 …… ② 在红外的正常模式下，PSC 只能设置为 00000001。 ③ 在智能卡模式下，PSC[4:0]为预分频值。 对系统时钟进行分频，给智能卡提供时钟。寄存器中给出的值（低 5 位有效）乘以 2 后，作为对源时钟的分频因子。 00000：保留，不要写入该值。 00001：对源时钟进行 2 分频。 00010：对源时钟进行 4 分频。 00011：对源时钟进行 6 分频。 …… 注 1：PSC[7:5]在智能卡模式下没有意义。 注 2：UART4 和 UART5 上不存在这几位

9.5 模数转换

模数转换器（ADC）是一种将连续变化的模拟信号转换为离散变化的数字信号的电子器件。嵌入式系统都是数字系统，ADC 增加了嵌入式系统模拟输入的功能，搭建了以数字处理为中心的嵌入式系统与现实模拟世界沟通的"桥梁"。

9.5.1 模数转换介绍

自然界中绝大部分的信号都是模拟信号，如温度、湿度、光照强度、加速度、压力等。通过传感器，这些物理信号能够被转换为电子设备才能识别的模拟电信号。但由于嵌入式系统都是数字系统，不能处理模拟电信号，因此需要用 ADC 将其转换为数字信号。

1. ADC 的主要性能参数

ADC 的主要性能参数有量程、分辨率、精度和转换时间等。

（1）量程。量程是指 ADC 所能转换的模拟输入电压的范围。量程分为单极性和双极性两种类型，STM32 微控制器的 ADC 模块使用 0～3.3V 的单极性量程。

（2）分辨率。分辨率是指 ADC 所能分辨的最小模拟输入量，即 ADC 输出的最小数字信号所对应的最小模拟输入信号。它描述了 ADC 对输入信号微小变化的反应能力。分辨率由 ADC 的量化位数 n 决定。ADC 分辨率的计算公式如下：

$$r = \frac{U}{2^n}$$

其中 r 为分辨率，单位为 mV；U 为量程；n 为量化位数。

（3）精度。精度是指 ADC 的实际数字输出（以二进制形式输出）与理论上的数字输出之差，反映了转换结果的误差大小。造成转换结果误差的原因有很多，如量化误差、非线性误差、零点漂移误差，还有增益误差等。

（4）转换时间。转换时间是完成一次模数转换所需要的时间。ADC 的转换时间等于 ADC 采样时间与 ADC 量化编码时间之和。

2. STM32 微控制器的 ADC 主要特性

ADC 是 STM32 微控制器最为复杂的片上外设之一，具备强大的功能。该微控制器内部集成 1～3 个 12 位逐次逼近型 ADC，还附带一个精度较低的温度传感器。这些 ADC 的主要特性如下。

（1）每个 ADC 最多有 18 路模拟输入通道，可测量 16 个外部信号和 2 个内部信号。

（2）ADC 供电要求为 2.4～3.6V。

（3）ADC 可测模拟输入信号 V_{IN} 的范围为 $V_{REF-} \leqslant V_{IN} \leqslant V_{REF+}$。其中 V_{REF+} 和 V_{REF-} 分别是 ADC 使用的正极和负极参考电压，如果需要测量负电压或测量的电压超出范围，则要先经过运算电路进行平移或利用电阻分压，再输入 ADC。

（4）ADC 的模数转换可以以单次、连续、扫描或间断模式进行，每次转换结束后，转换结果以左对齐或者右对齐方式存储在 16 位数据寄存器中，同时可以产生中断请求，并且 ADC1 和 ADC3 可产生 DMA 请求。

（5）ADC 的 18 路通道可分为规则通道组和注入通道组，其中规则通道组最多包含 16 路通道，注入通道组最多包含 4 路通道。并且，仅有规则通道组可以产生 DMA 请求。

（6）当系统时钟频率为 56MHz、ADC 时钟频率为 14MHz、ADC 采样时间为 1.5 个 ADC

时钟周期时，ADC 获得的最短转换时间为 1μs。

3．STM32 微控制器的 ADC 内部结构

STM32 微控制器的 ADC 内部结构如图 9-11 所示。

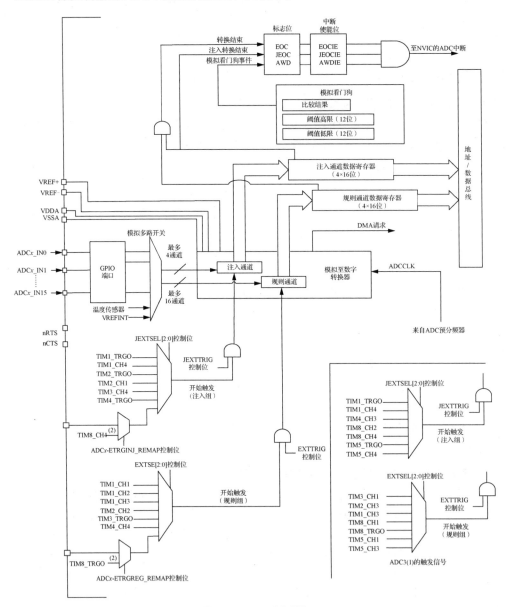

图 9-11　ADC 内部结构

图 9-11 看起来比较复杂，接下来详细进行分析。

在图 9-11 中，最左边的一列是 ADC 的各个引脚，它们的名称、信号类型和说明如表 9-40 所示。

表 9-40　ADC 引脚的名称、信号类型和说明

引脚名称	信号类型	说明
VREF+	输入，模拟参考正极	ADC 使用的高端/正极参考电压，$2.4V \leqslant V_{REF+} \leqslant V_{DDA}$
VDDA	输入，模拟电源	等效于 V_{DD} 的模拟电源且 $2.4V \leqslant V_{DDA} \leqslant V_{DD}$（3.6V）

续表

引脚名称	信号类型	说明
VREF−	输入，模拟参考负极	ADC 使用的低端/负极参考电压，$V_{REF-}=V_{SSA}$
VSSA	输入，模拟电源地	等效于 V_{SS} 的模拟电源地
ADCx_IN[15:0]	模拟输入信号	16 个模拟输入通道

VDDA 和 VSSA 分别连接 VDD 和 VSS。一般情况下，V_{DD} 是 3.3V，VSS 接地，相对应的，V_{DDA} 是 3.3V，VSSA 也接地，模拟输入信号不要超过 V_{DD}（3.3V）。

图 9-11 中标注的来自 ADC 预分频器的 ADCCLK 是 ADC 模块的时钟来源。通常，由时钟控制器提供的 ADCCLK 时钟和 PCLK2（APB2 时钟）同步。RCC 控制器为 ADC 时钟提供一个专用的可编程预分频器。

4. ADC 时钟配置

偏移地址：0x04

复位值：0x0000 0000

访问：0～2 个等待周期后，ADC 可以进行字、半字和字节访问。只有访问发生在时钟切换时，才会插入 1 个或 2 个等待周期。

31	30	29	28	27	26	25	24	23	22	21	20	19	18	17	16
	保留					MCO[2:0]			保留	USBPRE	PLLMUL[3:0]			PLLXTPRE	PLLSRC

15	14	13	12	11	10	9	8	7	6	5	4	3	2	1	0
ADCPRE[1:0]		PPRE2[2:0]			PPRE1[2:0]			HPRE[3:0]				SWS[1:0]		SW[1:0]	

ADC 时钟配置各位说明如表 9-41 所示。

表 9-41　ADC 时钟配置各位说明

位	说明
15:14	ADCPRE[1:0]：ADC 预分频（ADC prescaler）。 由软件置 1 或清 0 来确定 ADC 时钟频率。 00：PCLK2 2 分频后作为 ADC 时钟。 01：PCLK2 4 分频后作为 ADC 时钟。 10：PCLK2 6 分频后作为 ADC 时钟。 11：PCLK2 8 分频后作为 ADC 时钟

5. ADC 通道选择

STM32 的 ADC 控制器有很多通道，所以模块通过内部的模拟多路开关，可以切换到不同的输入通道并进行转换。STM32 特意加入了多种成组转换的模式，经由程序设置好之后，可以对多个模拟通道自动地进行逐个采样转换。它们可以组织成以下两组。

规则通道组：最多可以安排 16 个通道。规则通道组和它的转换顺序在 ADC_SQRx 寄存器中选择，规则通道组里转换的总数应写入 ADC_SQR1 寄存器的 L[3:0]。

注入通道组：最多可以安排 4 个通道。注入通道组和它的转换顺序在 ADC_JSQR 寄存器中选择，注入通道组里转换的总数应写入 ADC_JSQR 寄存器的 L[1:0]。

在执行规则通道组扫描转换时，如有例外需要处理，则可启用注入通道组的转换。也就是说，注入通道组的转换可以打断规则通道组的转换，注入通道组被转换完之后，规则通道组才可以继续转换。

当然，需要注意的是，如果 ADC_SQRx 或 ADC_JSQR 寄存器在转换期间被更改，则当前的转换被清除，一个新的启动脉冲将发送到 ADC 以转换新选择的组。

如果从字面上较难理解，可以通过图 9-12 来更直观地认知。

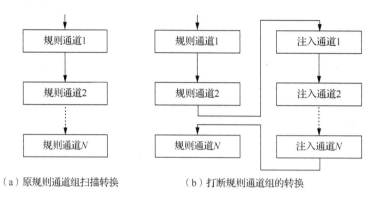

（a）原规则通道组扫描转换　　　　　　（b）打断规则通道组的转换

图 9-12　ADC 通道选择

可见，规则通道组的转换好比是程序的正常执行，而注入通道组的转换则好比是程序正常执行之外的一个中断处理程序。

9.5.2　模数转换操作

1. ADC 转换方式

STM32 的 ADC 各通道可以组成规则通道组或注入通道组，但是转换模式可以有单次模式、连续模式、扫描模式、间断模式。下面主要介绍前三种转换模式。

（1）单次模式

在单次模式下，ADC 只执行一次转换。该模式既可通过设置 ADC_CR2 寄存器的 ADON 位（只适用于规则通道）启动，也可通过外部触发启动（适用于规则通道或注入通道），这时 CONT 位为 0。

一旦选择通道的转换完成，如果一个规则通道被转换，则转换数据被存储在 16 位的 ADC_DR 寄存器中，EOC（转换结束）标志位被设置。如果设置了 EOCIE，则产生中断。如果一个注入通道被转换，则转换数据被存储在 16 位的 ADC_DRJ1 寄存器中，JEOC（注入转换结束）标志位被设置。如果设置了 JEOCIE 位，则产生中断。

（2）连续模式

在连续模式下，前面的 ADC 转换一结束，就立刻启动另一次转换。该模式可通过外部触发启动或通过设置 ADC_CR2 寄存器上的 ADON 位启动，此时 CONT 位是 1。

每个转换结束后，如果一个规则通道被转换，则转换数据被存储在 16 位的 ADC_DR 寄存器中，EOC（转换结束）标志位被设置。如果设置了 EOCIE，则产生中断。如果一个注入通道被转换，则转换数据被存储在 16 位的 ADC_DRJ1 寄存器中，JEOC（注入转换结束）标志位被设置。如果设置了 JEOCIE 位，则产生中断。

（3）扫描模式

扫描模式用来扫描一组模拟通道。该模式可通过设置 ADC_CR1 寄存器的 SCAN 位来选择。一旦该位被设置，ADC 就会扫描被 ADC_SQRx 寄存器（对应规则通道）或 ADC_JSQR（对应注入通道）选中的所有通道，在每个组的每个通道上执行单次转换。在每个转换结束时，同一组的下一个通道被自动转换。如果设置了 CONT 位，则转换不会在选择组的最后一个通道上停止，而是再次从选择组的第一个通道开始转换。

2. 模拟看门狗事件

ADC 中断的产生方式除规则通道组转换完成、注入通道组转换完成之外，还有模拟看门狗事件。如果被 ADC 转换的模拟电压低于低阈值或高于高阈值，AWD 模拟看门狗状态位就会被设置。阈值位于 ADC_HTR 和 ADC_LTR 寄存器的最低 12 个有效位中。通过设置 ADC_CR1 寄存器的 AWDIE 位，可允许产生相应中断。

需要注意的是，阈值独立于由 ADC_CR2 寄存器上的 ALIGN 位选择的数据对齐模式。比较是在对齐之前完成的。也就是说，在数据保存到数据寄存器之前，就已经完成比较。通过配置 ADC_CR1 寄存器，模拟看门狗事件可以作用于一个或多个通道。模拟看门狗通道选择如表 9-42 所示。

表 9-42　模拟看门狗通道选择

模拟看门狗警戒的通道	ADC_CR1 寄存器控制位		
	AWDSGL 位	AWDEN 位	JAWDEN 位
无	任意值	0	0
所有注入通道	0	0	1
所有规则通道	0	1	0
所有注入和规则通道	0	1	1
单一的注入通道	1	0	1
单一的规则通道	1	1	0
单一的注入或规则通道	1	1	1

3. 外部触发转换

图 9-11 的下方显示了规则转换、注入转换可以由外部事件触发（如定时器捕捉、EXTI 线）。如果设置了 EXTTRIG 控制位，外部事件就能够触发转换。EXTSEL[2:0]和 JEXTSEL[2:0]控制位允许应用程序选择多个可能的事件中的某一个，可以触发规则通道组和注入通道组的采样。

> **注意**
>
> 当外部触发信号被选为 ADC 规则或注入转换时，只有它的上升沿可以启动转换。

4. 自动校准

ADC 有一个内置自校准模式。校准可大幅减小由内部电容器组的变化造成的精度误差。在校准期间，每个电容器都会计算出一个校准码（数值），这个码用于消除在随后的转换中每个电容器上产生的误差。

通过设置 ADC_CR2 寄存器的 CAL 位可启动校准。一旦校准结束，CAL 位被硬件复位，ADC 可以开始正常转换。建议在上电时执行一次 ADC 校准。校准结束后，校准码存储在 ADC_DR 中。自动校准示意图如图 9-13 所示。

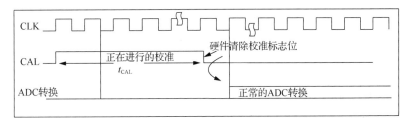

图 9-13　自动校准示意图

5. 数据对齐

由于 STM32 的 ADC 是 12 位逐次逼近型 ADC，而数据保存在 16 位寄存器中，因此 ADC_CR2 寄存器中的 ALIGN 位用于选择转换后数据存储的对齐方式。数据可以左对齐或右对齐，如图 9-14 和图 9-15 所示。

图 9-14　数据左对齐

图 9-15　数据右对齐

注入通道组通道转换的数据已经减去了在 ADC_JOFR*x* 寄存器中定义的偏移量，因此结果可以是一个负值。SEXT 位是扩展的符号位。

对于规则通道组，不需减去偏移值，因此只有 12 位有效。

6. 通道采样时间

ADC 使用若干个 ADC_CLK 周期对输入电压采样，采样周期数可以通过 ADC_SMPR1 和 ADC_SMPR2 寄存器中的 SMP[2:0]位更改。每个通道可以分别用不同的时间采样。

总转换时间计算公式如下：

$$T_{\text{CONV}}=采样周期+12.5\ 个周期$$

例如，当 ADC 时钟频率为 14MHz，采样周期为 1.5 个周期时，T_{CONV}=1.5+12.5=14 个周期=1μs。故而，ADC 的最小采样时间为 1μs（在 ADC 时钟频率为 14MHz、采样周期为 1.5 个周期下得到）。

7. ADC 工作过程

ADC 工作过程如下。

（1）输入信号经过 ADC 的输入信号通道 ADC*x*_IN0～ADC*x*_IN15 被送到 ADC 部件。

（2）ADC 部件收到触发信号后才开始进行模数转换，可以使用软件触发，也可以是 EXTI 外部触发或定时器触发。

（3）ADC 部件收到触发信号后，在 ADC 时钟 ADCCLK 的驱动下，对输入通道的信号进行采样、量化和编码。

（4）ADC 部件完成转换后将转换后的 12 位数值以左对齐或右对齐的方式保存到一个 16 位的规则通道数据寄存器或注入通道数据寄存器中，并产生 ADC 转换结束/注入转换结束事件，可触发中断和 DMA 请求。这时，用户可编写代码或者以 DMA 的方式把这个数值存储到自定义的变量中。

9.5.3　模数转换寄存器描述

与 ADC 相关的寄存器一共有 10 类 20 个：

- 1 个 ADC 状态寄存器（ADC_SR）；
- 2 个 ADC 控制寄存器（ADC_CRx）；
- 2 个 ADC 采样时间寄存器（ADC_SMPRx）；
- 4 个 ADC 注入通道数据偏移寄存器（ADC_JOFRx，$x=1,\cdots,4$）；
- 1 个 ADC 看门狗高阈值寄存器（ADC_HTR）；
- 1 个 ADC 看门狗低阈值寄存器（ADC_LRT）；
- 3 个 ADC 规则序列寄存器（ADC_SQR）；
- 1 个 ADC 注入序列寄存器（ADC_JSQR）；
- 4 个 ADC 注入数据寄存器（ADC_JDRx，$x=1,\cdots,4$）；
- 1 个 ADC 规则数据寄存器（ADC_DR）。

下面介绍其中的主要寄存器。

1. ADC 状态寄存器（ADC_SR）

作用：存放 ADC 转换过程中的各种状态位。

地址偏移：0x00

复位值：0x0000 0000

位格式：

31	30	29	28	27	26	25	24	23	22	21	20	19	18	17	16
保留															

15	14	13	12	11	10	9	8	7	6	5	4	3	2	1	0
保留											STRT	JSTRT	JEOC	EOC	AWD

ADC 状态寄存器各位说明如表 9-43 所示。

表 9-43 ADC 状态寄存器各位说明

位	说明
31:15	保留，必须保持为 0
4	STRT：规则通道开始位（regular channel start flag）。 该位由硬件在规则通道转换开始时设置，由软件清除。 0：规则通道转换未开始。 1：规则通道转换已开始
3	JSTRT：注入通道开始位（injected channel start flag）。 该位由硬件在注入通道转换开始时设置，由软件清除。 0：注入通道转换未开始。 1：注入通道转换已开始
2	JEOC：注入通道转换结束位（injected channel end of conversion）。 该位由硬件在所有注入通道转换结束时设置，由软件清除。 0：转换未完成。 1：转换完成
1	EOC：转换结束位（end of conversion）。 该位由硬件在（规则或注入）通道转换结束时设置，由软件清除或由读取 ADC_DR 清除。 0：转换未完成。 1：转换完成
0	AWD：模拟看门狗标志位（analog watchdog flag）。 该位由硬件在转换的电压超过了 ADC_LTR 和 ADC_HTR 寄存器定义的范围时设置，由软件清除。 0：没有发生模拟看门狗事件。 1：发生模拟看门狗事件

2. ADC 控制寄存器（ADC_CRx）

作用：设置扫描模式、中断允许（转换结束、注入转换结束、模拟看门狗）、双模式选择（一般选用独立模式）等。

> **注意**
>
> 在扫描模式下，转换由 ADC_SQRx 或 ADC_JSQRx 寄存器选中的通道。如果设置了 EOCIE 或者 JEOCIE，在最后一个通道转换完后才会产生 EOC 或者 JEOC 中断。

地址偏移：0x04
复位值：0x0000 0000
位格式：

31	30	29	28	27	26	25	24	23	22	21	20	19	18	17	16
保留								AWDEN	JAWDEN	保留		DUALMOD[3:0]			

15	14	13	12	11	10	9	8	7	6	5	4	3	2	1	0
DISCNUM[2:0]			JDISCEN	DISCEN	JAUTO	AWDSGL	SCAN	JEOCIE	AWDIE	EOCIE	AWDCH[4:0]				

ADC 控制寄存器各位说明如表 9-44 所示。

表 9-44　ADC 控制寄存器各位说明

位	说明
31:24	保留，必须保持为 0
23	AWDEN：在规则通道上开启模拟看门狗（analog watchdog enable on regular channels）。 该位由软件设置和清除。 0：在规则通道上禁用模拟看门狗。 1：在规则通道上使用模拟看门狗
22	JAWDEN：在注入通道上开启模拟看门狗（analog watchdog enable on injected channels）。 该位由软件设置和清除。 0：在注入通道上禁用模拟看门狗。 1：在注入通道上使用模拟看门狗
21:20	保留，必须保持为 0
19:16	DUALMOD[3:0]：双模式选择（dual mode selection）。 软件使用这些位选择操作模式。 0000：独立模式。 0001：混合的同步规则+注入同步模式。 0010：混合的同步规则+交替触发模式。 0011：混合同步注入+快速交叉模式。 0100：混合同步注入+慢速交叉模式。 0101：注入同步模式。 0110：规则同步模式。 0111：快速交叉模式。 1000：慢速交叉模式。 1001：交替触发模式。 注：在 ADC2 和 ADC3 中这些位为保留位。在双模式中，改变通道的配置会产生一个重新开始的条件，这将导致同步丢失。建议在进行任何配置改变前关闭双模式
15:13	DISCNUM[2:0]：间断模式通道计数（discontinuous mode channel count）。 软件通过这些位定义在间断模式下，收到外部触发后转换规则通道的数量。 000：1 个通道。 001：2 个通道。 …… 111：8 个通道

位	说明
12	JDISCEN：在注入通道上的间断模式（discontinuous mode on injected channels）。 该位由软件设置和清除，用于开启或关闭注入通道组上的间断模式。 0：注入通道组上禁用间断模式。 1：注入通道组上使用间断模式
11	DISCEN：在规则通道上的间断模式（discontinuous mode on regular channels）。 该位由软件设置和清除，用于开启或关闭规则通道组上的间断模式。 0：规则通道组上禁用间断模式。 1：规则通道组上使用间断模式
10	JAUTO：注入通道组的自动转换（automatic injected group conversation）。 该位由软件设置和清除，用于开启或关闭规则通道组转换结束后注入通道组的自动转换。 0：关闭注入通道组的自动转换。 1：开启注入通道组的自动转换
9	AWDSGL：扫描模式下，在单一的通道上使用看门狗（enable the watchdog on a single channel in scan mode）。 该位由软件设置和清除，用于开启或者关闭由 AWDCH[4:0] 位指定的通道上的模拟看门狗功能。 0：在所有的通道上使用模拟看门狗。 1：在单一通道上使用模拟看门狗
8	SCAN：扫描模式（scan mode）。 该位由软件设置和清除，用于开启或者关闭扫描模式。在扫描模式下，转换由 ADC_SQRx 或 ADC_JSQRx 寄存器选中的通道。 0：关闭扫描模式。 1：使用扫描模式。 注：如果分别设置了 EOCIE 或 JEOCIE 位，只有在最后一个通道转换完后才会产生 EOC 或 JEOC 中断
7	JEOCIE：允许注入通道转换结束中断（interrupt enable for injected channels）。 该位由软件设置和清除，用于禁止或允许所有注入通道转换结束后产生中断。 0：禁止 JEOC 中断。 1：允许 JEOC 中断。当硬件设置 JEOC 位时产生中断
6	AWDIE：允许产生模拟看门狗中断（analog watchdog interrupt enable）。 该位由软件设置和清除，用于禁止或允许模拟看门狗产生中断。在扫描模式下，如果看门狗检测到超范围的数值，只有在设置了该位时，扫描才会终止。 0：禁止模拟看门狗中断。 1：允许模拟看门狗中断
5	EOCIE：允许产生 EOC 中断（interrupt enable for EOC）。 该位由软件设置和清除，用于禁止或允许转换结束后产生中断。 0：禁止 EOC 中断。 1：允许 EOC 中断。当硬件设置 EOC 位时产生中断
4:0	AWDCH[4:0]：模拟看门狗通道选择位（analog watchdog channel select bits）。 该位由软件设置和清除，用于选择模拟看门狗保护的输入通道。 00000：ADC 模拟输入通道 0。 00001：ADC 模拟输入通道 1。 …… 01111：ADC 模拟输入通道 15。 10000：ADC 模拟输入通道 16。 10001：ADC 模拟输入通道 17。 保留所有其他数值。 注：ADC1 的模拟输入通道 16 和通道 17 在芯片内部分别连接温度传感器和 VREF； 　　ADC2 的模拟输入通道 16 和通道 17 在芯片内部连接 VSS； 　　ADC3 的模拟输入通道 9、通道 14～通道 17 与 VSS 相连

3. ADC 采样时间寄存器（ADC_SMPRx）

作用：设置 ADC 各通道的采样时间。

地址偏移：0x0C

复位值：0x0000 0000

位格式：

31	30	29	28	27	26	25	24	23	22	21	20	19	18	17	16
保留								SMP17[2:0]			SMP16[2:0]			SMP16[2:0]	

15	14	13	12	11	10	9	8	7	6	5	4	3	2	1	0
SMP[15:0]	SMP14[2:0]				SMP13[2:0]			SMP12[2:0]			SMP11[2:0]			SMP10[2:0]	

ADC 采样时间寄存器各位说明如表 9-45 所示。

表 9-45　ADC 采样时间寄存器各位说明

位	说明
31:24	保留，必须保持为 0
23:0	SMPx[2:0]：选择通道 x 的采样时间（channel x sample time selection）。 这些位用于独立地选择每个通道的采样时间。在采样周期中通道选择位必须保持不变。 000：1.5 周期。　　　　　100：41.5 周期。 001：7.5 周期。　　　　　101：55.5 周期。 010：13.5 周期。　　　　110：71.5 周期。 011：28.5 周期。　　　　111：239.5 周期。 注：ADC1 的模拟输入通道 16 和通道 17 在芯片内部分别连接温度传感器和 VREF； 　　ADC2 的模拟输入通道 16 和通道 17 在芯片内部连接 VSS； 　　ADC3 的模拟输入通道 9、通道 14～通道 17 与 VSS 相连

4. ADC 注入通道数据偏移寄存器（ADC_JOFRx，x=1,…,4）

作用：设置 ADC 注入通道数据偏移。

地址偏移：0x14～0x20

复位值：0x0000 0000

位格式：

31	30	29	28	27	26	25	24	23	22	21	20	19	18	17	16
保留															

15	14	13	12	11	10	9	8	7	6	5	4	3	2	1	0
保留				JOFFSETx[11:0]											

ADC 注入通道数据偏移寄存器各位说明如表 9-46 所示。

表 9-46　ADC 注入通道数据偏移寄存器各位说明

位	说明
31:12	保留，必须保持为 0
11:0	JOFFSETx[11:0]：注入通道 x 的数据偏移（data offset for injected channel x）。 当转换注入通道时，这些位定义了用于从原始转换数据中减去的数值。转换的结果可以在 ADC_JDRx 寄存器中读出

9.6 DMA

DMA（直接存储器访问）是计算机系统中用于快速、大量数据交换的重要技术。DMA 是一个经典而古老的技术，它能减轻 CPU 的负担、提高数据传输的效率、减少应用开发的代码量。但是 DMA 这个概念对初学者来说就有点陌生了。本节开始逐步介绍 STM32 微控制器中 DMA 的特性和应用等。

9.6.1 DMA 的特性及操作流程

STM32 微控制器有两个 DMA 控制器，每个 DMA 控制器有若干个触发通道，每个通道可以管理来自多个外设对存储器的访问请求，而且每个外设的 DMA 请求可以独立地被开启和关闭。DMA 原理图如图 9-16 所示。

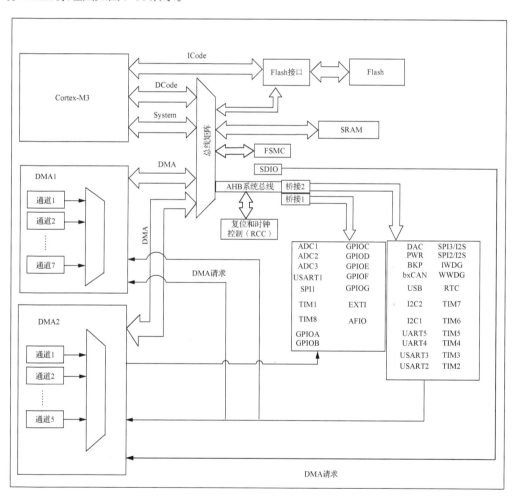

图 9-16　DMA 原理图

1. DMA 主要特性

DMA 主要特性如下。

（1）拥有 12 个独立可配置的通道（请求）：DMA1 有 7 个通道，DMA2 有 5 个通道。

（2）每个通道都直接连接专用的硬件 DMA 请求，每个通道都支持软件触发。这些功能通过软件来配置。

（3）在同一个 DMA 模块上，多个请求的优先权可以通过软件编程设置（共有 4 级：很高、高、中和低），优先权设置相同时由硬件决定优先顺序（请求 0 优先于请求 1，依此类推）。

（4）开发者可独立设置数据源到目标数据区的传输宽度（字节、半字、字），模拟打包和拆包的过程。源地址和目的地址必须按数据传输宽度对齐。

（5）支持循环的缓冲器管理。

（6）每个通道都有 3 个事件标志（DMA 半传输、DMA 传输完成和 DMA 传输出错），这 3 个事件标志通过逻辑或操作组合成一个单独的中断请求。

（7）支持存储器与存储器间的直接数据传输。

（8）支持外设与存储器间、存储器与外设间的双向数据传输。

（9）闪存、SRAM、外设的 SRAM、APB1、APB2 和 AHB 外设均可作为访问的源和目标。

（10）可编程的数据传输数量：最大为 65535（字节、字等，取决于具体配置）。

2. DMA 数据传输操作流程

一个完整的 DMA 数据传输操作流程如下。

（1）DMA 请求。CPU 初始化 DMA 控制器，外设（传输源，如 I/O 端口）发出 DMA 请求。

（2）DMA 响应。DMA 控制器判断 DMA 请求的优先级以及屏蔽情况，向总线仲裁器提出总线请求。CPU 执行完当前总线周期时，可释放总线控制权，总线仲裁器输出总线应答，表示 DMA 已经响应，DMA 控制器从 CPU 接管对总线的控制，并通知外设（如 I/O 端口）开始 DMA 传输。

（3）DMA 传输。DMA 数据以一定的传输单位（通常是字）进行传输，每个单位的数据传送完成后，DMA 控制器修改地址，并对传送单位的个数进行计数，继而开始下一个单位数据的传送。如此循环往复直到达到预先设定的传送单位数量。

（4）DMA 结束。在规定数量的 DMA 数据传输完成后，DMA 控制器通知外设（如 I/O 端口）停止传输，并向 CPU 发送一个信号（产生中断和事件）报告 DMA 数据传输操作结束，同时释放总线控制权。

9.6.2　DMA 寄存器描述

与 DMA 相关的寄存器一共有 6 类 30 个：

- 1 个 DMA 中断状态寄存器（DMA_ISR）；
- 1 个 DMA 中断标志清除寄存器（DMA_IFCR）；
- 7 个 DMA 通道 x 配置寄存器（DMA_CCRx，$x=1,\cdots,7$）；
- 7 个 DMA 通道 x 传输数量寄存器（DMA_CNDTRx，$x=1,\cdots,7$）；
- 7 个 DMA 通道 x 外设地址寄存器（DMA_CPARx，$x=1,\cdots,7$）；
- 7 个 DMA 通道 x 存储器地址寄存器（DMA_CMARx，$x=1,\cdots,7$）。

1. DMA 中断状态寄存器（DMA_ISR）

作用：获取 DMA 传输的状态标志位。

> **注意**
>
> 此寄存器为只读寄存器，所以这些位被置位后只能通过其他的操作来清除。

偏移地址：0x00

复位值：0x0000 0000

位格式：

31	30	29	28	27	26	25	24	23	22	21	20	19	18	17	16
保留				TEIF7	HTIF7	TCIF7	GIF7	TEIF6	HTIF6	TCIF6	GIF6	TEIF5	HTIF5	TCIF5	GIF5

15	14	13	12	11	10	9	8	7	6	5	4	3	2	1	0
TEIF4	HTIF4	TCIF4	GIF4	TEIF3	HTIF3	TCIF3	GIF3	TEIF2	HTIF2	TCIF2	GIF2	TEIF1	HTIF1	TCIF1	GIF1

DMA 中断状态寄存器各位说明如表 9-47 所示。

表 9-47　DMA 中断状态寄存器各位说明

位	说明
31:28	保留，始终读为 0
27、23、19、15、11、7、3	TEIFx：通道 x 的传输错误标志位（channel x transfer error flag）（x=1,⋯,7）。 硬件设置这些位。在 DMA_IFCR 寄存器的相应位写入 1 可以清除这里对应的标志位。 0：在通道 x 没有传输错误（TE）。 1：在通道 x 发生了传输错误（TE）
26、22、18、14、10、6、2	HTIFx：通道 x 的半传输标志位（channel x half transfer flag）（x=1,⋯,7）。 硬件设置这些位。在 DMA_IFCR 寄存器的相应位写入 1 可以清除这里对应的标志位。 0：在通道 x 没有半传输事件（HT）。 1：在通道 x 产生了半传输事件（HT）
25、21、17、13、9、5、1	TCIFx：通道 x 的传输完成标志位（channel x transfer complete flag）（x=1,⋯,7）。 硬件设置这些位。在 DMA_IFCR 寄存器的相应位写入 1 可以清除这里对应的标志位。 0：在通道 x 没有传输完成事件（TC）。 1：在通道 x 产生了传输完成事件（TC）
24、20、16、12、8、4、0	GIFx：通道 x 的全局中断请求标志位（channel x global interrupt flag）（x=1,⋯,7）。 硬件设置这些位。在 DMA_IFCR 寄存器的相应位写入 1 可以清除这里对应的标志位。 0：在通道 x 没有 TE、HT 或 TC 事件。 1：在通道 x 产生了 TE、HT 或 TC 事件

2．DMA 中断标志清除寄存器（DMA_IFCR）

作用：通过往寄存器内写 1 来清除 DMA_ISR 被置位的位。

偏移地址：0x04

复位值：0x0000 0000

位格式：

31	30	29	28	27	26	25	24	23	22	21	20	19	18	17	16
保留				CTEIF7	CHTIF7	CTCIF7	CGIF7	CTEIF6	CHTIF6	CTCIF6	CGIF6	CTEIF5	CHTIF5	CTCIF5	CGIF5

15	14	13	12	11	10	9	8	7	6	5	4	3	2	1	0
CTEIF4	CHTIF4	CTCIF4	CGIF4	CTEIF3	CHTIF3	CTCIF3	CGIF3	CTEIF2	CHTIF2	CTCIF2	CGIF2	CTEIF1	CHTIF1	CTCIF1	CGIF1

DMA 中断标志清除寄存器各位说明如表 9-48 所示。

表 9-48　DMA 中断标志清除寄存器各位说明

位	说明
31:28	保留，始终读为 0
27、23、19、15、11、7、3	CTEIFx：清除通道 x 的传输错误标志位（channel x transfer error clear）（x=1,⋯,7）。 这些位由软件设置和清除。 0：不起作用。 1：清除 DMA_ISR 寄存器中的对应 TEIF 标志位

位	说明
26、22、18、14、10、6、2	CHTIF*x*：清除通道 *x* 的半传输标志位（channel x half transfer clear）（*x*=1,…,7）。 这些位由软件设置和清除。 0：不起作用。 1：清除 DMA_ISR 寄存器中的对应 HTIF 标志位
25、21、17、13、9、5、1	CTCIF*x*：清除通道 *x* 的传输完成标志位（channel x transfer complete clear）（*x*=1,…,7）。 这些位由软件设置和清除。 0：不起作用。 1：清除 DMA_ISR 寄存器中的对应 TCIF 标志位
24、20、16、12、8、4、0	CGIF*x*：清除通道 *x* 的全局中断请求标志位（channel x global interrupt clear）（*x*=1,…,7）。 这些位由软件设置和清除。 0：不起作用。 1：清除 DMA_ISR 寄存器中的对应的 GIF、TEIF、HTIF 和 TCIF 标志位

3. DMA 通道 *x* 配置寄存器（DMA_CCR*x*，*x*=1,…,7）

作用：配置 DMA 通道模式、优先级、数据宽度、是否增量、传输方向、是否更新参数。

偏移地址：0x08+20x（通道编号−1）

复位值：0x0000 0000

位格式：

31	30	29	28	27	26	25	24	23	22	21	20	19	18	17	16
							保留								

15	14	13	12	11	10	9	8	7	6	5	4	3	2	1	0
保留	MEM2MEM	PL[1:0]		MSIZE[1:0]		PSIZE[1:0]		MINC	PINC	CIRC	DIR	TEIE	HTIE	TCIE	EN

DMA 通道 *x* 配置寄存器各位说明如表 9-49 所示。

表 9-49　DMA 通道 *x* 配置寄存器各位说明

位	说明
31:15	保留，始终读为 0
14	MEM2MEM：存储器到存储器模式（memory to memory mode），该位由软件设置和清除。 0：禁用存储器到存储器模式。 1：启动存储器到存储器模式
13:12	PL[1:0]：通道优先级（channel priority level），这些位由软件设置和清除。 00：低。 01：中。 10：高。 11：最高
11:10	MSIZE[1:0]：存储器数据宽度（memory size），这些位由软件设置和清除。 00：8 位。 01：16 位。 10：32 位。 11：保留
9:8	PSIZE[1:0]：外设数据宽度（peripheral size），这些位由软件设置和清除。 00：8 位。 01：16 位。 10：32 位。 11：保留

位	说明
7	MINC：存储器地址增量模式（memory increment mode），该位由软件设置和清除。 0：不执行存储器地址增量操作。 1：执行存储器地址增量操作
6	PINC：外设地址增量模式（peripheral increment mode），该位由软件设置和清除。 0：不执行外设地址增量操作。 1：执行外设地址增量操作
5	CIRC：循环模式（circular mode），该位由软件设置和清除。 0：不执行循环操作。 1：执行循环操作
4	DIR：数据传输方向（data transfer direction），该位由软件设置和清除。 0：从外设读。 1：从存储器读
3	TEIE：允许传输错误中断（transfer error interrupt enable），该位由软件设置和清除。 0：禁止 TE 中断。 1：允许 TE 中断
2	HTIE：允许半传输中断（half transfer interrupt enable），该位由软件设置和清除。 0：禁止 HT 中断。 1：允许 HT 中断
1	TCIE：允许传输完成中断（transfer complete interrupt enable），该位由软件设置和清除。 0：禁止 TC 中断。 1：允许 TC 中断
0	EN：通道开启（channel enable），该位由软件设置和清除。 0：通道不工作。 1：通道开启

4．DMA 通道 x 传输数量寄存器（DMA_CNDTRx，x=1,…,7）

作用：配置 DMA 通道的数据传输数量，范围为 0～65535。

注意

该寄存器的值会随着传输的进行而减小，当该寄存器的值为 0 时，此次传输就全部结束了。也就是说，DMA 通道开始传输数据之后，该寄存器变成只读，指示的是数据传输数量中剩余待传输的字节数量。

偏移地址：0x0C+20 x（通道编号-1）
复位值：0x0000 0000
位格式：

31	30	29	28	27	26	25	24	23	22	21	20	19	18	17	16
							保留								

15	14	13	12	11	10	9	8	7	6	5	4	3	2	1	0
							NDT[15:0]								

DMA 通道 x 传输数量寄存器各位说明如表 9-50 所示。

表 9-50　DMA 通道 x 传输数量寄存器各位说明

位	说明
31:16	保留，始终读为 0
15:0	NDT[15:0]：数据传输数量（Number of data to transfer）。 这个寄存器只能在通道不工作（DMA_CCRx 的 EN=0）时写入。寄存器内容在每次 DMA 传输后递减。 数据传输结束后，寄存器的内容或者变为 0，或者当该通道配置为自动重装模式时，被自动重新装载为 之前配置时的数值。当寄存器的内容为 0 时，无论通道是否开启，都不会发生任何数据传输

5. DMA 通道 x 外设地址寄存器（DMA_CPARx，x=1,…,7）

作用：配置 DMA 通道的外设地址。例如，使用串行口 1 的数据引脚，则该寄存器必须写入 0x40013804（其实就是串行口数据寄存器的地址，&USART1->DR 的值）。

> ┃ 注意 ┃
>
> 当通道已经开启（被使能），DMA 通道外设地址寄存器就不能修改了。开启通道（DMA_CCRx 的 EN=1）时不能写该寄存器。

偏移地址：0x10+20x（通道编号−1）

复位值：0x0000 0000

位格式：

31	30	29	28	27	26	25	24	23	22	21	20	19	18	17	16
PA[31:16]															

15	14	13	12	11	10	9	8	7	6	5	4	3	2	1	0
PA[15:0]															

DMA 通道 x 外设地址寄存器各位说明如表 9-51 所示。

表 9-51　DMA 通道 x 外设地址寄存器各位说明

位	说明
31:0	PA[31:0]：外设地址（peripheral address）。 外设数据寄存器的基地址作为数据传输的源地址或目的地址。 当 PSIZE='01'（16 位）时，不使用 PA[0]位。操作自动地与半字地址对齐。 当 PSIZE='10'（32 位）时，不使用 PA[1:0]位。操作自动地与字地址对齐

6. DMA 通道 x 存储器地址寄存器（DMA_CMARx，x=1,…,7）

作用：配置 DMA 通道存储器地址。

> ┃ 注意 ┃
>
> 如果通道已经开启（被使能），DMA 通道存储器地址寄存器就不能修改了。开启通道（DMA_CCRx 的 EN=1）时不能写该寄存器。

偏移地址：0x14+20 x（通道编号−1）

复位值：0x0000 0000

位格式：

31	30	29	28	27	26	25	24	23	22	21	20	19	18	17	16
MA[31:16]															

15	14	13	12	11	10	9	8	7	6	5	4	3	2	1	0
MA[15:0]															

DMA 通道 x 存储器地址寄存器各位说明如表 9-52 所示。

表 9-52 DMA 通道 x 存储器地址寄存器各位说明

位	说明
31:0	MA[31:0]：存储器地址。 存储器地址作为数据传输的源地址或目的地址 当 MSIZE='01'（16 位）时，不使用 MA[0]位。操作自动地与半字地址对齐。 当 MSIZE='10'（32 位）时，不使用 MA[1:0]位。操作自动地与字地址对齐

与 ADC 相关的寄存器较多，在此给出其寄存器地址映射，以方便查阅。表 9-53 列出了所有的 ADC 寄存器。

表 9-53 ADC 寄存器和复位值

偏移量	寄存器	31	30	29	28	27	26	25	24	23	22	21	20	19	18	17	16	15	14	13	12	11	10	9	8	7	6	5	4	3	2	1	0
00H	ADC_SR	保留																											STRT	JSTRT	JEOC	EOC	AWD
	复位值																												0	0	0	0	0
04H	ADC_CR1	保留								AWDEN	JAWDEN	保留		DUALMOD[3:0]				DISCNUM[2:0]			JDISCEN	DISCEN	JAUTO	AWDSGL	SCAN	JEOCIE	AWDIE	EOCIE	AWDCH[4:0]				
	复位值									0	0			0	0	0	0	0	0	0	0	0	0	0	0	0	0	0	0	0	0	0	0
08H	ADC_CR2	保留								TSVREFE	SWSTART	JSWSTART	EXTTRIG	EXTSEL[2:0]			保留	JEXTTRIG	JEXTSEL[2:0]			ALIGN	保留		DMA	保留				RSTCAL	CAL	CONT	ADON
	复位值									0	0	0	0	0	0	0		0	0	0	0	0			0					0	0	0	0
0CH	ADC_SMPR1	采样时间位SMPx_x																															
	复位值	0	0	0	0	0	0	0	0	0	0	0	0	0	0	0	0	0	0	0	0	0	0	0	0	0	0	0	0	0	0	0	0
10H	ADC_SMPR2	采样时间位SMPx_x																															
	复位值	0	0	0	0	0	0	0	0	0	0	0	0	0	0	0	0	0	0	0	0	0	0	0	0	0	0	0	0	0	0	0	0
14H	ADC_JOFR1	保留																				JOFFSET1[11:0]											
	复位值																					0	0	0	0	0	0	0	0	0	0	0	0
18H	ADC_JOFR2	保留																				JOFFSET2[11:0]											
	复位值																					0	0	0	0	0	0	0	0	0	0	0	0
1CH	ADC_JOFR3	保留																				JOFFSET3[11:0]											
	复位值																					0	0	0	0	0	0	0	0	0	0	0	0
20H	ADC_JOFR4	保留																				JOFFSET4[11:0]											
	复位值																					0	0	0	0	0	0	0	0	0	0	0	0
1CH	ADC_HTR	保留																				HT[11:0]											
	复位值																					0	0	0	0	0	0	0	0	0	0	0	0
20H	ADC_LTR	保留																				LT[11:0]											
	复位值																					0	0	0	0	0	0	0	0	0	0	0	0
2CH	ADC_SQR1	保留								L[3:0]				规则通道序列SQx_x位																			
	复位值									0	0	0	0	0	0	0	0	0	0	0	0	0	0	0	0	0	0	0	0	0	0	0	0
30H	ADC_SQR2	保留		规则通道序列SQx_x位																													
	复位值			0	0	0	0	0	0	0	0	0	0	0	0	0	0	0	0	0	0	0	0	0	0	0	0	0	0	0	0	0	0
34H	ADC_SQR3	保留		规则通道序列SQx_x位																													
	复位值			0	0	0	0	0	0	0	0	0	0	0	0	0	0	0	0	0	0	0	0	0	0	0	0	0	0	0	0	0	0
38H	ADC_JSQR	保留										JL[1:0]		注入通道序列SQx_x位																			
	复位值											0	0	0	0	0	0	0	0	0	0	0	0	0	0	0	0	0	0	0	0	0	0

习题与思考

1. 设 unsigned int a=0x0000，请描述如下位操作的作用。

（1）a|=(1<<5)。

（2）a|=(0b1111<<3)。

（3）a&=~(1<<12)。

（4）a&=~(0b1111111111<<16)或 a&=~(~((~0)<<9)<<16)。

（5）a&=(0b111111<<3)或 a&=(~((~0)<<6)<<3)。

2. 简述如何用 C 语言访问内存。

3. 简述什么是 GPIO，并列举 GPIO 的 8 种工作模式和应用场合。

4. 简述 STM32F103 微控制器定时器的类型以及常用的工作模式。

5. 简述 PWM 的工作原理。

6. 简述 STM32F103 微控制器的中断设置过程。

7. STM32F103 微控制器的 ADC 进行模数转换的过程分为哪 3 步?

8. 简述 STM32F103 微控制器的 USART 配置过程。

9. 简述完整的 DMA 数据传输过程。

实验篇

第 10 章
嵌入式系统实验项目

10.1 建立 80C51 应用工程

本节将通过一个具体的实验项目介绍 80C51 工程模板的建立及整个程序开发过程。为了进行 80C51 的程序开发，我们必须先在 Keil 开发环境中安装 MCS51 芯片包。在这里，我们使用的芯片包是 C51V954.exe，读者也可以使用其他版本的 MCS51 芯片包。

Keil 提供了一个功能强大的集成开发环境（IDE），用户可在同一个界面下对整个工程的源文件管理、代码编译/链接/调试、目标代码烧写等进行全程监控。

10.1.1 工程的建立和配置

启动 Keil 软件之后，在主界面中单击菜单栏中的 "Project"，然后选择 "New μVision Project" 命令，在打开的对话框中选择存储位置并给工程命名，最后单击 "保存" 按钮。这里采用传统 C 语言开发的示例习惯，将工程命名为 "HelloWorld"。

完成 MCS51 芯片包安装后，新建工程时打开的设备选择对话框中会出现可以选择 "Software Packs" 或 "Legacy Device Database [no RTE]" 的下拉列表框，此时选择后者，并根据准备使用的 80C51 单片机的制造公司及型号，在下方的列表框中进行相应的选择。图 10-1 所示为选择 Atmel 公司的 AT89C51 作为目标芯片进行开发。另外，在工程建立的时候，Keil 会询问是否把 STARTUP.A51 文件加入工程（这个文件是一个 80C51 的汇编语言源文件，由 Keil 提供，其作用是在系统正式运行用户编写的代码之前对 80C51 的内部环境进行初始化，例如，为栈指针赋初值、将内存单元清零等），单击 "Yes" 按钮，即可将该文件加入工程。如果我们是进行汇编语言程序设计，所有的初始化工作由我们自己编写代码来完成，则可以单击 "No" 按钮，即不将此文件加入工程。

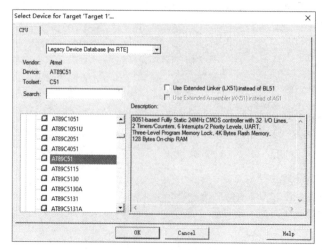

图 10-1 选择新建工程的目标芯片

此时，展开"Project"窗口中的"Project:HelloWorld"项，可以看到工程文件的层次结构，如图 10-2 所示，但工程的建立还没有最后完成，我们还需要对工程开发的一些具体参数进行设置。单击 Keil 工具栏上的"Options for Target…"图标，或者用鼠标右键单击"Target 1"，在弹出的快捷菜单中选择"Options for Target 'Target 1'"命令，即可开始对系统参数进行设置。

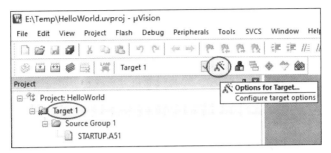

图 10-2　工程文件的层次结构

工程中需要设置的重要参数之一是"Target"选项卡中的"Xtal(MHz)"，即系统晶振频率。此选项的值需根据实际硬件电路中准备使用的晶振主频来确定，并且后期进行调试的时候，定时器定时时长、串行口波特率等均与其直接相关。如图 10-3 所示，这个工程中我们所使用的单片机系统晶振频率为 11.0592MHz，勾选了其右侧的"Use On-chip ROM(0x0-0xFFF)"复选框则表示最终代码将存储在系统内部 ROM 中。

图 10-3　配置目标系统的晶振频率

此外，为了最终可以将代码烧写到实际的单片机芯片中，我们需要生成目标代码的 HEX 文件，在"Output"选项卡中勾选"Create HEX File"复选框，并选择"HEX Format"为"HEX-80"即可，具体配置如图 10-4 所示。

接下来，我们进行源文件的创建。用鼠标右键单击"Project"窗口中"Target 1"下的"Source Group 1"，在弹出的快捷菜单中可以看到，针对"Source Group 1"，我们可进行在组中新建文件、加入已有的文件和将已有文件移除等操作，如图 10-5 所示。选择"Add New Item to Group 'Source Group 1'…"命令，出现图 10-6 所示的对话框，选择新建一个 C 语言源文件，并将文件命名为"HelloWorld"，之后即可进行程序的编写。如果需要新建其他类型的文件，我们也可照此步骤处理。除此之外，通过选择"Add Existing Files to Group 'Source Group 1'…"命令还可以将已经编辑好的各种类型的文件添加到工程中，其具体实现过程请读者自行实践。

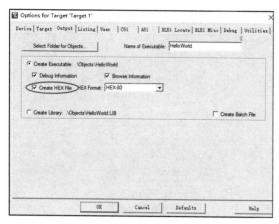

图 10-4　配置生成目标代码 HEX 文件

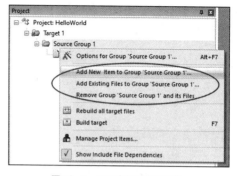

图 10-5　工程文件的管理功能

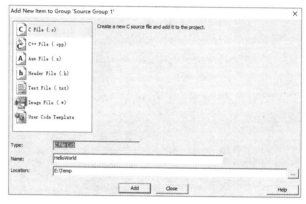

图 10-6　新加入工程文件的可选类型

在源程序编写过程中，我们可能会使用中文进行注释，但默认条件下源文件的编码方式为 ANSI，中文无法正常显示。不过不用担心，Keil 允许设置源文件编辑器所使用的编码。我们可以在 Keil 主界面的菜单栏中选择"Edit"下的"Configuration"命令，再在打开的对话框中的"Editor"选项卡中，将"Encoding"选为"Chinese GB2312(Simplified)"，如图 10-7 所示，然后就可以正常输入及显示中文了。除此之外，该选项卡还允许对编辑过程中所使用的字体、关键字颜色区分显示、Tab 缩进值等进行设置。

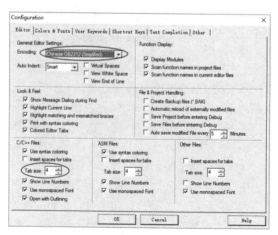

图 10-7　配置"Editor"选项卡

10.1.2　源代码的编译、链接

我们知道，CPU 在运行程序的时候，实际上只能识别二进制的机器码。最初人们只能直接设计机器码程序，然后用穿孔纸带等方式将其输入计算机系统中执行。为了提高程序的可读性和编程效率，人们逐步设计出了汇编语言以及各种高级语言，这些语言从语法到结构都更适合人类阅读和处理。使用这些语言编写的代码被称为源代码。但是，CPU 是无法直接识别和执行源代码的，最终交给 CPU 执行的仍然只能是二进制的机器码。将源代码转换成 CPU 可直接执行的二进制机器码的过程就称为源代码的编译、链接。

源文件编辑完成以后，单击 Keil 工具栏上的"Build"图标，就可以编译所有的源文件并生成应用。如果编译过程出现错误，Keil 将在"Build Output"窗格中显示错误或告警信息。在错误提示信息行上双击，光标会自动跳转到出现该错误的程序行上。例如，图 10-8 中出现"HELLOWORLD.C(14): error C202: 'tr1': undefined identifier"错误提示信息，双击该错误提示信息，光标即定位到出现该错误的程序行上，我们很容易发现，这个错误是将应该大写的"TR1"输入为小写所导致的。根据错误提示信息，修改程序中出现的错误，直到编译成功。

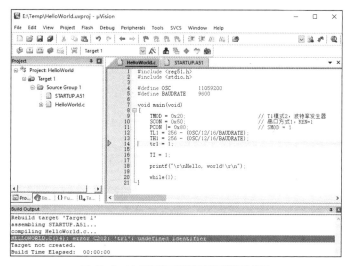

图 10-8　Keil 环境下源代码编译错误的提示

源程序中没有错误之后，我们可以在"Build Output"窗格中看到最终编译、链接成功的提示信息，如图 10-9 所示。

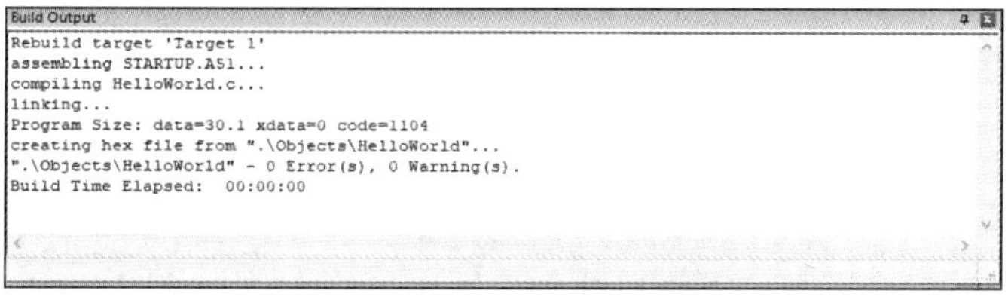

图 10-9　工程文件编译、链接成功

10.1.3　工程的在线调试

编译成功后，就可以进行程序的仿真调试了。对于程序的调试，Keil 中有两种方式：一是下载到仿真器或者单片机中进行在线仿真调试；二是进行软件模拟调试。其中，软件模拟调试方式是对程序的运算及逻辑功能进行在线测试，与在线仿真调试的方法基本相同，但不需要反复进行下载或烧写等操作，效率较高。软件模拟调试成功后，基本上不需再做多大修改即可应用到真正的系统中。下面就以软件模拟调试方式为例，说明程序的调试方法。

为了确保编写的程序能够在不连接单片机的情况下进行仿真调试（该过程称为软件模拟），我们可以切换到"Options for Target 'Target 1'"对话框的"Debug"选项卡，如图 10-10 所示，在该选项卡中选中"Use Simulator"单选按钮，其他选项保持默认值，单击"OK"按钮，然后即可进行软件模拟调试。

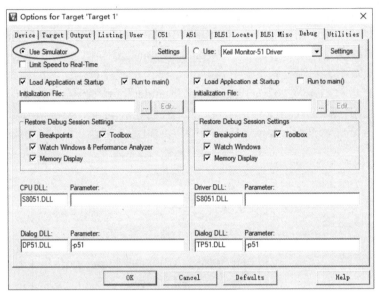

图 10-10　Keil 工程的软件模拟调试配置

接下来，从 Keil 主界面的"Debug"菜单中选择"Start/Stop Debug Session"命令（快捷键Ctrl+F5），或者单击工具栏上的"Start/Stop Debug Session"图标，如图 10-11 所示，都可以开启软件模拟调试。

图 10-11　Keil 工程的调试开启命令及对应的工具栏图标

软件模拟调试开始以后，我们可以看到图 10-12 所示的界面。

调试界面中除菜单栏、工具栏之外，还有 5 个窗格，分别是寄存器窗格（Registers）、反汇编窗格（Disassembly）、源代码窗格（HelloWorld.c）、命令行窗格（Command）和状态观察窗格（调试界面右下角拥有 3 个选项卡的窗格）。

寄存器窗格显示了程序运行过程中所有寄存器的值，一旦程序运行过程中某个寄存器的值发生了变化，相应的寄存器就会以深色背景显示，图 10-12 中 SP 寄存器的值就在程序运行时发生了变化；反汇编窗格则显示出每一行 C 语言源代码所对应的汇编语言代码，并在窗格左侧通过黄色的箭头指示出下一条将要执行的指令（即 PC 的值）；源代码窗格，顾名思义，显示出我们所编写的 C 语言源代码，以及加入工程的系统初始化汇编语言代码（STARTUP.A51），同时通过黄绿色的双箭头指示出将要执行的源代码；Keil 的命令行窗格允许用户用 ASM 命令直接输入汇编指令等，并显示执行结果；状态观察窗格则用来对调试过程中单片机的存储器、函数调用过程、I/O 端口状态等进行展示。

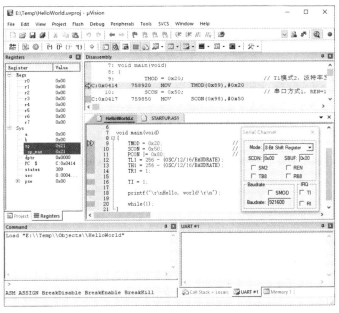

图 10-12　Keil 工程软件模拟调试的初始状态

图 10-12 所示的界面是用户发出模拟调试命令后的初始状态。对于 80C51，实际上是系统模拟调试执行完，启动汇编代码后，将要执行 C 语言 main 函数的第 1 条语句时的状态。在调试过程中，用户可以进行如下操作。

1. 连续运行、单步运行、单步跳过运行

"Debug"菜单中的"Run"（快捷键 F5）、"Step"（快捷键 F11）、"Step Over"（快捷键 F10）命令分别可以进行程序的连续运行、单步运行和单步跳过运行。连续运行功能很好理解，即让程序按代码控制的顺序连续不停地执行。单步运行功能则是让程序每执行一句后暂停下来，并显示程序执行的当前结果，如寄存器内容的变化、I/O 端口电平的变化等。单步跳过运行功能则是当单步运行程序到某个子程序或函数的调用时，模拟调试过程不进入该子程序或函数内部，而是直接执行完该子程序或函数，跳转到下一行代码处。

2. 跳入执行

单击工具栏上的"Step into"图标，则当执行到某个子程序或函数时，可以跳入该子程序或函数内部执行程序。

3. 运行到光标所在行

单击工具栏上的"Run to Cursor line"图标，或者从"Debug"菜单中选择"Run to Cursor line"（快捷键 Ctrl+F10）命令，则可以使程序运行到当前光标所在的行。

上述这几项功能使用过程中需注意，在程序执行过后，其源代码所在行的左侧将显示为深绿色，未执行部分仍显示为灰色，以示区别。

4. 设置或取消断点

进入软件模拟调试环境后，在某行代码上单击鼠标右键，弹出的快捷菜单中有"Insert/Remove Breakpoint"命令（快捷键 F9），选择此命令后，单击程序代码行编号左侧深色区，则可以在当前行设置或取消断点。只要在某行设置了断点，则该行代码左侧深色区会出现一个红色的圆点，表示断点有效。任何情况下执行到设置了断点的行，程序都会暂停运行。此时，用

户可以查看程序运行到此断点处的各种资源状态，这样对程序逻辑调试及排错很有帮助。设置了断点的软件模拟调试界面如图 10-13 所示。

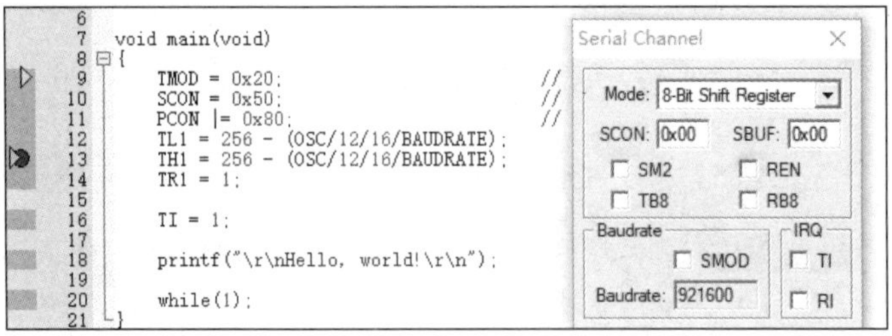

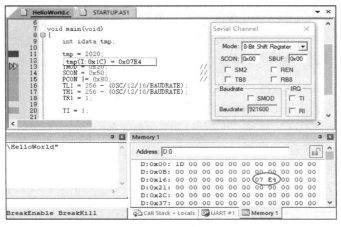

图 10-13　设置了断点的软件模拟调试界面

5．存储器查看

在软件模拟调试过程中，用户还可以随时查看存储器的内容。软件模拟调试开始的时候，右下角的状态观察窗格中默认显示"Memory 1"选项卡，在该选项卡中即可进行存储器查看。我们将工程的源代码稍加修改，定义一个存储于片内 RAM 中的整型变量 tmp 并对其赋值，软件模拟调试时执行该赋值语句后，切换到"Memory 1"选项卡，在"Address"文本框中输入"D:0"并按 Enter 键，则会在该选项卡中显示片内 RAM 的内容，如图 10-14 所示。

图 10-14　存储器查看

如果在"Address"文本框中分别输入"C:0""X:0"并按 Enter 键，则可分别查看程序存储器、片外 RAM 中的数据。如果要同时查看多个存储器区域的内容，则可通过选择"View"菜单下的"Memory Windows"命令来增加状态观察窗格（最多可有 4 个状态观察窗格）。这些窗格也是可关闭的，我们只需打开其他状态观察窗格，或者在窗格标题栏上单击鼠标右键，然后在弹出的快捷菜单中选择"Hide"命令。在查看存储器内容的时候，如果想要改变某个单元的内容，则可在该单元上单击鼠标右键，然后在弹出的快捷菜单中选择"Modify Memory at…"命令，并在对话框中输入数值（输入十进制数时，可不带后缀；输入十六进制数时，需带"H"后缀或"0x"前缀，如 26H）。在此可连续输入多个单元的内容，各个数值之间用逗号分隔。当然，对于程序存储器这样的 ROM 存储区，我们不能通过此功能修改其内容。

6．查看变量

从"View"菜单中选择"Watch Windows"命令，状态观察窗格中会新增选项卡，如图 10-15所示，在其中可以查看程序中变量的值。

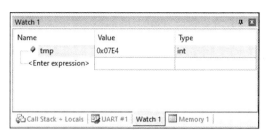

图 10-15　变量查看

双击"<Enter expression>"，可输入要查看的变量的名称，其值和类型将在右侧显示。

7. 查看外部设备状态

我们需要查看程序运行过程中串行口的状态的时候，只需从"Peripherals"菜单中选择"Serial"命令，即可在弹出的对话框中查看单片机串行口的状态。再次选择该命令，即可关闭该对话框。本例串行口初始化代码执行完后的串行口状态如图 10-16 所示。在图中我们可以看到，串行口的工作模式和波特率等都已显示成我们为程序预设的状态，说明程序的串行口初始化代码正确无误。

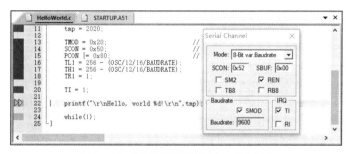

图 10-16　软件模拟调试中的串行口状态查看

此外，选择"Peripherals"菜单中的"Interrupt"命令可观察中断向量，该对话框中显示了所有的中断向量。对选定的中断向量可以用对话框底部的复选框进行相应参数的设置。

"I/O-Ports"命令可打开或关闭输入输出端口（P0～P3）的状态观察窗格，该窗格中显示了程序运行时端口的状态，我们可随时通过鼠标单击修改端口的电平状态，从而可以在调试的过程中模拟外部的输入。

"Timer"命令可用于查看单片机的定时器状态。本例中使用 T1 作为单片机串行口的波特率发生器，因此 T1 应工作在自动重装模式下。我们在软件模拟调试状态下选择显示串行口，初始化代码执行完后，在查看 T1 状态的时候，如图 10-17 所示，我们可以看到对应的状态是正确无误的。

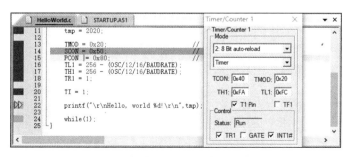

图 10-17　软件模拟调试中的定时器状态查看

除此以外，对于不同类型的单片机，"Peripherals"菜单中会出现很多与该类型单片机相关的外设资源命令。有关不同类型单片机资源的查看，读者可自行实验。

本工程模拟调试完后，串行口的输出结果可以从状态观察窗格的"UART #1"选项卡中看到，如图 10-18 所示。另外，如果在软件模拟调试的过程中需要通过串行口输入数据，也可以直接在该窗格中使用键盘输入。

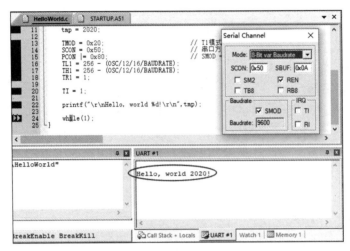

图 10-18　软件模拟调试中的串行口输入输出

从对软件模拟调试过程的介绍我们可以看出，Keil 提供了一个功能强大的集成开发环境。掌握了上述操作方法，读者就可以进行基本的程序开发及调试工作了。关于 Keil 集成开发环境的更详细介绍，请读者自行参阅相关图书或上网搜索。

10.2　建立 STM32F103 应用工程

10.2.1　STM32F10x 标准外设库

与几乎所有的嵌入式微控制器、微处理器一样，对 STM32 片上外设的控制归根结底是对相关寄存器的控制。以普通 I/O 端口为例，STM32 的每个 I/O 端口都由多达 7 个寄存器共同控制，我们要使用某个 I/O 端口时，需要对照着相应数据手册小心翼翼地设置相关寄存器的对应位。直接操作寄存器是一种以牺牲开发时间来获取更高代码效率的方式，适用于对功耗、存储空间、执行效率等有严苛要求的场景。这种方式不仅使得开发效率低下，而且代码可读性也不强。

为了解决这个问题，ST 公司将对寄存器的一系列操作封装成函数供开发者调用，从而极大提高了开发效率。与此同时，标准库通过大量的宏定义、枚举类型定义、结构体定义等，极大地提高了程序的可读性。

下面我们分别通过两种方式将 PA8 设置为推挽输出，并对比两种方式的优缺点。

```
/*-------库函数方式-------*/
//定义用于初始化的结构体
GPIO_InitTypeDef GPIO_InitStructure;
//为结构体赋值
GPIO_InitStructure.GPIO_Pin = GPIO_Pin_8;
GPIO_InitStructure.GPIO_Mode = GPIO_Mode_Out_PP;
```

```
//调用相关函数进行初始化
GPIO_Init(GPIOA,&GPIO_InitStructure);

/*-------直接操作寄存器方式-------*/
GPIOA->CRH|=0X00000003;
```

使用库函数方式，我们需要先定义一个结构体变量，再为这个变量赋值，最后调用初始化函数，根据这个变量完成初始化工作。整个过程不需要查阅相应数据手册，而且根据 GPIO_Pin_8、GPIO_Mode_Out_PP、GPIOA 这 3 个名称，我们一眼便可看出这段代码所要实现的功能。相比较而言，编写、阅读直接操作寄存器的一行代码都需要参考相应数据手册，但这一行代码不需要定义临时变量，也不需要为变量赋值，更不需要调用函数，其代码效率高于库函数方式。为了便于理解，在后续的实验中，我们都将采用库函数方式进行编程。

在简单地介绍了 STM32 标准外设库后，我们开始下载该库。

（1）打开 ST 公司官方网站后，选择"产品"→"微控制器"，如图 10-19 所示。

（2）单击页面中的"工具与软件"，如图 10-20 所示。

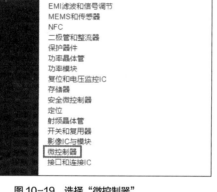

图 10-19 选择"微控制器"

图 10-20 单击"工具与软件"

（3）单击"嵌入式软件"中的"STM32 Standard Peripheral Libraries (8)"，如图 10-21 所示。

（4）单击"STSW-STM32054"展开详细信息，之后单击"Resources"，如图 10-22 所示。

图 10-21 单击 STM32 标准外设库下载链接

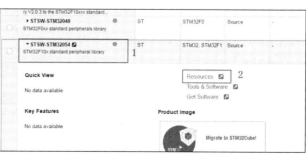

图 10-22 获取软件资源

（5）单击"STSW-STM32054"右侧的"获取软件"按钮，开始下载，如图10-23所示。

获取软件				
型号	Software Version	Marketing Status	Supplier	下载
STSW-STM32054	3.5.0	Active	ST	获取软件

图 10-23　确认下载

需要注意的是，ST 公司官方网站上的资源需要登录才可以下载，用户需要先进行注册。

10.2.2　嵌入式开发环境搭建

2013 年 10 月，Keil 公司正式推出 MDK5，该版本使用 μVision 5 集成开发环境，它是目前针对 ARM 微控制器，尤其是 Cortex-M 内核微控制器的一款集成开发工具。

MDK5 的框架结构如图 10-24 所示。从图中可看到，MDK5 主要分成两部分，MDK Core 和 Software Packs。与以往将所有组件包含到一个安装包里的 MDK 不同，MDK5 由如上两个相对独立的部分组成。MDK Core 作为一个独立的安装包，不包含器件支持、设备驱动等组件，大小不到 300MB。器件支持、设备驱动等组件包含在 Software Packs 中。

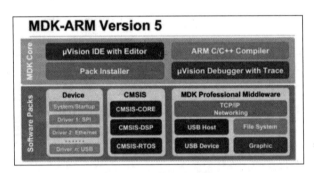

图 10-24　MDK5 的框架结构

MDK Core 分为 4 个部分：μVision IDE with Editor（编辑器）、ARM C/C++ Compiler（编译器）、Pack Installer（包安装器）、μVision Debugger with Trace（调试跟踪器）。

MDK5 的编辑器支持代码自动补全、函数参数提示、语法动态监测等功能，能够在一定程度上提高开发效率。MDK5 的编译器允许通过图形用户界面进行参数配置、目标硬件类型选择等操作，且可快速生成目标文件，省去了开发人员编写 Makefile 的烦琐操作，使开发新手也能快速上手。MDK5 的包安装器用于安装支持不同类型硬件的包，即 Software Packs。MDK5 的调试跟踪器用于实现对工程的调试。

Software Packs 分为 Device（芯片支持）、CMSIS（ARM Cortex 微控制器软件接口标准）和 MDK Professional Middleware（中间库）3 个部分，包含了各类可用的设备驱动。它可以独立于工具链进行新组件的安装和中间库的升级，从而支持新的器件、提供新的设备驱动库等，以加速产品开发。

MDK5 安装包可以到 Keil 公司官方网站下载。用户只需依次选择"Download" → "Download Products" → "MDK-Arm"（见图 10-25），即可进行下载。

图 10-25　下载安装包

MDK5 的安装非常简单，只需运行安装程序 mdk_510.exe，按照引导一步步地进行操作即可。这里建议通过单击鼠标右键运行安装程序，选择"以管理员身份运行"命令，而不是直接双击，这样可以避免因权限问题而安装不完全或安装失败。

安装过程中会出现图 10-26 所示的许可证协议界面，此时需勾选"I agree to all the terms of the preceding License Agreement"复选框才可继续安装。

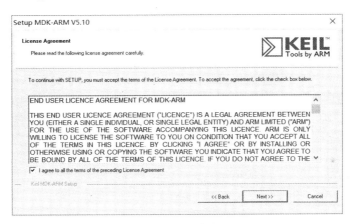

图 10-26　许可证协议界面

选择安装路径时建议选择全英文的路径（见图 10-27），从而避免无法识别中文导致软件无法正常使用的问题。

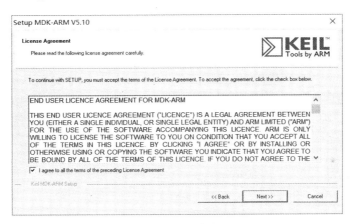

图 10-27　安装路径选择界面

安装过程中若出现相关软件的安装询问，请单击"安装"按钮，如图 10-28 所示。

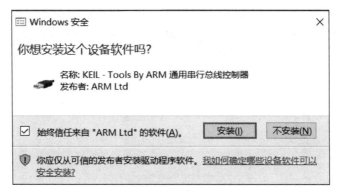

图 10-28　相关软件的安装询问

正如上文提到的，MDK5 分成两部分——MDK Core 和 Software Packs，因此，在完成 MDK Core 的安装后将弹出包安装器界面（见图 10-29）供用户选择安装所需软件包。在该界面中选择所需软件包即可进行下载与安装，但由于网络原因，采用此方式的安装过程将相当缓慢，甚至无法完成，因此建议直接关闭该界面，采用手动安装方式。这里以 STM32F1xx 为例，从网上下载相关软件包 keil.STM32F1xx_DFP.1.0.4.pack，之后直接运行（用鼠标右键单击，选择"以管理员身份运行"命令）即可。出现图 10-30 所示界面表明软件包安装成功，MDK5 已可以支持相关硬件了。

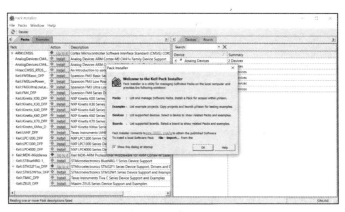

图 10-29　包安装器界面

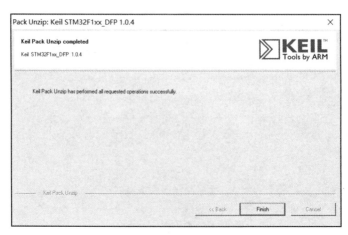

图 10-30　软件包安装成功界面

10.2.3　工程的建立和配置

本小节将介绍如何利用 μVision 5 集成开发环境建立一个工程，并做一些必要的配置。

1.　工程的建立

首先启动 Keil 软件，选择"Project"→"New μVision Project"命令，在弹出的"Create New Project"对话框中选择工程存储位置并为工程命名，如图 10-31 所示。

图 10-31　"Create New Project"对话框

这里同样建议将工程文件保存在纯英文路径下，工程命名也使用英文。

在完成工程保存路径选择与工程命名后将弹出图 10-32 所示的设备选择对话框。由于本书所有例程均基于 STM32F103C8T6，因此选择 STM32F103C8。这里"STM32"表示该芯片为 ST 公司基于 Cortex-M 内核的 32 位微控制器，"F"表示该芯片为通用类型，"103"表示该芯片为增强型，"C"表示该芯片为 48 脚封装，"8"表示该芯片内含 32KB 的闪存。

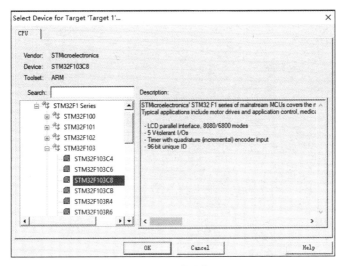

图 10-32　芯片选型

▎注意▎

建立工程时务必要清楚自己所用芯片的类型并按实际情况配置工程，否则将可能出现不可预知的危险。这里举一个简单的例子说明可能出现的危险。图 10-33 所示为 STM32F103C8 的默认配置,图10-34所示为STM32F103CB的默认配置,我们可以看到Keil软件为STM32F103C8设置的 IROM1 大小为 0x10000,而为 STM32F103CB 设置的 IROM1 大小为 0x20000。若我们实际使用的芯片为STM32F103C8,却将工程配置为STM32F103CB,则最终程序代码可能会往不存在的地址中烧写,从而导致错误发生。

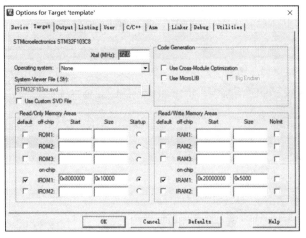

图 10-33　STM32F103C8 默认配置

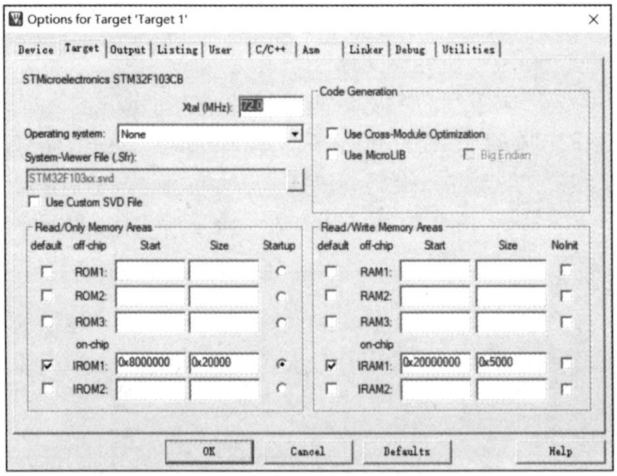

图 10-34　STM32F103CB 默认配置

STM32 是一款基于 Cortex-M3 内核的微控制器,因此在编译 STM32 工程时需要内核相关文件的支持。此外,ST 公司也提供了一个 FWLib 库(用于控制外设的固件库),其中的函数封装了各种对 STM32 的操作,用户可以直接调用这些函数实现对 STM32 片上资源的使用,而不必一个个去操作相关寄存器。

至此,工程建立完毕。

2. 文件夹与源文件的创建

接下来,我们介绍如何为一个空白工程创建文件夹与源文件。

（1）创建工程文件夹

我们新建一个文件夹,并将其命名为"Template",整个工程所有的内容都将包含在该文件夹中。读者在实际操作时可以按照工程所实现的功能来给该文件夹命名,起到见名知意的作用。

接着，我们在 Template 文件夹中新建 4 个文件夹，分别命名为 CORE、OBJ、STM32F10x_FWLib 和 USER，如图 10-35 所示。上文提到 STM32 工程需要 Cortex-M3 相关文件支持，我们将这些文件存放在 CORE 文件夹中。OBJ 文件夹用于存放工程编译生成的目标文件，最终我们要将目标文件下载到目标系统中。STM32F10x_FWLib 文件夹中存放 FWLib 库文件，以便在源文件编辑时直接调用相关函数。USER 文件夹用于存放主函数文件、工程文件及 STM32 相关文件（前面建立工程时工程文件的保存文件夹正是 USER）。

图 10-35　工程文件夹

接下来，进入 STM32F10x_FWLib 文件夹，建立 inc 与 src 两个文件夹，如图 10-36 所示。这里的 inc 文件夹用于存放头文件（.h 文件），src 文件夹用于存放源文件（.c 文件）。熟悉 C 语言的读者肯定知道，C 语言函数在完成定义之后，必须先声明后使用。函数的编写者往往会在完成函数定义的同时用另一个扩展名为.h 的文件（头文件）包含所实现函数的声明，函数调用者可以通过包含头文件的方式实现对所有函数的声明，而不必手动声明每一个函数，从而避免声明与定义不一致的问题。

图 10-36　STM32F10x_FWLib 文件夹

（2）向文件夹中添加源文件

在完成文件夹的创建后，我们开始向文件夹中添加源文件等。所需文件都在我们从 ST 公司官方网站下载的标准外设库中。

首先，我们向 CORE 文件夹中添加 core_cm3.c 与 core_cm3.h 两个文件，用以实现对内核的支持。然后，添加 startup_stm32f10x_md.s 文件，如图 10-37 所示。由文件名 startup_stm32f10x_md.s 便可知这是 STM32 的启动文件，其中 md 代表中等容量芯片。读者需要根据自己实际使用的芯片容量添加对应的文件。

图 10-37　CORE 文件夹

接下来，进入 STM32F10x_FWLib 文件夹，并向 src 文件夹中添加相关库文件，如图 10-38 所示。在实际工程中，我们可以根据需要添加相关文件，也可以将所有文件添加进来，之后在配置工程时只加载需要的文件。在向 src 文件夹中添加文件后，我们再将对应的头文件加入 inc 文件夹。

图 10-38　src 文件夹

最后，我们向 USER 文件夹中添加图 10-39 所示的文件。该文件夹中除了创建工程时生成的两个以 template 开头的文件以及自行编写的 main.c，其他文件都来自 ST 公司官方网站。为什么这些文件不放在 STM32F10x_FWLib 文件夹中呢？细心的读者应该发现，STM32F10x_FWLib 文件夹中的文件基本都是针对某一特定片上资源的，如 ADC、CAN、I2C 等，而 USER 文件夹中的文件都是在整体上对工程进行支持的。

图 10-39　USER 文件夹

至此，我们完成了工程文件夹与源文件的创建。此时源文件和工程文件存储在同一路径下，但它们之间毫无关系。

3.　工程的配置

接下来，我们需要通过对工程进行配置，使前面这些文件结合成一个有机的整体。

（1）文件夹创建和文件添加

首先，我们用鼠标右键单击工程名，在弹出的快捷菜单中选择"Manage Project Iterms"命令，打开工程文件夹及源文件配置对话框，如图 10-40 所示。这里配置的文件夹及源文件与前面创建的文件夹及源文件没有必然的联系，但建议尽量将两者配置成一样。

"Manage Project Items"对话框中共有 3 列，这 3 列分别为"Project Targets""Groups"和"Files"。我们每次只对一个工程进行操作，因此不对 Project Targets 列做任何修改，要做的是在 Groups 中创建文件夹并向其中添加文件。

如图 10-41 所示，Groups 列右侧共有 4 个图标，分别是"新建文件夹"图标□、"删除文件夹"图标✕、"上移文件夹"图标⬆和"下移文件夹"图标⬇。我们在 Groups 中新建 3 个文件夹，分别命名为 USER、CORE 和 FWLIB。

在完成文件夹的创建后，我们向其中添加文件。需要注意的是，我们在这里只添加.c 文件和.s 文件；至于前面添加的.h 文件，我们将在其他地方进行配置。

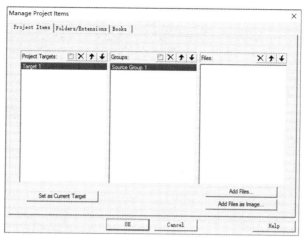

图 10-40 "Manage Project Items"对话框

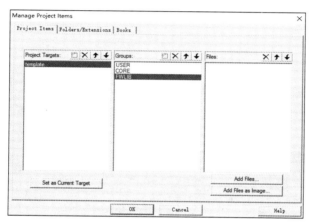

图 10-41 新建文件夹

单击 Files 列下的"Add Files…"按钮，打开文件添加对话框，如图 10-42 所示。在该对话框中，我们将查找范围选为先前创建的 USER 文件夹，然后选择其中所有的.c 文件，最后依次单击"Add"按钮和"Close"按钮，完成文件的添加。

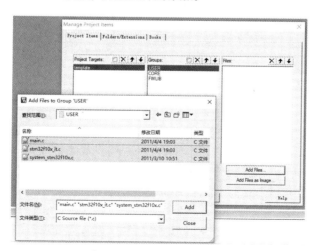

图 10-42 向 USER 文件夹添加文件

如图 10-43 所示，向 CORE 文件夹中除了添加.c 文件，还需要添加.s 文件。由于默认的文件类型为"C Source file(*.c)"，因此在这里，我们需要将文件类型选为"All files(*.*)"才可以看到.s 文件，并选择添加该文件。

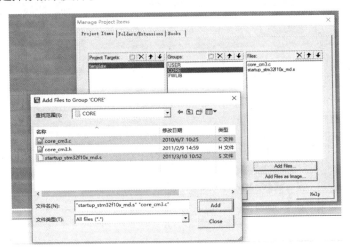

图 10-43　向 CORE 文件夹添加文件

最后，我们向 FWLIB 文件夹中添加文件，如图 10-44 所示。在这里，我们将建立工程时所有的文件都添加了进去，但建议读者在实际工程中按需要添加，例如，该工程中用不到 ADC，则不必添加 stm32f10x_adc.c 这个文件，从而减少编译所需时间。

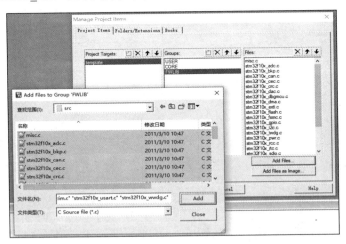

图 10-44　向 FWLIB 文件夹添加文件

（2）其他配置

在完成文件夹创建和源文件添加之后，我们通过单击 Keil 工具栏上的"Options for Target…"图标打开相应对话框来完成剩余配置工作，如图 10-45 所示。

我们先切换到"C/C++"选项卡，进行头文件所在文件夹的包含等配置工作。通过单击"Include Paths"右侧的▪▪▪按钮打开"Folder Setup"对话框，如图 10-46 所示，然后新建文件夹。与前面创建包含源文件的文件夹不同，这里新建文件夹之后是通过选择磁盘上已有的文件夹进行包含的。编译器在编译源文件时会搜索这些路径寻找相关头文件以获取对应的函数声明。我们的所有.h 文件都包含在 CORE、USER 和 inc 这 3 个文件夹中，所以在这里添加这 3 个文件夹即可。

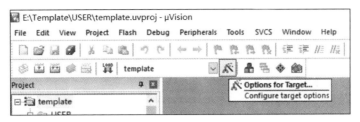

图 10-45　单击"Options for Target…"图标

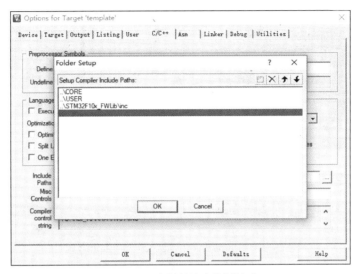

图 10-46　头文件所在文件夹的包含

接着，我们在"Define"文本框中输入"STM32F10x_MD,USE_STDPERIPH_DRIVER"，如图 10-47 所示。这里的 STM32F10x_MD 表示芯片为中等容量；如果读者采用的芯片为小容量，则应修改为 STM32F10x_LD；如果采用的芯片为大容量，则应修改为 STM32F10x_HD。

最后，切换到"Output"选项卡进行输出配置。先通过单击"Select Folder for Objects…"按钮打开相应对话框（见图 10-48），选择目标文件输出后的存储位置，单击"OK"按钮，然后勾选"Create HEX File"复选框。这样，在工程完成编译之后将生成.hex 文件，该文件会存储在所选位置。将该文件烧写到目标系统后，即可运行。

图 10-47　宏定义变量设置

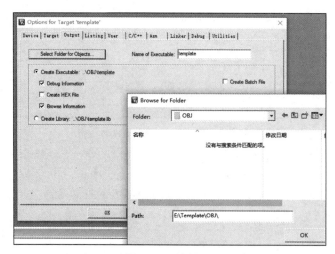

图 10-48 输出配置

到目前为止，我们已经完成了工程的所有基本配置。

10.2.4 程序编写与目标文件生成

在本小节中，我们将在上一节的基础上编写一个简单的小程序，以帮助读者熟悉程序编写与目标文件的生成过程。

在编写程序之前，我们还需要在"Options for Target 'template'"对话框中进行一些配置，这些配置是为了支持我们将要使用的调试工具 STLink。如果读者使用的是其他类型的调试器，则请参阅其说明书进行配置。

首先，切换到"Target"选项卡，按照实际使用的硬件修改"Xtal(MHz)"。我们使用的外部晶振频率为 8MHz，因此在这里将原默认值"72.0"修改为"8.0"，如图 10-49 所示。

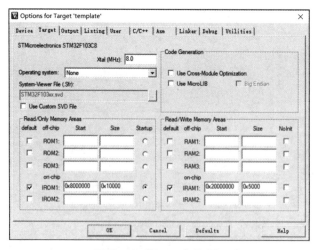

图 10-49 "Target"选项卡

接下来，切换到"Debug"选项卡，将默认的 ULINK 修改为"ST-Link Debugger"，如图 10-50 所示。然后单击其右侧的"Settings"按钮，将 Port 选型由 JTAG 改为 SW。

最后，切换到"Utilities"选项卡，取消对"Use Debug Driver"复选框的勾选，将"Use Target Driver for Flash Programming"下方下拉列表框的值改选为"ST-Link Debugger"，然后单击"Settings"按钮（见图 10-51）打开 Flash 支持配置对话框。

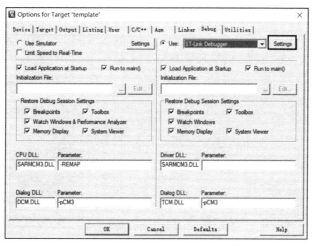

图 10-50 "Debug"选项卡

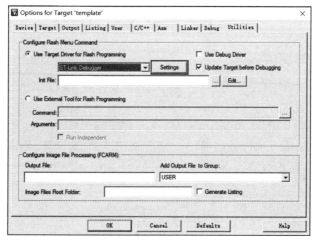

图 10-51 "Utilities"选项卡

找到单片机相应 Flash（见图 10-52），选择后单击"Add"按钮，配置 Flash 选项。我们使用的 STM32F103C8 为中等容量，因此这里选择"STM32F10x Med-density Flash"。

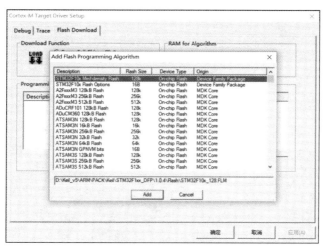

图 10-52 Flash 支持配置对话框

我们打开 main.c 文件，编写图 10-53 所示的程序。这是一个将变量 i 自增 10 次的程序。在编写完程序后，单击 Keil 工具栏上的"Rebuild"图标进行编译。若编译过程中没有出现错误，则编译完成后将在前面设置的文件夹中生成 .hex 目标文件。

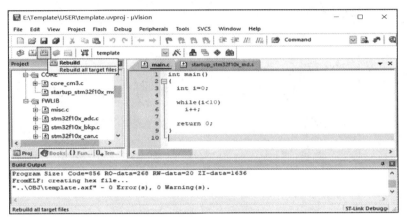

图 10-53　程序编写与编译

10.2.5　程序下载与调试运行

在 10.2.4 小节中，我们完成了源文件的编写与目标文件的生成。本小节会将目标文件下载到 STM32 中并进行调试运行。

首先，我们进行硬件连接。ST-Link 与 STM32 之间需连接 5 根线，这 5 根线分别是 SWCLK、SWDIO、RST、VCC（3.3V）和 GND。接着，我们回到 Keil 主界面并单击工具栏上的"Download"图标，当左下角显示"Verify OK"时，程序已经烧写到目标系统中，如图 10-54 所示。

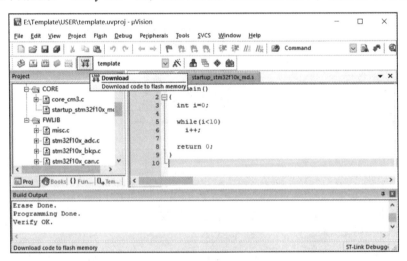

图 10-54　程序烧写

在完成程序烧写后，如果断开 ST-Link Debugger 的连接，再给 STM32 上电，程序便可以运行起来。由于这里编写的程序仅用于介绍调试模式，不存在对硬件的控制，因此上电后程序运行时并不会看到直观的效果。

接下来，单击工具栏上的"Start/Stop Debug Session"图标进入调试模式，此时会出现 4 个默认的调试窗格以及一个 Debug 工具栏（见图 10-55）。下面简单介绍 Debug 工具栏前半部分的相关按钮功能，如图 10-56 所示；后半部分主要用于相关调试窗口的打开与关闭，这里不做介绍。

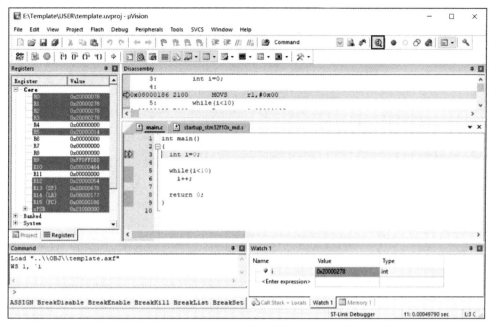

图 10-55 调试模式

"复位"按钮：该按钮的功能相当于硬件上的"复位"按钮，单击一次相当于实现了一次硬件复位，代码将会重新从头开始执行。

"执行到断点处"按钮：该按钮用来快速执行到断点处。当我们只需要看程序执行到某处时的情况而不关心其余部分时可在该处设置断点并单击该按钮。

"挂起"按钮：该按钮在程序执行时会变为有效，单击该按钮，程序将暂停，进入单步调试模式。

"执行进去"按钮：该按钮用于进入所执行的函数。当程序执行到某个函数调用语句时，单击该按钮将跳转到函数内部，逐句执行函数内部的语句。

"执行过去"按钮：单步调试时最常用的按钮，每单击一次该按钮将执行一条语句。无论是简单的赋值语句还是复杂的函数调用，都将作为一条语句执行过去。

"执行出去"按钮：当我们使用"执行进去"按钮进入函数内部进行逐句调试时，可通过单击该按钮跳过函数的剩余语句，回到函数被调用的位置。

"执行到光标处"按钮：该按钮可以迅速使程序执行到光标处。该按钮与"执行到断点处"按钮类似，但两者有一定的区别：断点可以有多个，而光标所在处只有一个。

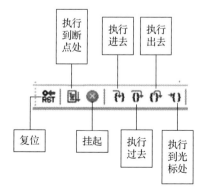

图 10-56 Debug 工具栏前半部分

由图 10-55 可知，在进入调试模式时变量 i 被自动加入了"Watch 1"窗格，由于此时程序并未开始执行，i 未初始化，因此 i 为一个不定值。我们也可以用鼠标右键单击某个变量，在弹出的快捷菜单中将其加入"Watch 1"窗格。我们在"i++"处添加一个断点，准备开始运行程序，如图 10-57 所示。

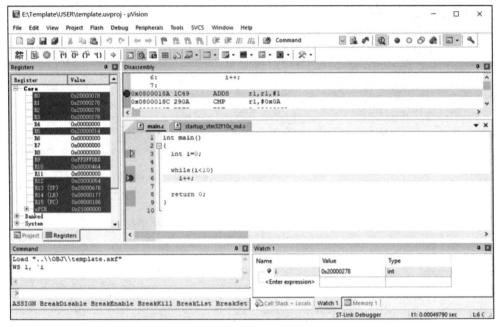

图 10-57　添加断点

单击"执行到断点处"按钮，程序停在了"i++"处。由于前面执行了 i=0 赋值语句，因此我们可以看到此时 i 的值为 0，如图 10-58 所示。

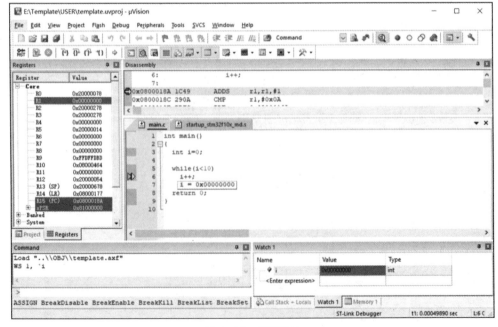

图 10-58　变量观察 1

再次单击"执行到断点处"按钮，程序执行"i++"，再判断"i<10"，之后再次停留在"i++"处。经过刚才的"i++"运算，此时 i 的值已经变成了 1，如图 10-59 所示。

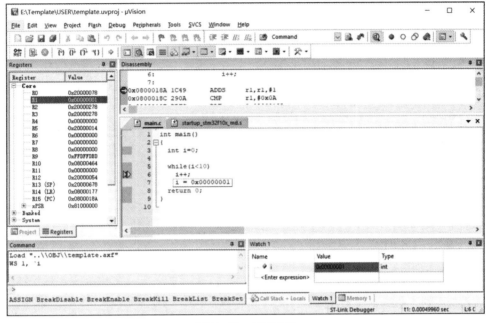

图 10-59　变量观察 2

10.3　基于 STM32 的 LCD 点阵控制

在前面章节中，我们利用 80C51 实现了显示接口的扩展。在本节中，我们将利用 STM32 对其重新进行实现。

10.3.1　STM32 控制字符点阵 LCD

字符点阵式 LCM1602 的介绍已在前面章节中提及，这里不再赘述。

STM32 与字符点阵式 LCD1602 的连接原理图如图 10-60 所示。

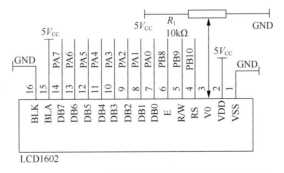

图 10-60　STM32 与字符点阵式 LCD1602 的连接原理图

下面给出驱动程序代码。根据图 10-60，将 LCD1602 端口 RS、R/W、E 与 STM32 单片机 PB8～PB10 相接，宏定义控制引脚 RS、R/W、E 的 6 个状态以便后面程序调用。LCD1602_Wait_Ready 函数用来检测 LCD 是否空闲，以便写入数据或指令。LCD1602_Write_Cmd 函数和

LCD1602_Write_Data 函数用来写入数据和指令。

【例 10-1】LCD1602 驱动程序实现。

lcd1602.h：

```
//LCD1602 指令/数据选择引脚
#define  LCD_RS_Set()  GPIO_SetBits(GPIOB, GPIO_Pin_10)
#define  LCD_RS_Clr()  GPIO_ResetBits(GPIOB, GPIO_Pin_10)

//LCD1602 读写引脚
#define LCD_RW_Set()  GPIO_SetBits(GPIOB, GPIO_Pin_9)
#define LCD_RW_Clr()  GPIO_ResetBits(GPIOB, GPIO_Pin_9)

//LCD1602 使能引脚
#define LCD_EN_Set()  GPIO_SetBits(GPIOB, GPIO_Pin_8)
#define LCD_EN_Clr()  GPIO_ResetBits(GPIOB, GPIO_Pin_8)

//LCD1602 数据端口 PA0～PA7
#define DATAOUT(x)  GPIO_Write(GPIOA, x)

//函数声明
void GPIO_Configuration(void);
void LCD1602_Wait_Ready(void);
void LCD1602_Write_Cmd(u8 cmd);
void LCD1602_Write_Data(u8 dat);
void LCD1602_ClearScreen(void);
void LCD1602_Set_Cursor(u8 x,u8 y);
void LCD1602_Show_Str(u8 x,u8 y,u8 *str);
void LCD1602_Init(void);
```

lcd1602.c：

```
/*****************************************************
功能：初始化相关 I/O 端口
参数：无
返回：无
*****************************************************/
void GPIO_Configuration(void)
{
    GPIO_InitTypeDef GPIO_InitStructure;

RCC_APB2PeriphClockCmd(RCC_APB2Periph_GPIOA | RCC_APB2Periph_GPIOB,ENABLE);
            //使能 PA、PB 端口时钟

    GPIO_InitStructure.GPIO_Pin=GPIO_Pin_0|GPIO_Pin_1|GPIO_Pin_2|GPIO_
Pin_3|GPIO_Pin_4|GPIO_Pin_5|GPIO_Pin_6|GPIO_Pin_7;
    GPIO_InitStructure.GPIO_Mode = GPIO_Mode_Out_PP;  //推挽输出
    GPIO_InitStructure.GPIO_Speed = GPIO_Speed_50MHz; //I/O端口频率为50MHz
    GPIO_Init(GPIOA,&GPIO_InitStructure);            //初始化 GPIOA0～GPIOA7

    GPIO_InitStructure.GPIO_Pin = GPIO_Pin_8|GPIO_Pin_9|GPIO_Pin_10;
    GPIO_InitStructure.GPIO_Mode = GPIO_Mode_Out_PP;  //推挽输出
    GPIO_InitStructure.GPIO_Speed = GPIO_Speed_50MHz; //I/O端口频率为50MHz
    GPIO_Init(GPIOB,&GPIO_InitStructure);            //初始化 GPIOB8、GPIOB9、
GPIOB10
```

嵌入式系统及应用——从 MCS51 到 STM32（微课版）

```
}

/***************************************************
功能: 等待 LCD1602 准备好
参数: 无
返回: 无
***************************************************/
void LCD1602_Wait_Ready(void)
{
    u8 sta;
    DATAOUT(0xff);
    LCD_RS_Clr();delay_ms(100);
    LCD_RW_Set();delay_ms(100);
    do
    {
        LCD_EN_Set();
        delay_ms(5);//延时 5ms, 非常重要
        sta = GPIO_ReadInputDataBit(GPIOA,GPIO_Pin_7);//读取状态字
        delay_ms(5);
        LCD_EN_Clr();
    }while(sta & 0x80);//bit7 等于 1 表示 LCD1602 正忙, 重复检测直到其等于 0
}


/***************************************************
功能: 向 LCD1602 写入命令
参数: cmd 表示命令值
返回: 无
***************************************************/
void LCD1602_Write_Cmd(u8 cmd)
{
    LCD1602_Wait_Ready();
    LCD_RS_Clr();
    delay_ms(100);
    LCD_RW_Clr();
    delay_ms(100);
    LCD_EN_Clr();
    DATAOUT(cmd);
    delay_ms(100);
    LCD_EN_Set();
    delay_ms(100);
    LCD_EN_Clr();
}


/***************************************************
功能: 向 LCD1602 写入数据
参数: dat 表示数据值
返回: 无
***************************************************/
void LCD1602_Write_Dat(u8 dat)
{
    LCD1602_Wait_Ready();
    LCD_RS_Set();
    delay_ms(100);
```

```
    LCD_RW_Clr();
    delay_ms(100);
    LCD_EN_Clr();
    DATAOUT(dat);
    delay_ms(100);
    LCD_EN_Set();
    delay_ms(100);
    LCD_EN_Clr();
}


/*********************************************************
功能：清屏
参数：无
返回：无
*********************************************************/
void LCD1602_ClearScreen(void)
{
    LCD1602_Write_Cmd(0x01);
}


/*********************************************************
功能：设置显示 RAM 起始地址，即光标位置
参数：x 表示横坐标，y 表示纵坐标
返回：无
*********************************************************/
void LCD1602_Set_Cursor(u8 x,u8 y)
{
    u8 addr;
    if (y == 0)
        addr = 0x00 + x;
    else
        addr = 0x40 + x;
    LCD1602_Write_Cmd(addr | 0x80);
}


/*********************************************************
功能：在 LCD 屏上显示字符串
参数：x 表示横坐标，y 表示纵坐标，str 表示字符串指针
返回：无
*********************************************************/
void LCD1602_Show_Str(u8 x,u8 y,u8 *str)
{
    LCD1602_Set_Cursor(x,y);
    while(*str != '\0')
    {
        LCD1602_Write_Dat(*str++);
    }
}


/*********************************************************
功能：初始化 LCD1602 屏
参数：无
返回：无
```

```
*********************************************************/
void LCD1602_Init(void)
{
    LCD1602_Write_Cmd(0x38); //16（字符）×2（行）显示，5×7点阵，8位数据口
    delay_ms(100);
    LCD1602_Write_Cmd(0x38); //16（字符）×2（行）显示，5×7点阵，8位数据口
    delay_ms(100);
    LCD1602_Write_Cmd(0x0c); //显示开，关光标状态
    delay_ms(100);
    LCD1602_Write_Cmd(0x06); //文字不动，地址自动+1
    delay_ms(100);
    LCD1602_Write_Cmd(0x01); //清屏
    delay_ms(100);
}
```

main.c:

```
int main(void)
{
    u8 str[] = "Hello World";
    SystemInit();
    delay_init();
    NVIC_Configuration();
    GPIO_Configuration();
    LCD1602_Init();
    LCD1602_Show_Str(0,0,str);

    while(1);
}
```

10.3.2　STM32 控制图形点阵 LCD

在前面章节中，我们还介绍过图形点阵 LCD 显示驱动模块 LCM12864。常用的图形点阵式 LCD 除了这一种（15、16 脚用于控制 LCD 内部的两片 HD61202U 进行片选），还有另一种（15 脚为并/串行接口选择，16 脚悬空）。在本小节中，我们将使用第二种 LCD，并通过 STM32 编程驱动。读者可以留意一下两种 LCD 的区别。在实际操作时，读者可以根据自己选用的 LCD 来参考本书相应章节的内容。

STM32 与图形点阵式 LCM12864 的连接原理图如图 10-61 所示。

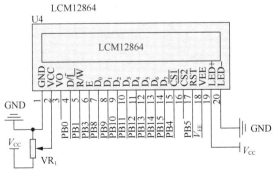

图 10-61　STM32 与图形点阵式 LCM12864 的连接原理图

【例 10-2】LCD12864 驱动程序实现。

lcd12864.h：

```
    #define LCD_RS(x)  x?GPIO_SetBits(GPIOB,GPIO_Pin_0):GPIO_ResetBits
(GPIOB,GPIO_Pin_0)
    #define LCD_RW(x)  x?GPIO_SetBits(GPIOB,GPIO_Pin_1):GPIO_ResetBits
(GPIOB,GPIO_Pin_1)
    #define LCD_EN(x)  x?GPIO_SetBits(GPIOB,GPIO_Pin_3):GPIO_ResetBits
(GPIOB,GPIO_Pin_3)
    #define LCD_PSB(x)  x?GPIO_SetBits(GPIOB,GPIO_Pin_4):GPIO_ResetBits
(GPIOB,GPIO_Pin_4)
    #define LCD_RST(x)  x?GPIO_SetBits(GPIOB,GPIO_Pin_5):GPIO_ResetBits
(GPIOB,GPIO_Pin_5)
    #define Test_Busy GPIO_ReadInputDataBit(GPIOB,GPIO_Pin_15)
    #define LCD_WriteData(x) {GPIOB->BSRR=x<<8&0xff00; GPIOB->BRR=((~x)<<8)
&0xff00;} //高8位的数据

    void LCD12864_InitPort(void);    //硬件端口初始化
    void NOP(void);                  //延时函数
    u8 LCD12864_busy(void);          //检测忙状态
    void LCD12864_Wcmd(u8 dat);      //写指令
    void LCD12864_Wdat(u8 dat);      //写数据
    void LCD12864_Init(void);        //LCD屏初始化
    void LCD12864_Clr(void);         //清屏
    void LCD12864_Pos(u8 x,u8 y);    //设置显示位置
    void LCD_ShowString(u8 x,u8 y,const u8 *p); //显示字符串
```

lcd12864.c：

```
    #include "stm32f10x.h"
    #include "12864.h"
    #include "delay.h"
    /*******************************************************************
功能：初始化硬件端口配置
参数：无
返回：无
    ****************************************************************** /
    void GPIO_Configuration(void)
    {
        GPIO_InitTypeDef GPIO_InitStructure;    //定义结构体
        RCC_APB2PeriphClockCmd(RCC_APB2Periph_GPIOB|RCC_APB2Periph_AFIO,ENABLE);
        //使能功能复用I/O时钟，不开启复用时钟不能显示
        GPIO_InitStructure.GPIO_Pin=GPIO_Pin_8|GPIO_Pin_9|GPIO_Pin_10 |
GPIO_Pin_11|GPIO_Pin_12|GPIO_Pin_13|GPIO_Pin_14|GPIO_Pin_15;
        //数据口配置成开漏输出模式，此模式下读输入寄存器的值得到I/O端口状态
        GPIO_InitStructure.GPIO_Mode=GPIO_Mode_Out_OD;    //开漏输出
        GPIO_InitStructure.GPIO_Speed=GPIO_Speed_50MHz;
        GPIO_Init(GPIOB,&GPIO_InitStructure);    //I/O端口初始化函数（使能上述配置）

        GPIO_InitStructure.GPIO_Pin=GPIO_Pin_0|GPIO_Pin_1|GPIO_Pin_3|
GPIO_Pin_4|GPIO_Pin_5;
        GPIO_InitStructure.GPIO_Mode=GPIO_Mode_Out_PP;    //推挽输出
        GPIO_InitStructure.GPIO_Speed=GPIO_Speed_50MHz;
```

```c
    GPIO_Init(GPIOB,&GPIO_InitStructure);

    GPIO_Write(GPIOB,0xffff);
}


/**********************************************************************
功能：LCD 屏初始化
参数：无
返回：无
**********************************************************************/
void LCD12864_Init(void)
{
    LCD_PSB(1);                 //并行口方式
    LCD_RST(0);                 //LCD 屏复位，低电平有效
    delay_ms(3);
    LCD_RST(1);                 //置高电平，等待复位
    delay_ms(3);

    LCD12864_Wcmd(0x34);    //扩充指令操作
    delay_ms(5);
    LCD12864_Wcmd(0x30);    //基本指令操作
    delay_ms(5);
    LCD12864_Wcmd(0x0c);    //显示开，关光标状态
    delay_ms(5);
    LCD12864_Wcmd(0x01);    //清除 LCD 屏的显示内容
    delay_ms(5);
    }


/**********************************************************************
功能：写指令
参数：dat 表示命令值
返回：无
**********************************************************************/
void LCD12864_Wcmd(u8 dat)
{
    while(LCD12864_busy()); //忙检测
    LCD_RS(0);
    LCD_RW(0);
    LCD_EN(0);
    NOP();
    NOP();
    LCD_WriteData(dat);
    NOP();
    NOP();
    LCD_EN(1);
    NOP();
    NOP();
    LCD_EN(0);
}
```

```
/*****************************************************************
功能：延时函数
参数：无
返回：无
*****************************************************************/
void NOP(void)
{    u8 i;
     for(i=0;i<100;i++)
     ;
}
/*****************************************************************
功能：设置显示位置
参数：x 表示横坐标, y 表示纵坐标
返回：无
*****************************************************************/
void LCD12864_Pos(u8 x,u8 y)
{
     u8 pos;
     if (x==1) {x=0x80;}
     else if (x==2) {x=0x90;}
     else if (x==3) {x=0x88;}
     else if (x==4) {x=0x98;}
     else x=0x80;
     pos=x+y;
     LCD12864_Wcmd(pos);   //显示地址
}


/*****************************************************************
功能：写数据
参数：dat 表示数据值
返回：无
*****************************************************************/
void LCD12864_Wdat(u8 dat)
{
     while(LCD12864_busy()); //忙检测
     LCD_RS(1);
     LCD_RW(0);
     LCD_EN(0);
     NOP();
     NOP();
     LCD_WriteData(dat);
     NOP();
     NOP();
     LCD_EN(1);
     NOP();
     NOP();
     LCD_EN(0);
}

/*****************************************************************
```

功能：检测忙状态

参数：无

返回：无

```
*********************************************************************/
u8 LCD12864_busy(void)
{
    u8 x;
    LCD_RS(0);
    LCD_RW(1);
    LCD_EN(1);
    NOP();
    NOP();
    x=Test_Busy;
    LCD_EN(0);
    return x;
}


/*********************************************************************
```

功能：显示字符串

参数：*p 表示图形数组

返回：无

```
*********************************************************************/
void LCD_ShowString(u8 x,u8 y,const u8 *p)
{
    u8 temp;
    if(x>4) {x=1;}
    if(y>4) {y=0;}
    LCD12864_Pos(x,y);
    temp=*p;
    while(temp!='\0')
    {
        LCD12864_Wdat(temp);
        temp=*(++p);
    }
}
/*********************************************************************
```

功能：清屏

参数：无

返回：无

```
*********************************************************************/
void LCD12864_Clr(void)
{
    LCD12864_Wcmd(0x34);    //扩充指令操作"绘图"
    delay_ms(5);
    LCD12864_Wcmd(0x30);    //基本指令操作
    delay_ms(5);
    LCD12864_Wcmd(0x01);    //清屏
    delay_ms(5);
}
```

main.c：

```
#include "delay.h"
#include "12864.h"
int main(void)
{
    SystemInit();
    delay_init();
    GPIO_Configuration();
    LCD12864_Init();
    LCD12864_Pos(3,5);
    LCD12864_Wdat(0x35);
    LCD_ShowString(1,1,"Hello World");
    while(1);
}
```